智能制造技术概论

主　编　钟　波　李　强　傅子霞
副主编　李小军　韩卓毅
参　编　章思超　汤　熊　郭纪斌
　　　　陈光忠　胡玲玲　张春兰

机 械 工 业 出 版 社

本书紧跟制造业的发展趋势，对智能制造技术进行了系统、全面且深入浅出的论述。全书精心设计了5个模块，内容包括智能制造基础、智能制造管理系统、智能制造关键技术、智能制造装备与服务、新一代智能制造。这些模块环环相扣，既涵盖了智能制造的理论基础，又深入剖析了前沿技术与实践应用，为学生构建了一个完整且清晰的知识体系。书中融入了大量应用案例，将理论与实践紧密结合，使学生更加直观地理解智能制造技术在实际场景中的应用，进一步增强学习效果与实践能力。本书可作为高等职业院校装备制造大类专业及相关工科类专业的专业基础教材，助力学生系统掌握智能制造领域的重点知识与技能，也可供制造企业相关工程技术人员及管理人员学习参考，帮助他们在工作中快速提升专业素养，紧跟行业发展的步伐。

为了更好地满足教学与学习需求，本书配有丰富的教学资源，包括教案、课件、练习题和视频等多种形式，选择本书作为教材的教师可登录机工教育服务网（www.cmpedu.com）注册并免费下载。

图书在版编目（CIP）数据

智能制造技术概论 / 钟波，李强，傅子霞主编.
北京 ：机械工业出版社，2025. 1. -- ISBN 978-7-111
-78071-7

Ⅰ. TH166

中国国家版本馆 CIP 数据核字第 2025SR6283 号

机械工业出版社（北京市百万庄大街22号　邮政编码100037）
策划编辑：赵文婕　　责任编辑：赵文婕　王　良
责任校对：樊钟英　王　延　　封面设计：王　旭
责任印制：张　博
北京建宏印刷有限公司印刷
2025年6月第1版第1次印刷
184mm×260mm · 12.75印张 · 296千字
标准书号：ISBN 978-7-111-78071-7
定价：43.00元

电话服务　　网络服务
客服电话：010-88361066　　机　工　官　网：www.cmpbook.com
010-88379833　　机　工　官　博：weibo.com/cmp1952
010-68326294　　金　书　网：www.golden-book.com
封底无防伪标均为盗版　　机工教育服务网：www.cmpedu.com

前言

制造业是立国之本，是打造国家核心竞争力和竞争优势的重要支撑，历来受到各国政府的高度重视。而新一代人工智能技术与先进制造技术深度融合形成的智能制造技术，正在成为新一轮工业革命的核心驱动力。为抢占国际竞争的制高点，在全球产业链和价值链中占据有利位置，世界各国纷纷将智能制造技术的发展上升为国家战略，全球新一轮工业升级和竞争就此拉开序幕。无论是开拓智能制造领域的科技创新，还是推动智能制造行业的持续发展，都需要高素质人才作为保障。创新人才是支撑智能制造技术发展的第一资源。因此，编者精心编写了本书，旨在让学生对智能制造技术有初步的了解，为培养智能制造技术高素质人才奠定基础。

本书为学生呈现了智能制造的全景，阐述了其构成、概念、意识和思维，有利于学生领悟智能制造的精髓。

本书具有以下特点：

1）模块化设计。本书设计了5个模块，共计11个项目。智能制造的知识体系极为庞杂，几乎所有的数字-智能技术都与智能制造相关。学校可以基于模块单元开出微课程，供学生选修。总学时建议为24~32学时。学校可根据开设专业的不同要求，灵活选择其中的模块和任务进行教学。

2）知识关联性。本书强调知识的节点及关联，设置知识链接，不仅体现在某一课程的知识节点之间，也表现在不同课程的知识节点之间，形成了完整的知识图谱。

3）思维与意识培养。本书不仅介绍智能制造相关的技术，更着重提炼智能制造所需意识和思维方式。

4）教学资源丰富。本书收集了大量资料和案例，有助于学生理解问题。同时融入融媒体、数字化技术、视频，为学生学习、教师教学以及企业工程技术人员和管理人员的学习提供便利。

本书由湖南信息职业技术学院钟波负责统稿、教材资源建设和项目1.1的编写，郭纪斌负责项目1.2的编写，陈光忠负责任务5.1.1的编写，胡玲玲负责任务5.1.2的编写，张春兰负责项目5.2的编写；湖南工业职业技术学院李强负责统稿、教材资源建设和模块2的编写，章思超负责项目3.1的编写；长沙职业技术学院傅子霞负责项目3.2的编写，韩卓毅负责项目3.3的编写；岳阳职业技术学院汤熊负责任务5.1.3的编写，李小军负责模块4的编写。

在编写本书的过程中，编者翻阅了大量有关智能制造的资料，得到了湖南信息职业技术学院、湖南工业职业技术学院、长沙职业技术学院、岳阳职业技术学院等院校和长沙智能制造研究总院、三一重工股份有限公司、中联重科股份有限公司等企业的大力支持，在此一并表示感谢。

由于编者水平有限，书中存在不足和疏漏之处在所难免，恳请广大读者批评指正。

编　者

二维码索引

名称	图形	名称	图形
汽车门智能安装		美的集团数字化转型	
我国制造业的发展历程		工业软件与工业 App 的区别	
C919 大飞机		华菱湘钢谱写 5G 智慧工厂	
柔性制造单元		绿色灯塔工厂	
计算机集成制造系统		宁德时代	
协同制造		产品全生命周期管理系统环节	
什么是预测型制造		华为 5G 医疗应用	
工业互联网引领制造业新时代		智能化纺纱系统	
新一代智能制造		加氢反应器	

（续）

名称	图形	名称	图形
生产企业如何选择合适的 ERP 系统		人工智能赋能自动驾驶	
工业机器人在汽车工业中的应用		iDolphin 38800t 智能示范船	
金属 3D 打印的应用		工业大数据应用	
3D 打印大型复杂航空结构件的探索		云计算技术的创新与实践应用	
济南虚拟电厂		数字孪生体在风电场的应用	
台州汽车虚拟仿真工厂		智能制造核心装备	
智能机器视觉检测技术应用		高端装备发展历程	
RFID 车身识别系统		如何开展预测性维护	
集装箱装卸全自动化码头		轨道交通装备制造业中推行服务制造	
人工智能赋能制造业		工业富联	

（续）

名称	图形	名称	图形
定制一台海尔洗衣机的全过程		中国科技成就	
伊利乳业			

目录

1

模块1 智能制造基础

制造业是我国经济的基石。当今，制造业正从传统制造向智能制造转变。智能制造是互联网时代的产物，也是制造业发展的必然趋势。必须牢牢抓住智能制造的主攻方向，加快推动制造业数字化、网络化、智能化转型升级，加大研发投入，突破关键核心技术，培养高素质专业人才，完善产业生态体系，提升智能制造装备水平和软件系统集成能力，促进制造业与信息技术的深度融合，提高生产率，提升产品质量和企业竞争力，为制造业高质量发展注入强大动力，助力我国从制造大国迈向制造强国。

知识目标

■ 能理解智能制造的概念、特点及生产特征；

■ 了解智能制造的产生背景、发展现状与未来方向；

■ 掌握制造生产模式及智能制造的基本模式；

■ 熟悉智能制造模型与标准。

能力目标

■ 能举例说明智能制造与传统制造的区别；

■ 能根据现有生产案例判断其生产类型；

■ 能阐述智能制造的基本模式；

■ 能应用智能制造模型与标准。

素养目标

■ 提升资料检索和整理的能力；

■ 了解发达国家制造业发展情况，与时俱进，树立正确的价值观；

■ 增强民族自信心和自豪感，树立为我国制造业的高质量发展而学习的目标。

项目 1.1 走进智能制造

知识目标：能说出智能制造的概念、特点及智能制造生产的特征。
技能目标：能分析制造生产的方式并设计生产组织。
素养目标：了解制造业在我国国民经济中的重要性，树立正确的发展观。

任务 1.1.1 认识智能制造

任务引入

我们经常在新闻中听到"新型工业化"一词，它是中国式现代化的基础和前提，是实现强国建设、民族复兴伟业的关键任务。新型工业化是指在新技术革命的推动下，工业生产方式和产业结构发生深刻变革，实现高效、可持续和智能化发展的过程。那么，什么是智能化发展？什么是智能制造？智能制造与其他传统制造有哪些区别与联系？

相关知识

一、智能制造的概念

汽车门智能安装

智能制造（Intelligent Manufacturing，IM）简称智造，是一种基于现代信息技术和先进制造技术的制造方式，旨在提高生产率、降低成本、提升产品质量、快速响应市场需求。

智能制造源于人工智能的研究成果，是一种由智能机器和人类专家系统共同组成的人机一体化智能系统。该系统在制造过程中可以进行诸如分析、推理、判断、构思和决策等智能活动，同时基于人与智能机器的合作，扩大、延伸并部分地取代人类专家在制造过程中的脑力劳动。制造是把原材料加工成特定物品的过程，包括材料选择、加工生产、质量保证等环节。广义的制造还包括管理、营销等一系列有内在联系的运作和活动。

由此可知，智能制造是基于新信息技术、先进制造技术、人工智能的深度融合，并贯穿设计、生产、管理与服务等制造活动的各个环节（图 1-1），是具有信息深度自感知、智慧优化自决策、精准控制自执行等功能的先进制造过程、系统和模式的总称。智能制造更新了自动化制造的概念，使其向柔性化、智能化和高度集成化扩展。

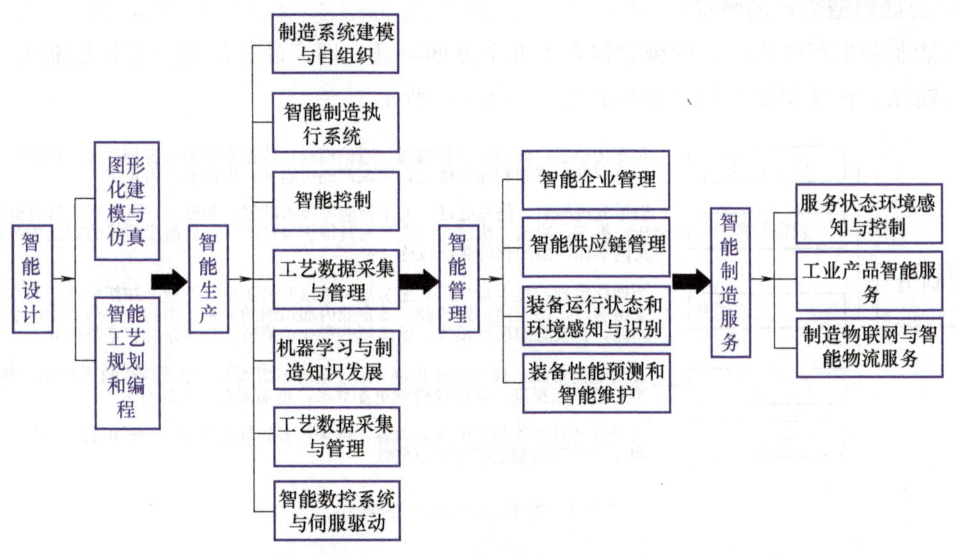

图 1-1 制造过程的智能化关键环节

专家系统（Expert System，ES）是一种智能计算机程序系统，内部含有大量的某个领域专家水平的知识与经验。它应用人工智能技术和计算机技术，根据某领域一个或多个专家提供的知识和经验，进行推理和判断，并模拟人类专家的决策过程处理该领域的复杂问题。

二、智能制造的特点与生产特征

1. 智能制造的特点

当前，我国智能制造总体发展呈现出柔性化生产地位突显，需要软件硬件协同发展；模式创新倒逼制造业转型，互联网思维加速渗透；产业政策持续引导，资本浪潮助推产业发展的特点。一个制造系统具有什么样的特征才能称得上智能制造系统？一个制造系统至少包括自律能力、人机一体化、虚拟现实技术、自组织与超柔性、智能自我维护能力才能称得上智能制造系统，如图 1-2 所示。

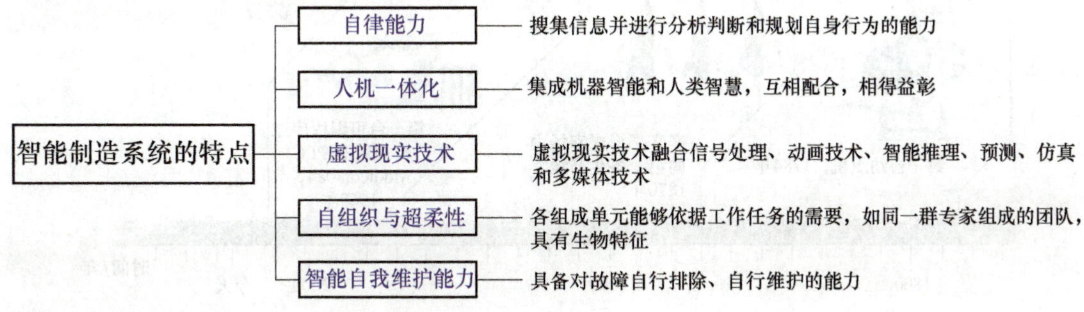

图 1-2 智能制造的特点

2. 智能制造生产的特征

智能制造生产作为广义的概念包含了五个方面特征，即产品智能化、装备智能化、生产方式智能化、管理智能化和服务智能化，如图 1-3 所示。

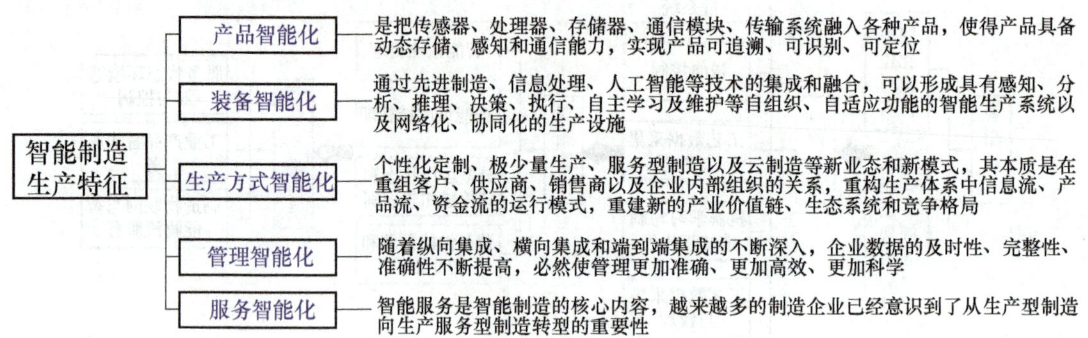

图 1-3 智能制造生产的特征

在德国乃至全球，一个复杂的巨系统正在形成。车间里的一台机器设备，通过更新其操作系统可实现功能升级，通过安装工业应用程序可实现功能应用，通过应用程序编程接口可不断扩展制造生态系统，机器、产品、能源、材料、研发工具、测试验证平台、虚拟仿真等所有的研发、生产、管理、销售、服务环节都将是这一系统的重要组成部分。

三、制造业的发展

制造业是我国经济命脉所系，是立国之本、强国之基。自詹姆斯 · 瓦特改良蒸汽机以来，制造业已经历了机械化、电气化、自动化三次工业革命，当前进入了第四次工业革命时期（图 1-4）。表 1-1 列出了每一次工业革命的显著的特点和成果。

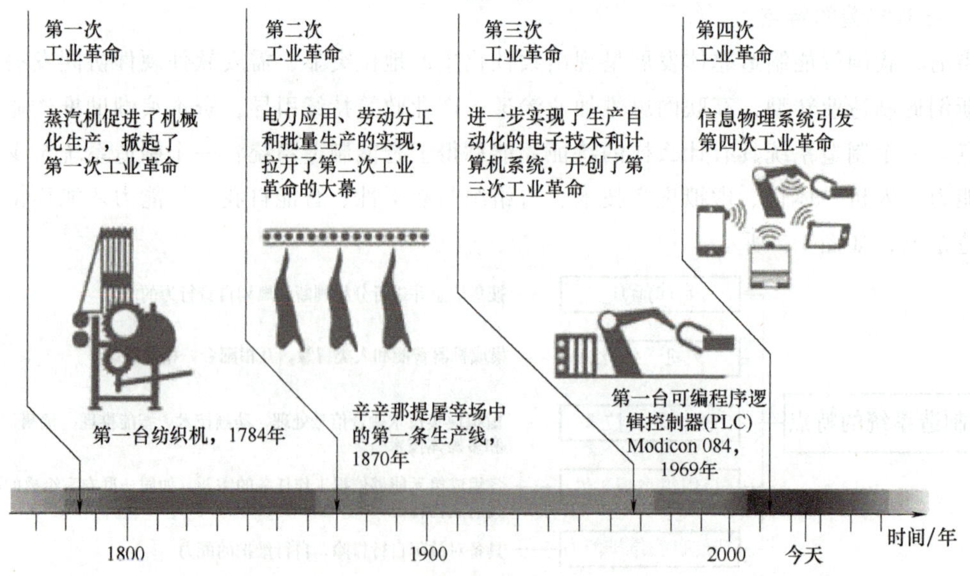

图 1-4 制造业的发展

表 1-1 制造业的发展成果

发展阶段	年份	里程碑	主要成果
机械化	1760—1860	水力和蒸汽机	机器生产代替手工劳动，社会经济基础从农业向以机械制造为主的工业转移
电气化	1861—1950	电力和电动机	采用电力驱动的大规模生产，产品零部件生产与装配环节的成功分离，开创了产品批量生产的新模式
自动化	1951—2010	电子技术和计算机	电子计算机与信息技术的广泛应用，使得机器逐渐能够代替人类作业
智能化	2011—至今	网络和智能化	实现制造的智能化与个性化、集成化

我国目前仍处于智能制造的初级阶段，智能制造的发展需要层层推进、逐渐深化。在目前产业升级的关键时期，机床、纺织等基础行业正逐步淘汰自动化水平较低的设备。产业内生的升级需求是推动产业升级的根本动力。我国传统制造业向智能制造衍生发展过程如图 1-5 所示。

探索期(2008—2018)	市场启动期(2019—2025)	高速发展期(2026—2035)	成熟期(2036—2050)
工业2.0与3.0并存，制造业附加值低，创新能力弱，在产业链中以加工、组装为主	人工成本提高一些，外企低端制造业撤出，促使工业机器人生产部分替代劳动力生产	劳动密集型企业实现工业机器人自动化制造、组装、封装流程。企业向自主研发、技术创新方向发展	我国制造业完成3.0到4.0转化，高定制化、小批量的订单将大规模出现，产品周转率大幅度提升，企业品牌完成从贴牌到自助强势品牌转化

图 1-5 我国传统制造业向智能制造衍生发展过程

我国制造业的发展历程

发展智能制造是世界上发达国家或地区制造业发展的内在要求，也是我国制造业转型升级的主攻方向。作为制造业转型的需要，近年来，为满足制造业转型的需要，我国出台了多项先进制造发展战略与规划，旨在提高产品质量、降低生产成本、缩短研制周期。发展智能制造主要受多种因素驱动，包括经济发展处于新旧动能转换期、数字经济发展以及全网时代的到来，如图 1-6 所示。

任务实施——主题讨论

全班分为五组，完成下列问题的讨论。

1）你认为生活中哪些生产活动属于智能制造，通过检索，举例说明。

2）说说智能制造的特点、智能生产的特征。

3）说说智能制造的主要环节。

4）说说主要发达国家智能制造的现状，通过检索，举例说明。

5）说说智能制造的发展前景与方向，通过检索说明。

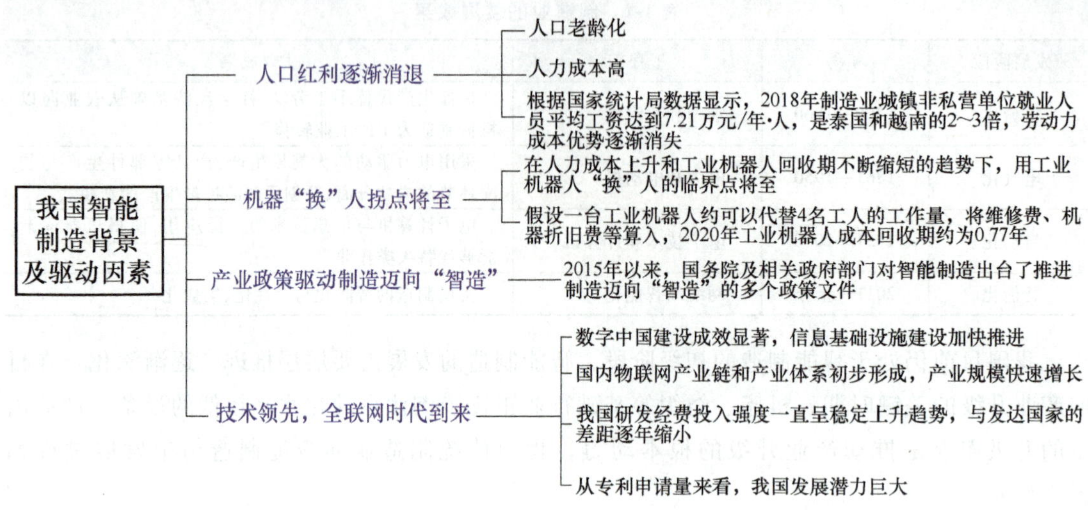

图 1-6　我国智能制造背景及驱动因素

任务评价

根据任务完成情况填写表 1-2。

表 1-2　认识智能制造任务评价

评价内容及标准	自评分	互评分	教师评分
智能制造生产活动举例（3 分）			
智能制造技术的特点（2 分）			
智能生产的特征（2 分）			
智能制造的主要环节（3 分）			
主要发达国家智能制造的现状（45 分）			
智能制造的发展前景与方向（45 分）			
总分（100 分）			

中国案例

北京大兴国际机场是被外媒评为“新世界七大奇迹”之首的“中国智造”建筑，其各方面都体现了“中国智造”的成果。

北京大兴国际机场的灯光系统采用自然采光，每年能节约百万元级运营费用；环境温度的设定始终保持人体最佳体感；智能的值机和行李托运系统使乘客在城市航站楼即可实现远程值机和行李托运；行李标签芯片、隐藏式地面空调系统等创新设计都体现了“中国智造”。

此外，北京大兴国际机场的管理系统是采用云技术、大数据技术、人工智能技术等技术搭建的数字信息系统，使机场的业务系统真正成了“一家人”。

思考与练习

一、填空题

1. 智能制造是（　　）与（　　）的深度融合，通过（　　）模拟实现人的思维与工作的过程。

2. 智能制造是基于新信息技术，贯穿（　　）、（　　）、（　　）与（　　）等制造活动各个环节，具有信息深度（　　）、智慧优化（　　）、精准控制（　　）等功能的先进制造过程、系统和模式的总称。

3. 智能制造技术是指一种利用计算机模拟制造专家的（　　）、（　　）、（　　）、构思和（　　）等智能活动，并将这些智能活动与智能机器有机融合，使其贯穿应用于制造企业的各个子系统的先进制造技术。

4. 智能制造的支撑系统的核心作用是保障制造系统高效稳定地运行。智能制造的主要支撑系统包括（　　　）、（　　　）、信息安全等。

5. 智能设计是指将智能优化方法应用到产品设计中，利用计算机模拟人的思维活动进行辅助决策，以建立支持产品设计的智能设计系统。制造领域常见的智能设计包括（　　　）、（　　　）、（　　　）、（　　　）、多学科优化设计等。

6. 智能制造生产作为广义的概念包含了五个方面特征，即（　　　）、装备智能化、生产方式智能化、（　　　）和服务智能化。

7. 自瓦特改良了蒸汽机，制造业已经历了（　　　）、（　　　）、（　　　）三次技术革命，当前进入了第四次工业革命时期即（　　　）阶段。

8. 近年来，新工业革命方兴未艾，全球制造业正迈向（　　　）、（　　　）时代。

二、判断题

1. 工厂运行控制优化的主要关键技术包括制造系统的适应性技术、智能动态调度技术等。（　　）

2. 智能供应链是指通过泛在感知、系统集成、互联互通、信息融合等信息技术手段，将工业大数据分析和人工智能技术应用于产品的供销环节，实现科学的决策，提升运作效率，并为企业创造新价值。（　　）

3. 智能服务包括以用户为中心的产品全生命周期的各种服务。（　　）

4. 制造的软件主要是工业软件和一般的 IT 软件。（　　）

5. 现在人工智能的发展已经在局部领域超越人的智能，在制造中融入了人工智能的某些软件（也需基于制造某个领域的知识）完全有可能在制造的特定方向超越人的能力，如感知、计算、推理能力等。（　　）

6. 人口老龄化、工资高企导致劳动力优势减弱，是智能制造驱动因素之一。（　　）

7. 在当前国内发展动能转换和国际竞争加剧的形势下，发展智能制造，是实现工业强国战略目标的重要途径。（　　）

三、多选题

1. 制造过程的智能化关键环节包括（　　）。

A. 智能设计　　B. 智能生产

C. 智能管理　　D. 智能服务

E. 智能维护

2. 智能制造的基本架构包括（　　）等内容。

A. 智能制造技术　　B. 智能制造系统　　C. 智能制造装备　　D. 智能制造服务

3. 智能制造系统是一种由部分或全部具有一定自主性和合作性的智能制造单元组成的、在制造活动全过程中表现出相当智能行为的制造系统，即系统可以是（　　）组成的企业生态系统。

A. 一个加工单元或生产线　　B. 一个车间

C. 一个企业　　D. 供应商和客户

4. 广义的产品制造主要包含设计、制造、供销、服务等环节。因此，智能制造系统按主要功能包括（　　）等。

A. 制造过程控制优化　　B. 智能供应链

C. 智能服务　　D. 智能设计

5. 加工过程控制优化包括（　　）等关键功能。

A. 工况在线检测　　B. 工艺知识在线学习

C. 制造过程自主决策　　D. 装备自律执行

6. 智能服务关键技术包括（　　）等技术。

A. 云服务平台　　B. 预测性维护

C. 个性化生产服务　　D. 增值服务

7. 一个智能制造系统应具有（　　）等特征。

A. 人机一体化　　B. 虚拟现实

C. 自组织和超融性的能力　　D. 学习能力和自我维护能力

E. 自律的能力

任务 1.1.2　认识制造业的生产方式

任务引入

说起小米手机，大家并不陌生。小米手机操作系统的快速更新以满足用户需求，是其品牌优势之一。小米公司这种充分听取用户声音、快速试错、快速迭代系统的互联网产业模式在营销上取得了很大的成功。那么，你觉得小米公司的这种产业模式是否属于智能制造的产业模式？为什么？

相关知识

一、制造业的生产方式

制造业的生产方式正在发生变革，从传统的大规模、高成本制造向个性化、智能化、定制化方向转变，这将为制造业带来巨大的机遇和挑战。当前，我国制造业的生产方式主要有自动化制造、智能化制造、网络化制造、协同制造和预测型制造等方式，如图 1-7 所示。

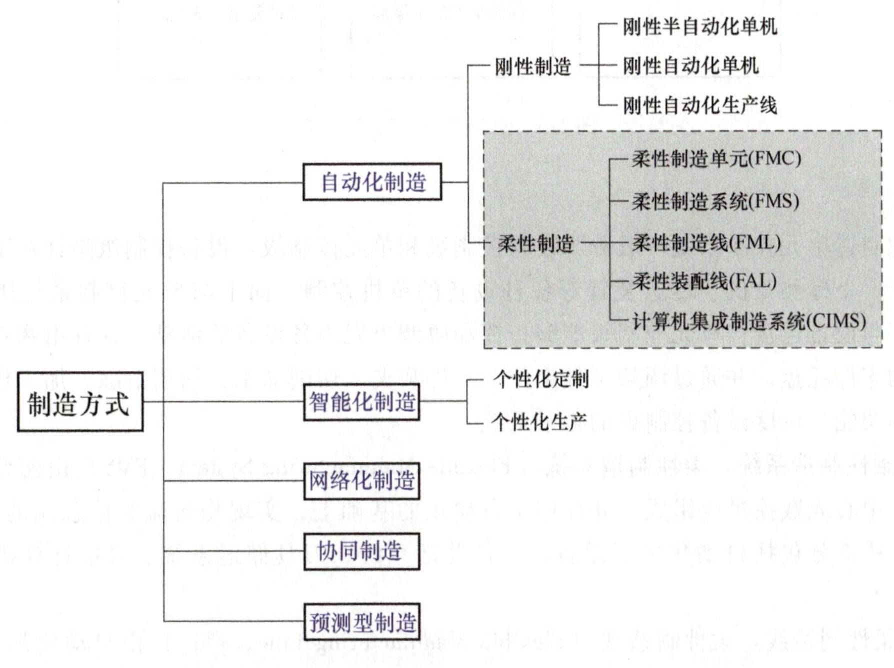

图 1-7 制造业生产方式分类

1. 自动化制造

自动化制造包括刚性（流程）制造和柔性制造。

(1) 刚性制造 刚性是指该生产线只生产一种或工艺相近的一类产品。刚性制造有刚性半自动化单机制造、刚性自动化单机制造、刚性自动化生产线制造三种表现形式，如图 1-8 所示。

(2) 柔性制造 “柔性”是指生产组织形式、生产产品及生产工艺的多样性和可变性，具体表现为机床的柔性、产品的柔性、加工的柔性以及批量的柔性等。依据自动化制造系统的生产能力和智能程度的不同，可将柔性制造分为柔性制造单元、柔性制造系统、柔性制造线、柔性装配线、计算机集成制造系统等。

1) 柔性制造单元。柔性制造单元（Flexible Manufacturing Cell，FMC）由单台数控机床、加工中心、工件自动输送及更换系统等组成，是实现单工序加工的可变加工单元。柔性制造单元内的机床在工艺能力上通常是相互补充的，可混流加工不同的零件。单元对外设有接口，可与其他单元组成柔性

柔性制造单元

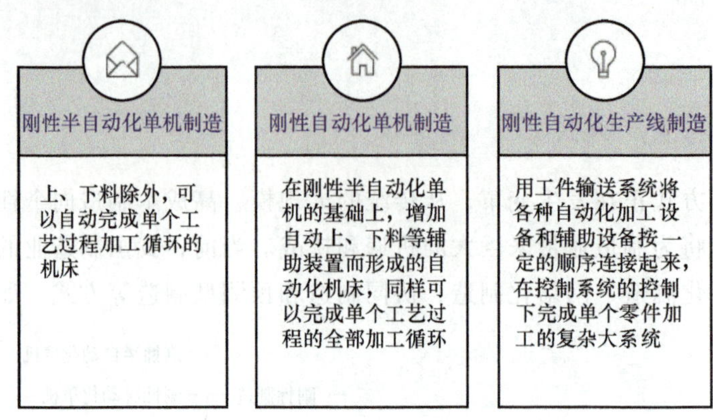

图 1-8　刚性自动化制造方式

制造系统。

柔性制造单元控制系统一般分为设备控制级和单元控制级。设备控制级是针对工业机器人、机床、坐标测量机、传送装置等各种设备的单机控制，向上与单元控制系统用接口连接，向下与设备连接；单元控制级能够指挥和协调单元内各设备的活动，处理由物料储运系统交来的零件托盘，并通过调整工件定位、工件装夹、切削加工、切屑清除、加工检验、工件清洗等功能，调度设备控制级的各子系统。

2）柔性制造系统。柔性制造系统（Flexible Manufacturing System，FMS）由两台或两台以上加工中心或数控机床组成，并在加工自动化的基础上，实现物料流和信息流的自动化，其基本组成部分包括自动化加工设备、工件储运系统、刀具储运系统、多层计算机控制系统等。

3）柔性制造线。柔性制造线（Flexible Manufacturing Line，FML）由自动化加工设备、工件输送系统和控制系统等组成，主要适用于品种变化不大的中批和大批量生产。线上的机床以多轴主轴箱的换箱式和转塔式加工中心为主，工件变换以后，各机床的主轴箱可自动进行更换，同时调入相应的数控程序，生产速度也会做出相应调整。

柔性制造线具有刚性自动线的绝大部分优点，当批量不大时，生产成本比刚性自动线低；当产品种类改变时，系统所需的调整时间又比刚性自动线少，但建立柔性制造线的总费用比刚性自动线高。因此，为节省投资，提高系统运行效率，柔性制造线经常采用“刚柔相济”的形式，即生产线的一部分设备采用刚性专用设备（主要是组合机床），另一部分采用换箱或换刀式的柔性加工机床。

4）柔性装配线。柔性装配线（Flexible Assembly Line，FAL）通常由以下几部分组成。

① 装配站：既包括可编程序的装配工业机器人，也包括不可编程序的自动装配装置及人工装配工位。

② 物料输送装置：根据装配工艺流程，为装配线提供各种装配零件，使不同的零件与已装配的半成品合理地在各装配点间流动，同时还能将成品部件（或产品）运离现场。

③ 控制系统：对全线进行调度和监控，控制物料流流向、装配站和装配工业机器人。

5）计算机集成制造系统。计算机集成制造系统（Computer Integrated Manufacturing System，CIMS）是一种集市场分析、产品设计、加工制造、经营管理、售后服务于一体，借助于计算机的控制与信息处理功能，使企业运作的信息流、物质流、价值流和人力资源有机融合，实现产品快速更新、生产率大幅度提高、质量稳定、资金有效利用、损耗降低、人员合理配置、市场快速反馈和服务良好的全新企业生产模式。

计算机集成制造系统

2. 智能化制造

在智能制造时代，客户的需求将呈现多样化、复杂化、个性化的趋势。智能制造企业可以大规模地满足客户的个性化需求。个性化定制将成为智能制造时代市场的主流消费方式，产品的生产方式也将随之发生显著变化。

（1）个性化定制　随着互联网时代的到来，消费者可以进行线上购物，但这也不是真正意义上的个性化消费，根本上还是企业决定了产品。真正意义上的个性化消费应该是产品完全围绕个人的需求进行设计和制造，为消费者“量身定做”。

智能制造将为产品的生产方式带来显著变化，“企业决定产品”的传统生产方式将逐渐转变为“消费者决定产品”的智能生产方式。

大数据等互联网技术的出现，使企业可以实时与消费者进行沟通，了解消费者的需求与消费偏好，进而实施个性化定制。

目前，一些产品的个性化定制已经存在，但由于其价格高昂，无法实现全民普及。只有大幅度提升个性化产品的生产率、降低成本，才能让更多消费者选择个性化定制。

（2）个性化生产　若想使个性化消费成为现实，则个性化生产是前提。个性化生产是指多样性的小批量生产，是相对于传统生产而言的。

传统生产主要通过专用设备与程序化工艺，实现高效率的大批量、标准化生产，从而形成规模效益。传统生产对设备专用性要求高，难以适应个性化定制产品的生产。而自动化柔性生产线可以解决这一问题，它使用计算机来调控多种专业机床，能够按预先设定的程序自动调整生产方式。随着智能制造技术的不断成熟，工业生产的柔性化程度将进一步提升，在智能生产线上，多品种的个性化定制产品将实现大规模生产，从而彻底解决多样性生产和生产效率之间的矛盾。

3. 网络化制造

网络化制造采用互联网技术，建立灵活有效、互惠互利的动态企业联盟，有效地实现研究、设计、生产和销售等资源的重组，从而提高企业的市场快速反应和竞争能力的新模式。

“日事日毕，日清日高”的“OEC”管理模式是海尔集团企业管理的精髓之一，被哈佛商学院收入为经典教学案例，引起国际管理界高度关注。海尔互联工厂是海尔整个生产系统全流程的、颠覆性的创新，该互联工厂包含智能制造体系的所有内容。海尔互联工厂涵盖了市场、研发、采购、制造、服务等全流程、全产业链，由“1+7”平台构成，与国家智能制造示范项目要素条件相匹配，覆盖离散制造、智能产品、智能制造新业态新模式、智能化管理、智能服务等五个领域。海尔集团基于这种创新模式，通过互联网技术和制造技术的融合，搭建互联工厂架构，满足客户需求，升级用户体验。

4. 协同制造

协同制造是充分利用以工业互联网技术为特征的网络技术和信息技术，将串行工作变为并行工作，实现供应链内及跨供应链间的企业产品设计、制造、管理和商务等合作的生产模式，最终通过改变业务经营模式与方式达到资源充分利用的目的。

协同制造的优势是它打破了时间和空间的约束，通过互联网使整个供应链上的企业和合作伙伴共享客户、设计、生产经营等信息，从传统的串行工作方式，转变为并行工作方式，从而最大限度地缩短新品上市时间及生产周期，快速响应客户需求，提高设计和生产的柔性，并通过面向工艺的设计、面向生产的设计、面向成本的设计、供应商参与设计，大大提高产品设计水平和可制造性以及成本的可控性，有利于降低生产经营成本，提高质量，提高客户满意度。

沈阳机床（集团）有限责任公司，围绕机床用户的实际需求，打造面向传统制造业的网络化协同中心，以工业互联网带来的新思维和新商业模式促进制造业的转型和升级。打造基于企业互联、信息与数据互通、资源共享的协同创新新模式。

工业互联网是指通过跨设备、跨系统、跨厂区、跨地区的全面互联互通，实现各种生产和服务资源更大范围、更高效率、更加精准的优化配置，从而实现提质、降本、增效、绿色、安全发展，推动制造业向高端化、智能化、绿色化转型，大幅提升工业经济发展质量和效益。工业互联网还可以促进设计、生产、管理、服务等环节由单点的数字化向全面集成演进，加速创新方式、生产模式、组织形式和商业模式的深刻变革，催生平台化设计、智能化制造、网络化协同、个性化定制、服务化延伸、数字化管理等新型制造模式和产业形态。

5. 预测型制造

预测型制造是指生产制造系统能够对产品制造的全过程及各制造设备的运行状况进行智能分析，优化管理，并为未来的制造系统搭建可靠的环境，旨在保障生产制造过程的顺利进行，提高生产率。

预测型制造通常用连接（Connection）、云储存（Cloud）、虚拟网络（Cyber）、内容（Content）、社群（Community）和定制化（Customization）即“6C”模式来定义。

在传统的工业制造过程中，经常会出现因机器故障导致制造过程中断的情况。这些机器故障可能是由许多未知因素导致的，无论是何种因素，都是在问题出现后先分析原因，再思考解决办法，这种制造方式称为反应型制造。

预测型制造是通过对各个生产环节、制造设备甚至零部件的生产数据进行全程收集、传输和分析，使生产制造过程中的不确定因素透明化，预测出产品制造过程中存在的问题。预测系统的优点如图 1-9 所示。

工业大数据分析是未来的工业企业在全球市场发挥竞争优势的关键领域。随着物联网和

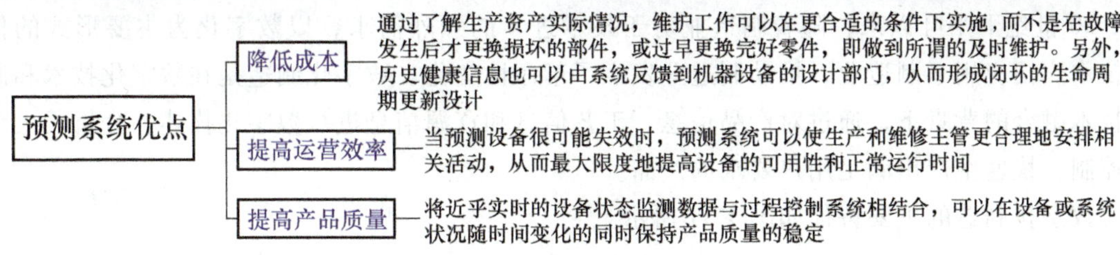

图 1-9 预测系统的优点

信息时代的来临，更多的数据被收集和分析，助力管理者做出更明智的决策。智能制造时代的来临，使得云计算、大数据不断融入我们的生活。按中国制造第一个十年行动纲领的规划，未来十年，我国制造业将以两化融合为主，朝着智能制造方向跨步前行。无论是智能制造抑或是两化融合，工业大数据都是不可忽视的重点。

二、智能制造的基本模式

数十年来，智能制造在实践演化中形成了许多不同的模式，包括精益生产、柔性制造、并行工程、敏捷制造、数字化制造、计算机集成制造、网络化制造、云制造、智能化制造等，在指导制造业技术升级中发挥了积极作用。但同时，众多的模式不利于形成统一的智能制造技术路线，给企业在推进智能升级的实践中造成了许多困扰。面对智能制造不断涌现的新技术、新理念、新模式，有必要归纳总结提炼出智能制造的基本模式。

智能制造的发展伴随着信息化的进步，可分为以下三个阶段：

第一阶段：从 20 世纪中叶到 20 世纪 90 年代中期，信息化表现为以计算、通信和控制应用为主要特征的数字化阶段。

第二阶段：从 20 世纪 90 年代中期开始，随着互联网大规模的普及应用，信息化进入了以万物互联为主要特征的网络化阶段。

第三阶段：当前，在大数据、云计算、移动互联网、工业互联网集群突破、融合应用的基础上，人工智能实现战略性突破，信息化进入了以新一代人工智能技术为主要特征的智能化阶段。

综合智能制造相关模式，结合信息化与制造业在不同阶段的融合特征，可以总结、归纳和提升出三个智能制造的基本模式即数字化制造、数字化网络化制造、数字化网络化智能化制造——新一代智能制造，如图 1-10 所示。

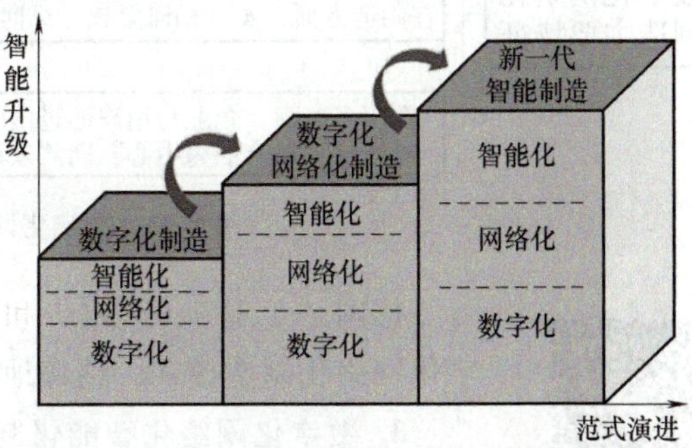

图 1-10 智能制造三个基本模式演进

1. 数字化制造

数字化制造是智能制造的第一个基本模式，也可称为第一代智能制造。

智能制造的概念最早出现于 20 世纪 80 年代，但因当时应用的第一代人工智能技术还难以解决工程实践问题，故那一代智能制造主体实则为数字化制造。

20世纪下半叶以来，随着制造业对于技术进步的强烈需求，以数字化为主要形式的信息技术广泛应用于制造业，推动制造业发生了革命性变化。数字化制造是在数字化技术和制造技术融合的背景下，通过对产品信息、工艺信息和资源信息进行数字化描述、分析、决策和控制，快速生产出满足用户要求的产品。

数字化制造的主要特征如图1-11所示。

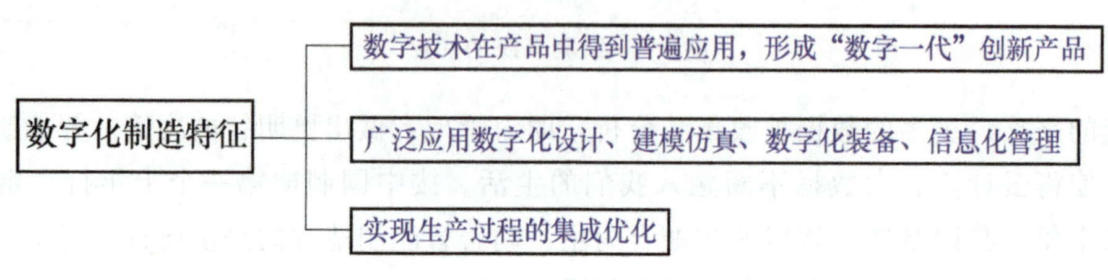

图1-11　数字化制造的主要特征

需要说明的是，数字化制造是智能制造的基础，其内涵不断发展，贯穿于智能制造的三个基本模式和全部发展历程。这里定义的数字化制造是作为第一种基本模式的数字化制造，是一种相对狭义的定位。国际上也有若干关于数字化制造的比较广义的定义和理论。

2. 数字化网络化制造

数字化网络化制造是智能制造的第二种基本模式，也可称为“互联网+制造”，或是第二代智能制造。

20世纪末互联网技术开始广泛应用，“互联网+”不断推进互联网和制造业融合发展，网络将人、流程、数据和事物连接起来，通过企业内、企业间的协同和各种社会资源的共享与集成，重塑制造业的价值链，推动制造业从数字化制造向数字化网络化制造转变。

数字化网络化制造的主要特征表现在产品、制造、服务等三个方面，如图1-12所示。

数字化网络化制造主要特征
- 在产品方面，数字技术和网络技术得到普遍应用，产品实现网络连接，设计和研发实现协同与共享
- 在制造方面，实现横向集成、纵向集成和端到端集成，打通整个制造系统的数据流和信息流
- 在服务方面，企业与用户通过网络平台实现连接和交互，企业生产开始从“以产品为中心”向“以用户为中心”转型

图1-12　数字化网络化制造主要特征

工业互联网引领制造业新时代

德国“工业4.0”报告和美国GE“工业互联网”报告完整地阐述了数字化网络化制造模式，精辟地提出了实现数字化网络化制造的技术路线。

3. 数字化网络化智能化制造

数字化网络化智能化制造是智能制造的第三种基本模式，也可称为新一代智能制造。

近年来，在经济社会发展强烈需求以及互联网的普及、云计算和大数据的涌现、物联网的发展等信息环境急速变化的共同驱动下，大数据智能、人机混合增强智能、群体智能、跨媒体智能等新一代人工智能技术加速发展，实现了战略性突破。新一代人工智能技术与先进

制造技术深度融合，形成新一代智能制造——数字化网络化智能化制造。新一代智能制造将重塑设计、制造、服务等产品全生命周期的各环节及其集成，催生新技术、新产品、新业态、新模式，深刻影响和改变人类的生产结构、生产方式乃至生活方式和思维模式，实现社会生产力的整体跃升。新一代智能制造将给制造业带来革命性的变化，将成为制造业未来发展的核心驱动力。

新一代智能制造

智能制造的三个基本模式体现了智能制造发展的内在规律：一方面，三个基本模式次第展开，各有其自身阶段的特点和要重点解决的问题，体现着先进信息技术与先进制造技术融合发展的阶段性特征；另一方面，三个基本模式在技术上并不是决然分离的，而是相互交织、迭代升级，体现着智能制造发展的融合性特征。对我国等新兴工业国家而言，应发挥后发优势，采取三个基本模式“并行推进、融合发展”的技术路线。

任务实施——主题讨论

美的集团数字化转型

全班分为五组，完成下列问题的讨论。

1）某企业生产的产品品种变化范围和生产批量都较大，你认为选用何种生产方式较合适？

2）说说智能制造的基本模式有哪些？

3）说说我国推进智能制造的技术路线是什么？

任务评价

根据任务完成情况填写表1-3。

表1-3　认识制造业的生产方式任务评价

评价内容及标准	自评分	互评分	教师评分
生产方式的选择(40分)			
智能制造的基本模式(10分)			
推进智能制造的技术路线(50分)			
总分(100分)			

思考与练习

一、填空题

1. 自动化制造包括（　　）制造和柔性制造。

2. 综合来说，工业机器人是面向工业领域的多关节机械臂或多自由度的机器装置，由（　　）、（　　）、（　　）系统和（　　）装置构成。

二、判断题

1. 自动化刚性生产是指该生产线只生产一种或工艺相近的一类产品。（　　）

2. 自动化“柔性”生产是指生产组织形式、生产产品及生产工艺的多样性和可变性，

具体表现为机床的柔性、产品的柔性、加工的柔性以及批量的柔性等。(   )

3. 个性化定制将成为智能制造时代市场的主流消费方式，产品的生产方式也将随之发生变化。(   )

4. 智能制造将为产品的生产方式带来脱胎换骨的变化，“企业决定产品”的传统生产方式将逐渐转变为“消费者决定产品”的智能生产方式。(   )

5. 若想使个性化消费成为现实，则个性化生产是前提。个性化生产是指多样性的小批量生产，是相对于传统生产而言的。(   )

6. 数字化制造是智能制造的第一个基本范式，也可称为第一代智能制造。(   )

7. 新一代智能制造是一个大系统，主要由智能产品、智能生产及智能服务三大功能系统以及工业智联网和智能制造云两大支撑系统集合而成。(   )

三、多选题

1. 智能制造是一个不断演进发展的大概念，可归纳为（   ）基本范式。

A. 数字化制造　　B. 数字化网络化制造

C. 数字化网络化智能化制造　　D. 个性化生产制造

2. 当前，我国制造业的生产方式主要有（   ）和预测制造等方式。

A. 自动化制造　　B. 智能化制造

C. 网络化制造　　D. 协同制造

项目 1.2　走进智能制造标准

知识目标： 能说出智能制造的系统组成及作用。

技能目标： 能搭建智能制造系统架构并分析智能制造参考模型与标准。

素养目标： 了解智能制造标准的重要性，树立保护创新、支持智能制造可持续发展的理念和意识。

任务 1.2.1　搭建智能制造架构

任务引入

智能制造是当前工业领域的重要发展方向，它能够通过自动化、数字化、智能化的手段，提高生产率、降低成本、提升产品质量。在智能制造的实现过程中，架构设计是非常重要的一环，合理的架构为后续的智能制造实施提供基础支持。通过学习本任务内容，了解并学会搭建智能制造架构。

相关知识

一、智能制造的基本架构

智能制造架构是实现制造业数字化和智能化发展的重要基础，企业间正在不断探索和应用不同的智能制造架构，以提高生产率和产品质量，推动制造业高质量发展。一般情况下，智能制造架构主要包括智能制造技术、智能制造管理系统、智能制造支撑系统、智能制造功能系统等主体要素、主要功能、核心业务流程及各业务流程层之间的内在联系，如图 1-13 所示。在为企业设计智能制造工厂时，可按图 1-14 所示的总体架构进行分析搭建。

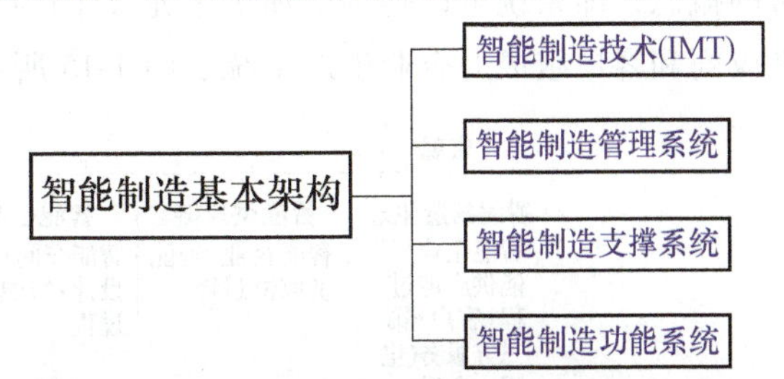

图 1-13　智能制造基本架构

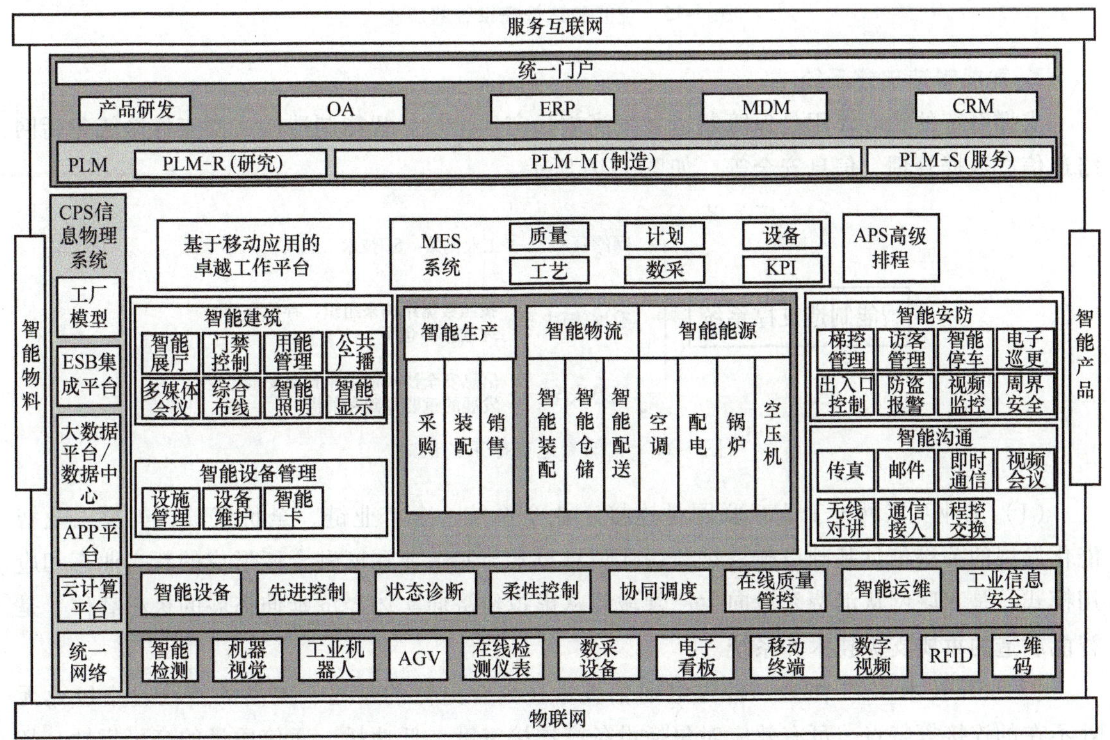

图 1-14　智能制造总体架构

1. 智能制造技术

智能制造技术（Intelligent Manufacturing Technology，IMT）是指一种利用计算机模拟制造专家的分析、判断、推理、构思和决策等智能活动，并将这些智能活动与智能机器有机融合，使其贯穿应用于制造企业的各个子系统（如经营决策、采购、产品设计、生产计划、制造、装配、质量保证和市场销售等）的先进制造技术。该技术能够实现整个制造企业经营运作的高度柔性化和集成化，取代或延伸制造环境中专家的部分脑力劳动，并对制造业专家的智能信息进行收集、存储、完善、共享、继承和发展，从而极大地提高生产率。

2. 智能制造管理系统

智能制造管理系统（Intelligent Manufacturing System，IMS）是一种由部分或全部具有一定自主性和合作性的智能制造单元组成的、在制造活动全过程中表现出相当智能行为的制造系统。其主要特征在于工作过程中对知识的获取、表达与使用。这里的“系统”是一个相对的概念，即系统可以是一个加工单元或生产线，一个车间，一个企业，一个由企业及其他供应商和客户组成的企业生态系统。图 1-15 所示为智能制造管理系统的层次。

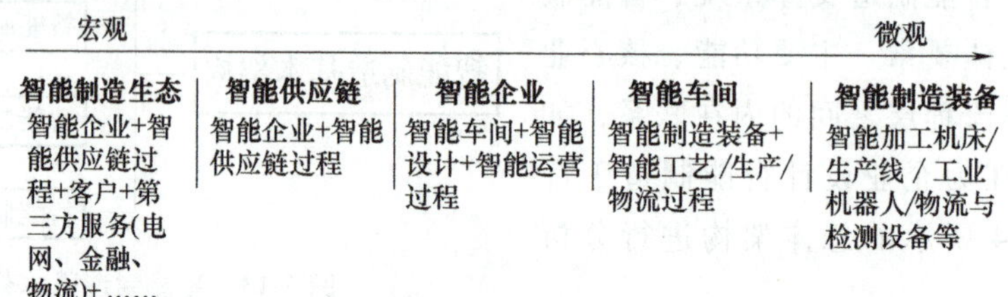

图 1-15 智能制造管理系统的层次

3. 智能制造支撑系统

支撑系统的核心作用是保障制造系统高效稳定地运行。智能制造的主要支撑系统包括网络通信、数据管理、信息安全等，如图 1-16 所示。

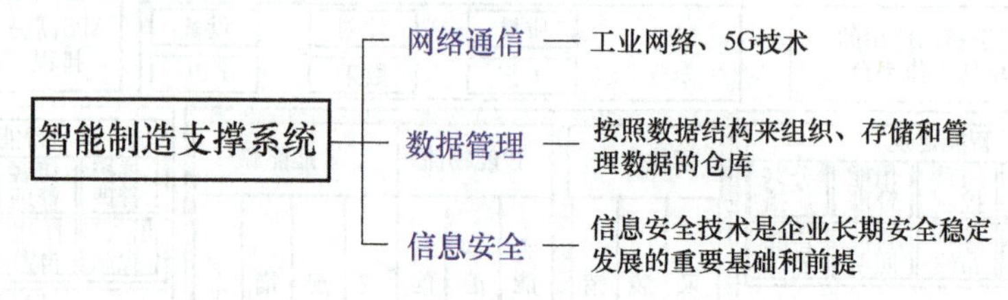

图 1-16 智能制造支撑系统组成

（1）工业互联网　工业互联网是连接工业全系统、全产业链、全价值链，支撑工业智能化发展的关键信息基础设施，是新一代信息技术与制造业深度融合所形成的新兴业态和应用模式，是互联网从消费领域向生产领域、从虚拟经济向实体经济延伸拓展的核心载体，是智能制造的重要支撑技术和系统。

（2）5G 技术　5G 作为一种先进通信技术，具有更低的延迟、更高的传输速率以及无处不在的连接等特点，可有效应对包括设备高连接密度、低功耗，通信质量的高可靠性、超低延迟、高传输速率等挑战。

（3）数据库　数据库是“按照数据结构来组织、存储和管理数据的仓库”，是一个长期存储在计算机内、有组织、可共享、统一管理大量数据的集合。数据库将数据以一定方式存储在一起，用户可以通过接口对数据库中的数据进行新增、查询、更新、删除、共享等操作。在智能制造中数据库技术是数据分析、处理的重要保障，也是智能制造的重要支撑系统之一。

（4）信息安全　信息安全是目前包括制造业在内的各个行业所面临的重大挑战之一。

新兴技术，尤其是大数据技术，在给制造业带来巨大效益的同时，也让企业面临着巨大的信息安全风险。一方面，由于工业控制系统的协议多采用明文形式，工业应用环境多采用通用操作系统且更新不及时，从业人员的网络安全意识不强，再加上工业数据的来源多样，具有不同的格式和标准，使其存在诸多可以被利用的漏洞；另一方面，在工业应用环境中，对数据安全有着更高的要求，任何信息安全事件的发生都有可能威胁企业信息安全、工业生产运行安全甚至国家安全等。因此，良好的信息安全技术是企业长期安全稳定发展的重要基础和前提。

4. 智能制造功能系统

广义的产品制造主要包含设计、制造、供销、服务等环节。因此，智能制造系统按主要功能包括智能设计、制造过程控制优化、智能供应链、智能服务等，如图 1-17 所示。

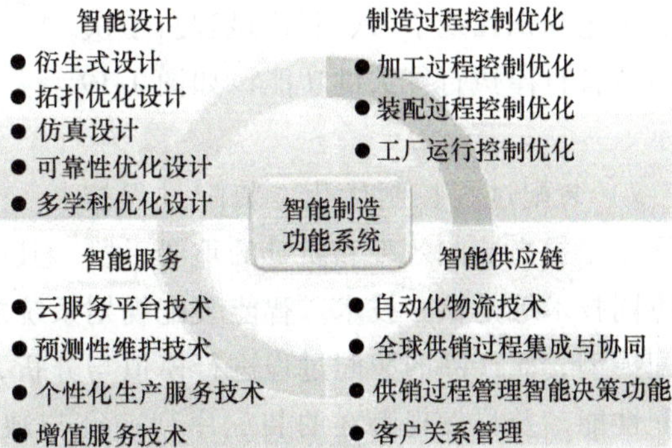

图 1-17 智能制造功能系统

（1）智能设计 智能设计是指将智能优化方法应用到产品设计中，利用计算机模拟人的思维活动进行辅助决策，以建立支持产品设计的智能设计系统。制造领域常见的智能设计如图 1-18 所示。

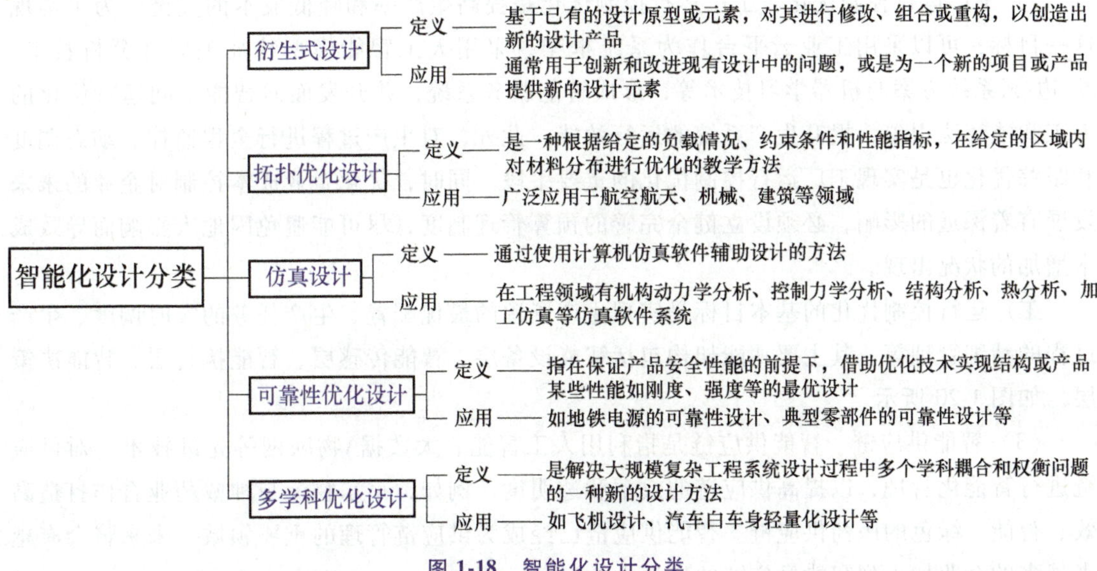

图 1-18 智能化设计分类

（2）制造过程控制优化 制造过程控制优化是指将大数据与人工智能技术融入制造过程中，使制造过程实现自感知、自决策、自执行，主要包括加工过程控制优化、装配过程控制优化、工厂运行控制优化等。

1）加工过程控制优化。制造装备是加工过程的基础。智能制造装备是指通过融入传感、人工智能等技术，使得装备能对本体和加工过程进行自感知，对与装备、加工状态、工件和环境有关的信息进行自分析，根据零件的设计要求与实时动态信息进行自决策，依据决策指令进行自执行，实现加工过程的“感知—分析—决策—执行与反馈”的闭环，保证产品的高效、高品质及安全可靠加工。

加工过程控制优化包括工况在线检测、工艺知识在线学习、制造过程自主决策与装备自律执行等关键功能，如图1-19所示。

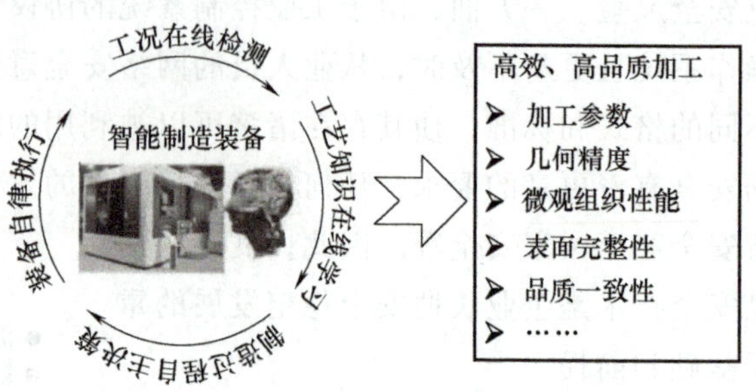

图1-19　加工过程控制优化

2）装配过程控制优化。装配过程控制优化是提高装配效率和质量的重要手段。其中，智能装配规划系统、装配工业机器人和人机协同技术等是核心技术。智能装配规划系统能够通过CAD模型、AR/VR等技术创建虚拟装配模型，对产品的装配过程进行模拟与分析，及时对装配方案进行快速评价，了解方案的装配性能，及早发现潜在的装配序列冲突与缺陷。装配工业机器人能够自动化完成装配任务，提高了装配效率和精度。人机协同技术则能够使工人与机器相互配合，提高装配质量和效率。

在装配式建筑中，水平预制构件施工方便、安全性高，增量成本最少。因此，装配过程控制优化对于装配式建筑的发展具有重要意义。

3）工厂运行控制优化。工厂运行控制优化是提高生产率和降低成本的关键。为了实现这一目标，可以采用工业云平台作为系统框架，采用人工智能模型特征关联性分析技术、端-边-云系统方案与机器学习技术等，形成智能服务系统，并开发面向智能车间运行优化的人工智能算法引擎，提升生产系统的运行效能。此外，对生产过程进行全程监控、动态调度和跟踪优化也是实现工厂运行控制优化的重要手段。同时，优化企业成本控制对企业的未来发展有着深远的影响，必须设立健全完善的预算管理制度，尽可能避免因他人影响而导致成本增加的状况出现。

工厂运行控制优化的基本目标是实现生产资源的最优配置、生产任务的实时调度、生产过程的精细管理等。其主要功能架构包括智能设备层、智能传感层、智能执行层、智能决策层，如图1-20所示。

（3）智能供应链　智能供应链是指利用人工智能、大数据\物联网等先进技术，对供应链进行智能化管理，以提高供应链的效率和透明度。例如，京东物流与神威药业合作打造高效、智能、绿色的医药供应链。智能供应链已经成为供应链管理的重要领域，未来将会有越来越多的企业加入到智能供应链的建设中。

与传统的供应链不同，数字化制造背景下的智能供应链更加强调信息的感知、交互与反馈，从而实现资源的最优配比。其主要功能包括自动化物流、全球供销过程集成与协同、供销过程管理智能决策、客户关系管理等，如图1-21所示。

（4）智能服务　智能服务包括以用户为中心的产品全生命周期的各种服务。服务智能化将大大促进个性化定制等生产方式的发展，延伸发展服务型制造业和生产型服务业，促进

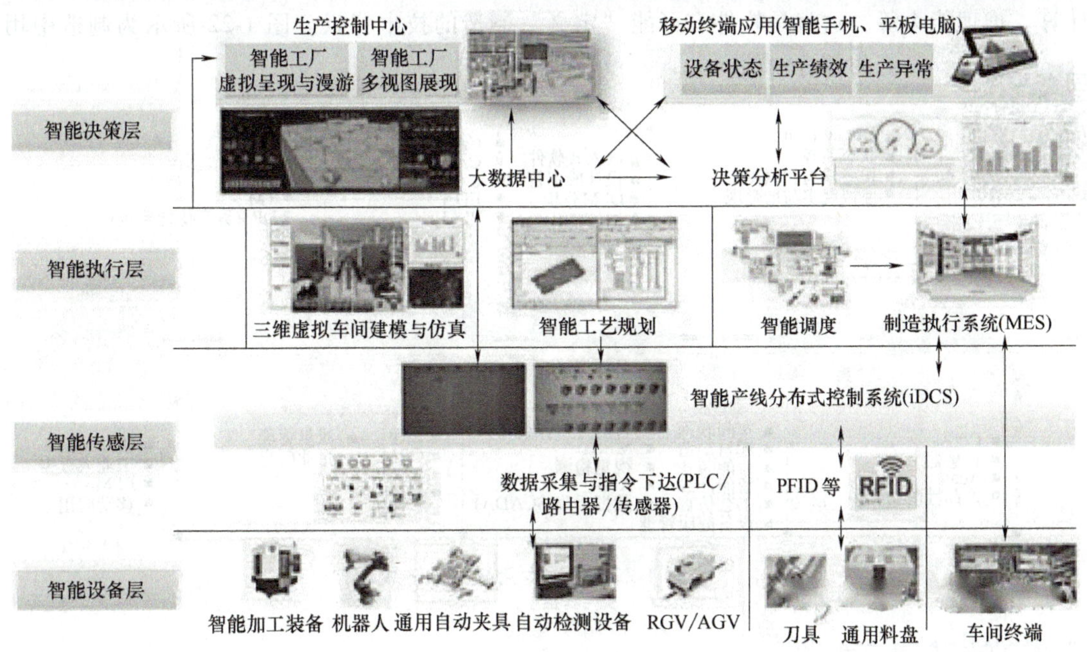

图 1-20 工厂运行控制优化模型

生产模式和产业形态的深度变革。通过持续改进，建立高效、安全的智能服务系统，实现服务和产品的实时、有效、智能化互动，为企业创造新价值。

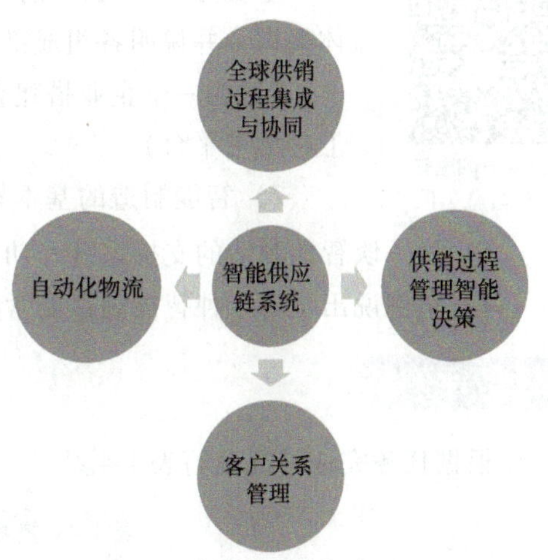

图 1-21 智能供应链系统功能

二、智能制造中的软件

软件的作用很重要，随着数字-智能技术的快速发展，在制造过程中，软件的作用越来越大。智能产品的设计中其结构的创建需要软件（如衍生式设计），加工过程的控制和优化需要软件，管理、调度和优化需要软件，从采购到销售的整个供应链系统的优化需要软件……几乎在整个制造过程的所有方面都离不开软件。若是没有软件，产品的某些功能可能根本实现不了，加工过程的高性能、高质量无法达到。

软件可以定义制造，但并非所有的软件都能定义制造。能定义制造的软件主要是工业软件，而非一般的IT软件。工业软件中不允许有漏洞，比如发射火箭，若控制火箭动作的软件某个细节不对，有可能导致火箭发射失败。工业软件中沉淀了大量工厂场景数据、知识及人的经验和智慧，这也表明，是软件潜藏的人的经验、才智、数据、知识等定义了制造。另外，现在人工智能的发展已经在局部领域超越人的智能，在制造中融入了人工智能的某些软件（也需基于某个制造领域的知识）完全有可能在制造的特定方向超越人的能力，如感知、计算、推理能力等。这就是软件有可能“定义”制造的技术背景。图 1-22 所示为制造中用到的部分软件。

工业软件与工业App的区别

智能产品
- CPS
- 传感器
- Adas
- 产品性能仿真

智能服务
- Digital twin
- 状态监控
- 传感器与物联网
- 虚拟现实与增强现实

智能工厂
- 车间联网
- 增材制造
- 智能装备
- 智能产线
- 工艺仿真
- 设备健康管理
- 智能与协作机器人
- MES
- 视觉检测
- APS
- 数据采集(SCADA)

智能研发
- 嵌入式软件
- 设计成本管理
- DFM分析
- 拓扑优化
- CAD
- CAE(工程仿真)
- CAM
- EDA
- PLM

智能管理
- ERP
- CRM
- EAM
- SRM
- MDM
- 质量管理
- 企业门户

智能物流与供应链
- AGV
- SLAM
- 自动化立库
- WMS
- TMS
- DPS(数字拣货系统)

智能决策
- BI
- 工业大数据
- EPM
- 移动应用

图 1-22　制造中用到的部分软件

任务实施——搭建架构

华菱湘钢谱写5G智慧工厂

全班分为五组，虚拟一个企业，为该企业智能化改造搭建一个智能化总体架构，并说明各组成部分的内容及作用。

1）为一个企业搭建企业智能化改造总体架构图（用方块图勾画，拍照上传学习平台）。

2）智能制造的基本架构包括哪几个方面？

3）谈一谈智能制造的支持系统、功能系统的组成。

4）举例说出至少八种智能制造的常用软件。

任务评价

根据任务完成情况填写表 1-4。

表 1-4　搭建智能制造架构任务评价

评价内容及标准	自评分	互评分	教师评分
企业智能化改造总体架构图（80 分）			
智能制造的基本架构（5 分）			
能制造的支持系统、功能系统的组成（10 分）			
能制造的常用软件（5 分）			
总分（100 分）			

思考与练习

一、填空题

1. 智能制造架构是实现制造业数字化和智能化发展的重要基础，不同企业正在不断探索和应用不同的智能制造架构，以提升生产效率和产品质量，推动制造业高质量发展。一般情况下智能制造架构主要包括（　　　）、（　　　）、（　　　）、智能制造功能系统等主体要素、主要功能、核心业务流程及各业务流程层之间的内在联系。

2. 智能制造技术（　　）是指一种利用计算机模拟制造专家的（　　）、（　　）、（　　）、构思和决策等智能活动，并将这些智能活动与智能机器有机融合，使其贯穿应用于制造企业的各个子系统的先进制造技术。

3. 智能制造系统（　　）是一种由部分或全部具有一定（　　）和合作性的智能制造单元组成的、在制造活动全过程中表现出相当智能行为的制造系统。其最主要的特征在于工作过程中对知识的获取、表达与使用。

4. 支撑系统的核心作用是保障制造系统高效稳定地运行。智能制造的主要支撑系统包括（　　　）、（　　　）、信息安全等。

5. 广义的产品制造主要包含设计、制造、供销、服务等环节。因此，智能制造系统按主要功能包括（　　　）、（　　　）、（　　　）、智能服务等。

二、判断题

1. 软件可以定义制造，并非说所有的软件都能定义制造。（　　）

2. 与传统的供应链不同，数字化制造背景下的智能供应链更加强调信息的感知、交互与反馈，从而实现资源的最优配比。（　　）

3. 工厂运行控制优化的基本目标是实现生产资源的最优配置、生产任务的实时调度、生产过程的精细管理等。（　　）

4. 装配过程控制优化是提高装配效率和质量的重要手段。其中，智能装配规划系统、装配机器人和人机协同技术等是核心技术。（　　）

5. 制造过程控制优化是指将大数据与人工智能技术融入制造过程中，使制造过程实现自感知、自决策、自执行，主要包括加工过程控制优化、装配过程控制优化、工厂运行控制优化等。（　　）

6. 智能设计是指将智能优化方法应用到产品设计中，利用计算机模拟人的思维活动进行辅助决策、以建立支持产品设计的智能设计系统。（　　）

7. 智能制造架构是实现制造业数字化和智能化发展的重要基础，不同企业正在不断探索和应用不同的智能制造架构，以提高生产率和提升产品质量，推动制造业高质量发展。（　　）

三、多选题

1. 一般情况下智能制造架构主要包括（　　）等主体要素、主要功能、核心业务流程及各业务流程层之间的内在联系。

A. 智能制造技术　　B. 智能制造管理系统

C. 智能制造支持系统　　D. 个智能制造功能系统

2. 智能制造技术是指一种利用计算机模拟制造专家的（　　）和决策等智能活动，并将这些智能活动与智能机器有机融合，使其贯穿应用于制造企业的各个子系统的先进制造技术。

A. 分析　　B. 判断　　C. 推理　　D. 构思

3. 智能制造系统是一种由部分或全部具有一定自主性和合作性的智能制造单元组成的、在制造活动全过程中表现出相当智能行为的制造系统，这里的系统是一个相对的概念，即系统可以是一个加工单元或（　　），一个（　　），一个（　　），一个由（　　）及其他供应商和客户组成的企业生态系统。

A. 生产线　　B. 车间　　C. 企业　　D. 企业

4. 支撑系统的核心作用是保障制造系统高效稳定地运行。智能制造的主要支撑系统包括（　　）等。

A. 网络通信　　B. 数据管理　　C. 信息安全　　D. 5G 技术

5. 智能制造系统按主要功能包括（　　）等。

A. 智能设计　　B. 制造过程控制优化

C. 智能供应链　　D. 智能服务

任务 1.2.2　应用智能制造标准

任务引入

智能制造系统模型可以解决智能制造标准体系结构和框架的建模，各制造企业可以依据自己的产品特点和不同的组织形式，参考层级模型，判断本企业现有的制造技术水平，明确智能制造发展的需求，确定发展目标、方向和重点，找准发展路径，把握智能制造发展的特点和规律，发挥标准的引领作用，整合国内标准化资源，开展智能制造标准化工作，加强顶层设计，推动新一代信息技术在制造业的集成应用，占领智能制造发展制高点，是我国构建智能制造标准体系的初衷。那么我国目前制定的智能制造标准是怎样的？让我们一起来了解。

相关知识

智能制造参考模型是智能制造领域的重要标准，它提供了一个框架，用于智能制造相关技术系统的构建、开发、集成和运行。参考模型可以将所有标准以及拟制定的新标准一起纳入一个新的全球制造参考体系。

一、智能制造参考模型

智能制造实质是实现贯穿三个维度的全方位集成，包括企业设备、单元、车间、企业、协同等不同层面的纵向集成，跨企业价值网络的横向集成，以及从产品全生命周期的端到端集成。标准化是确保实现全方位集成的关键途径，结合智能制造的技术架构和产业结构，可以从产品生命周期、智能特征和系统层级三个维度构建智能制造标准化参考模型，如图1-23所示。它可以帮助认识和理解智能制造标准化的对象、边界、各部分的层级关系和内在联系。

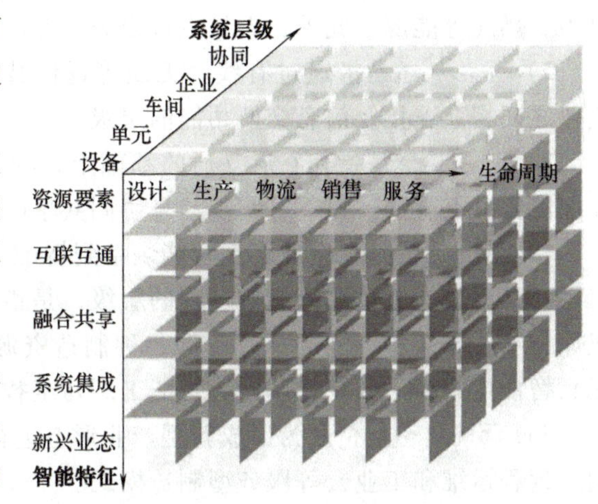

图1-23　智能制造模型

智能制造对制造业的影响主要表现在三个方面，分别是智能制造系统、智能制造装备和智能制造服务，涵盖了产品从生产加工到操作控制，再到客户服务的整个过程。

1. 生命周期

生命周期是指从产品原型研发开始到产品回收再制造的各个阶段，包括设计、生产、物流、销售、服务等一系列相互联系的价值创造活动。生命周期的各项活动可进行迭代优化，具有可持续性发展等特点，不同行业的生命周期构成不尽相同。

1）设计是指根据企业的所有约束条件以及所选择的技术来对需求进行构造、仿真、验证、优化等研发的活动过程。

2）生产是指通过劳动创造所需要的物质资料的过程。

3）物流是指物品从供应地向接收地的实体流动过程。

4）销售是指产品或商品等从企业转移到客户手中的经营活动。

5）服务是指产品提供者与客户接触过程中所产生的一系列活动的过程及其结果，包括回收等。

2. 系统层级

系统层级是指与企业生产活动相关的组织结构的层级划分，包括设备层、单元层、车间层、企业层和协同层。

1）设备层是指企业利用传感器、仪器仪表、机器、装置等，实现实际物理流程并感知和操控物理流程的层级。

2）单元层是指用于企业内处理信息、实现监测和控制物理流程的层级。

3）车间层是实现面向企业或车间的生产管理的层级。

4）企业层是实现面向企业经营管理的层级。

5）协同层是企业实现其内部和外部信息互联和共享过程的层级。

3. 智能特征

智能特征是指基于新一代信息通信技术，使制造活动具有自感知、自学习、自决策、自执行、自适应等一个或多个功能的层级划分，包括资源要素、互联互通、融合共享、系统集成和新兴业态等五层智能化要求。

智能制造的关键是实现贯穿企业设备层、单元层、车间层、企业层、协同层不同层面的纵向集成，跨资源要素、互联互通、融合共享、系统集成和新兴业态不同级别的横向集成，以及覆盖设计、生产、物流、销售、服务的端到端集成。

1）资源要素是指企业生产时所需要使用的资源或工具及其数字化模型所在的层级，包括设计施工图样、产品工艺文件、原材料、制造设备、生产车间和工厂等物理实体，也包括电力、燃气等能源。此外，人员也可视为资源的一个组成部分。

2）互联互通是指通过有线、无线等通信技术，实现装备之间、装备与控制系统之间、企业之间相互连接及信息交换功能的层级。

3）融合共享是指在互联互通的基础上，利用云计算、大数据等新一代信息通信技术，在保障信息安全的前提下，实现信息协同共享的层级。

4）系统集成是指企业实现智能装备到智能生产单元、智能生产线、数字化车间、智能工厂，乃至智能制造系统集成过程的层级，是指通过二维码、射频识别、软件等信息技术集成原材料、零部件、能源、设备等各种制造资源，由小到大实现从智能装备到智能生产单元、智能生产线、数字化车间、智能工厂乃至智能制造系统的集成。

5）新兴业态是企业为形成新型产业形态进行企业间价值链整合的层级，包括个性化定制、远程运维和工业云等服务型制造模式。

4. 示例解析

智能制造系统架构通过三个维度展示了智能制造的全貌。为更好的解读和理解系统架构，以可编程序逻辑控制器（Programmable Logic Controller，PLC）、工业机器人和工业互联网为例，分别从点、线、面三个方面诠释智能制造重点领域在系统架构中所处的位置及其相关标准。

（1）可编程序逻辑控制器（PLC） PLC位于智能制造系统架构生命周期的生产环节、系统层级的控制层级，以及智能特征的系统集成，如图1-24所示。已发布的PLC标准主要包括：GB/T 15969.1—2007《可编程序控制器 第1部分：通用信息》。

IEC/TR 61131-9：2013《可编程序控制器 第9部分：小型传感器和执行器的单量数字通信接口（SDCI）》。

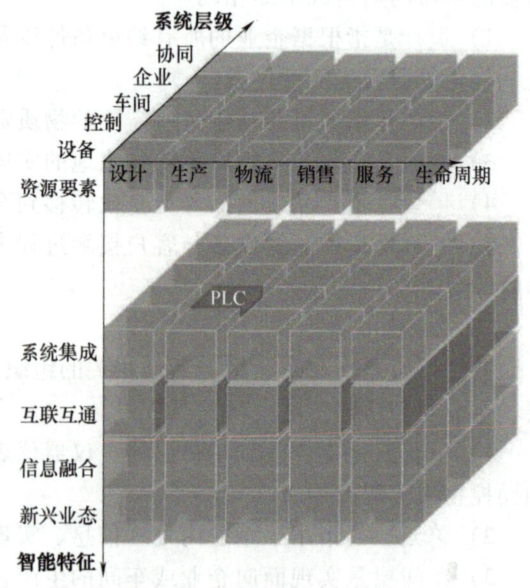

图1-24 PLC在智能制造系统架构中的位置

（2）工业机器人 工业机器人位于智能制造系统架构生命周期的生产环节、系统层级的设备层级和控制层级，以及智能特征的资源要素，如图1-25所示。已发布的工业机器人部分标准有：

GBT 38244—2019《机器人安全总则》。

GB 5226.1—2019《机械电气安全 机械电气设备 第一部分：通用技术条件》。

GB 11291.2—2013《机器人与机器人装备 工业机器人的安全要求 第2部分：机器人系统与集成》。

GB/T 15706—2012《机械安全 设计通则 风险评估与风险减少》。

GB 1129.1—2011《工业环境用机器人安全要求 第一部分：机器人》。

（3）工业互联网 工业互联网位于智能制造系统架构生命周期的所有环节、系统层级的设备、控制、车间、企业和协同五个层级，以及智能功能的互联互通，如图1-26所示。已发布的工业互联网部分标准有：

GB/T 20171—2006《用于工业测量与控制系统的EPA系统结构与通信规范》。

GB/T 26790.1—2011《工业无线网络WIA规范 第1部分：用于过程自动化的WIA系统结构与通信规范》。

GB/T 25105—2014《工业通信网络 现场总线规范 类型10：PROFINET IO规范》。

GB/T 19760—2008《CC-Link控制与通信网络规范》。

GB/T 31230—2014《工业以太网现场总线EtherCAT》。

GB/T 19582—2008《基于Modbus协议的工业自动化网络规范》。

GB/Z 26157—2010《测量和控制数字数据通信 工业控制系统用现场总线 类型2：ControlNet和EtherNet/IP规范》。

GB/T 29910—2013《工业通信网络 现场总线规范 类型20：HART规范》。

GB/T 27960—2011《以太网POWERLINK通信行规规范》。

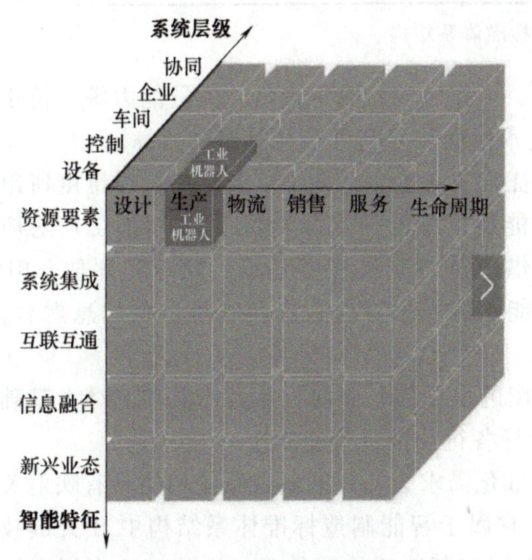

图1-25 工业机器人在智能制造系统架构中的位置

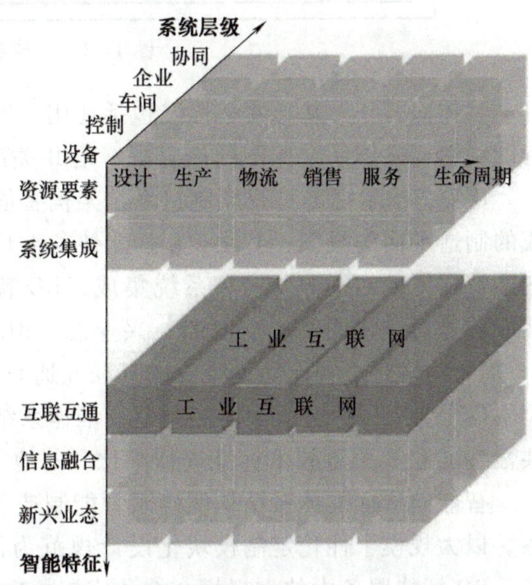

图1-26 工业互联网在智能制造系统架构中的位置

二、智能制造标准体系

1. 智能制造标准体系结构

智能制造标准体系结构包括“A基础共性”“B关键技术”“C行业应用”三个部分，主要反映标准体系各部分的组成关系。智能制造标准体系结构如图1-27所示。

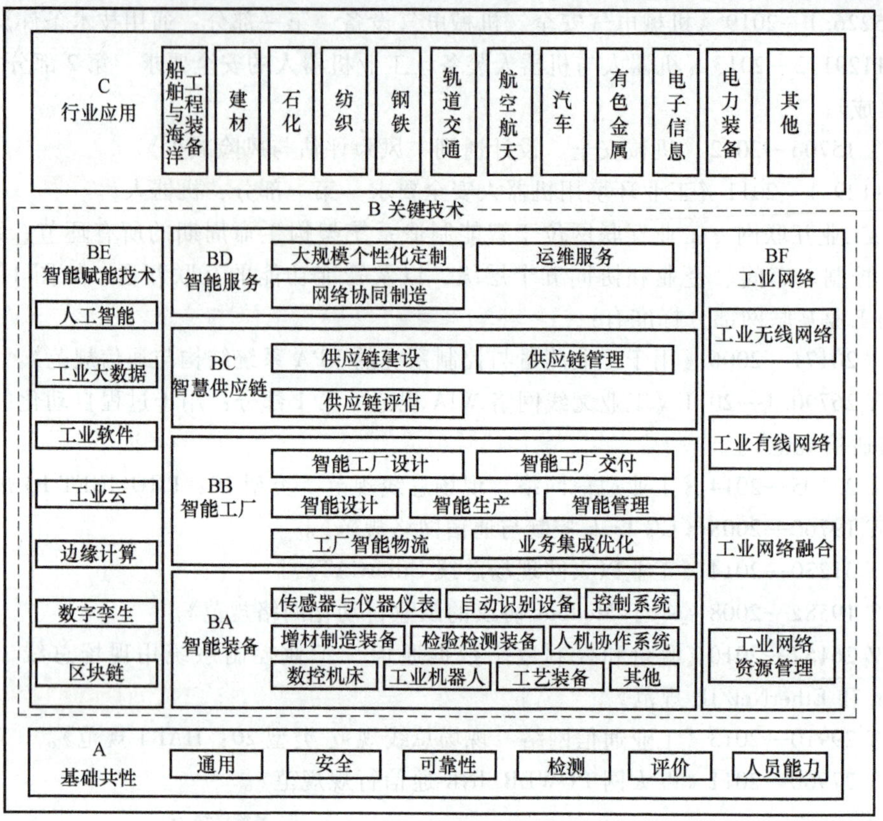

图 1-27　智能制造标准体系结构

具体而言，A 基础共性标准包括通用、安全、可靠性、检测、评价、人员能力等，位于智能制造标准体系结构图的最底层，是 B 关键技术标准和 C 行业应用标准的支撑。

B 关键技术标准是智能制造系统架构智能特征维度在生命周期维度和系统层级维度所组成的制造平面的投影，其中 BA 智能装备对应智能特征维度的资源要素，BB 智能工厂对应智能特征维度的资源要素和系统集成，BC 智慧供应链对应供应链建设、管理和评估，BD 智能服务对应智能特征维度的新兴业态，BE 智能赋能技术对应智能特征维度的信息融合，BF 工业网络对应智能功能维度的互联互通。

C 行业应用标准位于智能制造标准体系结构图的最顶层，面向行业具体需求，对 A 基础共性标准和 B 关键技术标准进行细化和落地，指导各行业推进智能制造。

智能制造标准体系结构明确了智能制造的标准化需求，与智能制造系统架构具有映射关系。以大规模个性化定制模块化设计规范为例，它属于智能制造标准体系结构中 B 关键技术—BD 智能服务中的大规模个性化定制标准。在智能制造系统架构中，它位于生命周期维度的设计环节，系统层级维度的企业层和协同层，以及智能特征维度的新兴业态。其中，智能制造系统架构三个维度与智能制造标准体系的映射关系详见示例解析。

2. 智能制造标准框架

智能制造标准体系框架由智能制造标准体系结构向下映射而成，是形成智能制造标准体系的基本组成单元。智能制造标准体系框架包括“A 基础共性”“B 关键技术”“C 行业应用”三个部分，如图 1-28 所示。

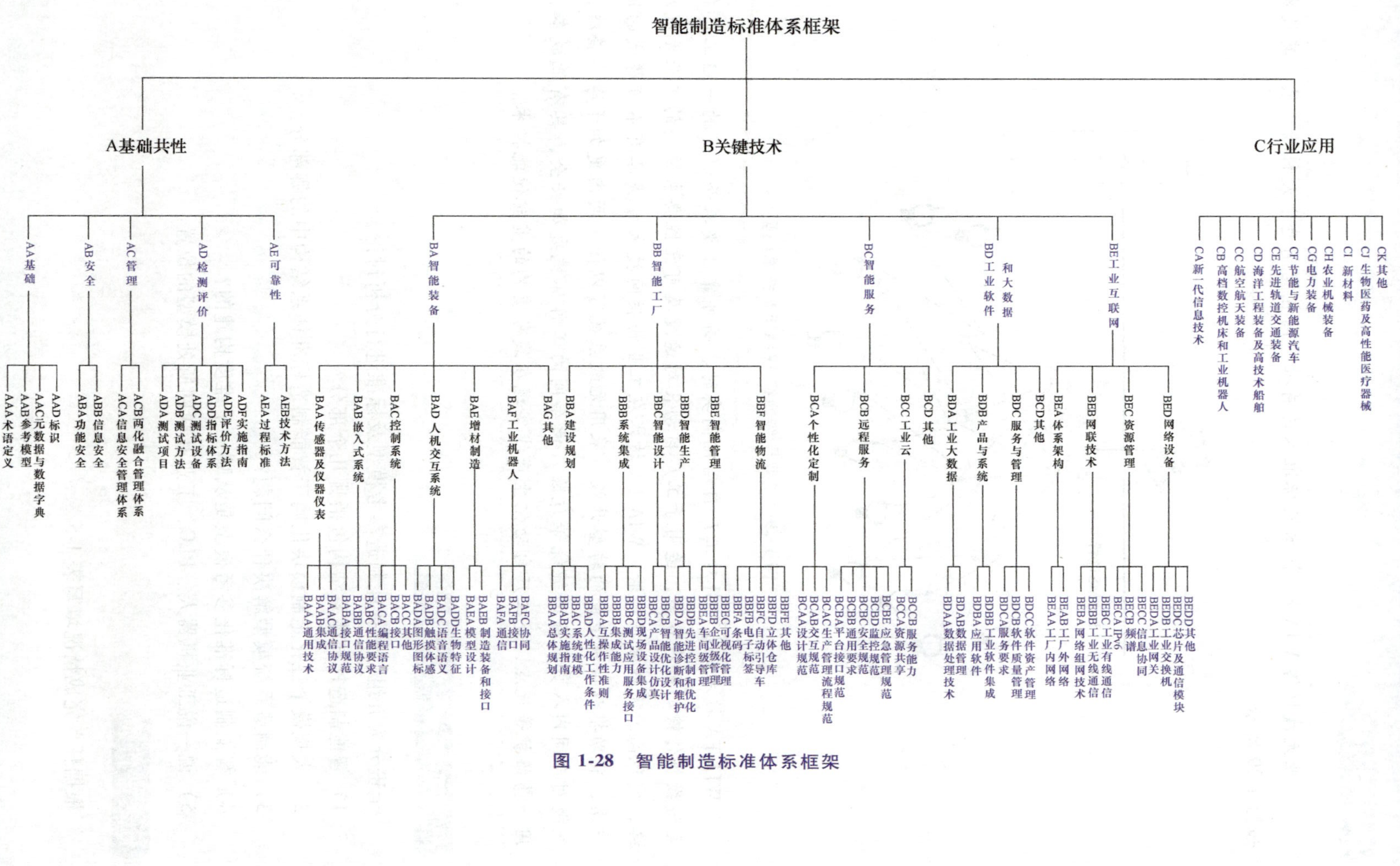

图 1-28 智能制造标准体系框架

中国案例

工业无线网络WIA-FA技术及标准入选首批中国智能制造十大科技进展，其技术模型如图1-29所示。

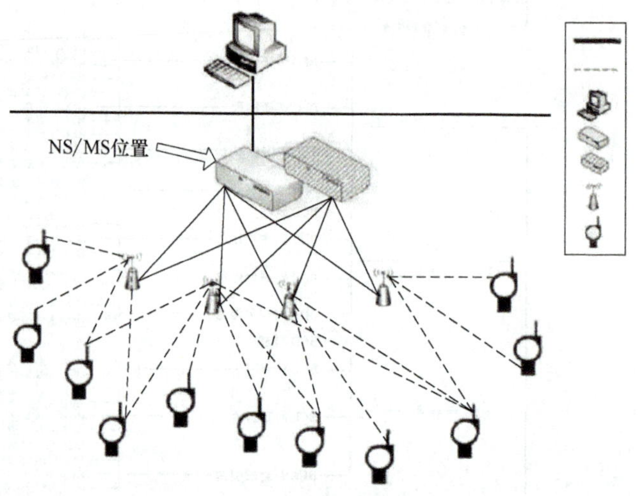

图1-29　工业无线网络WIA-FA技术模型

WIA-FA技术是专门针对工厂自动化高实时、高可靠性要求而研发的一组工厂自动化无线数据传输的解决方案，适用于工厂自动化对速度及可靠性要求较高的工业无线局域网络，实现高速无线数据传输。WIA-FA技术在工业物联网技术领域具有不可替代的地位和作用，将助推我国制造业的转型升级。采用无线系统可以使车间内更加干净、整洁，消除线缆对车间内人员设备的缠绕等危险，使车间的工作环境更加安全，具有低成本、易使用、易维护等优点，是工厂自动化生产线实现在线可重构的重要使能技术。

任务实施——分析标准

全班分为五组，对智能制造参考模型及标准进行分析讨论。

1）智能制造标准体系结构包括哪几个部分？

2）大规模个性化定制模块化属于智能制造标准体系结构中的哪部分？

3）能制造系统模型解决什么问题？

4）智能制造标准化参考模型是从哪三个维度构建的？

5）说一说工业机器人、PLC、工业互联网所处模型的位置。

任务评价

根据任务完成情况填写表1-5。

表 1-5 应用智能制造标准任务评价

评价内容及标准	自评分	互评分	教师评分
智能制造标准体系结构(15 分)			
大规模个性化定制模块化在智能制造标准体系结构中的位置(15 分)			
智能制造系统模型能解决的问题(15 分)			
智能制造标准化参考模型构建的三个维度(15 分)			
工业机器人、PLC、工业互联网所处模型的位置(40 分)			
总分(100 分)			

思考与练习

一、填空题

1. 智能制造的本质是实现贯穿三个维度的全方位集成，这三个维度是（　　）、（　　）、（　　）。

2. 生命周期是指从产品原型研发开始到产品回收再制造的各个阶段，包括（　　）、（　　）、物流、销售、（　　）等一系列相互联系的价值创造活动。

3. 智能制造标准体系结构包括（　　　）、（　　　）、（　　　）等三个部分，主要反映标准体系各部分的组成关系。

4. 智能制造标准体系结构中明确了（　　　）的标准化需求，与智能制造系统架构具有映射关系。

二、判断题

1. 工业机器人位于智能制造系统架构生命周期的生产环节、系统层级的设备层级和控制层级，以及智能功能的资源要素。（　　）

2. 工业互联网位于智能制造系统架构生命周期的所有环节、系统层级的设备、控制、工厂、企业和协同五个层级，以及智能功能的互联互通。（　　）

3. PLC 位于智能制造系统架构生命周期的生产环节、系统层级的控制层级，以及智能功能的系统集成。（　　）

4. 具体而言，基础共性标准包括通用、安全、可靠性、检测、评价等五大类，位于智能制造标准体系结构图的最底层，是关键技术标准和行业应用标准的支撑。（　　）

三、多选题

1. 智能制造标准体系结构包括（　　）等三个部分，主要反映标准体系各部分的组成关系。

A. 基础共性　　B. 关键技术　　C. 智能制造　　D. 行业应用

2. 生命周期是指从产品原型研发开始到产品回收再制造的各个阶段，包括（　　）、服务等一系列相互联系的价值创造活动。

A. 设计　　　　　B. 生产　　　　　C. 物流　　　　　D. 销售

3. 智能特征是指基于新一代信息通信技术使制造活动具有自感知、自学习、自决策、自执行、自适应等一个或多个功能的层级划分，包括（　　）和新兴业态等五层智能化要求。

A. 资源要素　　　B. 互联互通　　　C. 融合共享　　　D. 系统集成

4. 系统层级是指与企业生产活动相关的组织结构的层级划分，包括（　　）和协同层。

A. 设备层　　　　B. 单元层　　　　C. 车间层　　　　D. 企业层

2

模块2　智能制造管理系统

智能制造管理系统是由若干复杂相关子系统集合而成的一个整体，包括产品全生命周期管理（Product Lifecycle Management，PLM）系统、制造执行系统（Manufacturing Exeution System，MES）、企业资源计划（Enterprise Resouree Planing，ERP）系统和信息物理系统（Cyberr Physical System，CPS）等。智能制造系统能使企业按不同的信息化要求将相关数据进行系统的整合利用，从而提高企业的信息化和智能化水平。

知识目标

■ 掌握产品全生命周期管理系统的概念和功能模块；

■ 掌握制造执行系统的概念和功能模块；

■ 掌握企业资源计划系统的概念和功能模块；

■ 掌握信息物理系统的概念和功能模块；

■ 了解产品全生命周期系统、制造执行系统、企业资源计划系统和信息物理系统的应用和软件。

能力目标

■ 能为中小企业搭建简单的智能化管理系统模型；

■ 能分析智能化管理系统的功能及应用；

■ 结合行业企业实际，分析产品生产管理的机遇和挑战。

素养目标

■ 通过信息化、智能化管理系统的学习，树立精益制造的现代制造理念；

■ 崇尚工匠精神，树立严谨认真的职业素养；

■ 提升收集、整理资料的能力，同时要提升分析问题的能力。

项目 2.1　走进智能制造管理系统

知识目标： 能说出智能制造管理系统、CPS 系统层级及功能。

技能目标： 能分析并掌握智能制造管理系统层级。

素养目标： 了解智能制造管理系统的重要性，树立正确的质量管理观。

任务 2.1.1　搭建智能制造系统层级

任务引入

订单变更频繁、订单交付不准、成本核算不准、排产协调困难、产品质量追逆难管、原料供应不及、数据反馈滞后、售后口碑不佳，这是机械行业面临的管理挑战。制造业要实现智能制造，就必须解决生产中的管理和控制问题。那么如何解决这些问题呢？让我们来了解智能制造管理系统。

相关知识

一、智能制造系统架构及功能

从系统的功能角度可将智能制造系统看作若干复杂相关子系统的整体集成，包括产品全生命周期管理系统、生产执行系统 MES（也被称作制造执行系统）、过程控制系统、管理信息系统 ERP 以及将各子系统无缝衔接起来的信息物理系统 CPS 等。智能制造系统的整体架构可分为五层，如图 2-1 所示。下文所说的几种子系统，贯穿在这五层中，帮助企业实现各个层次的最优管理。

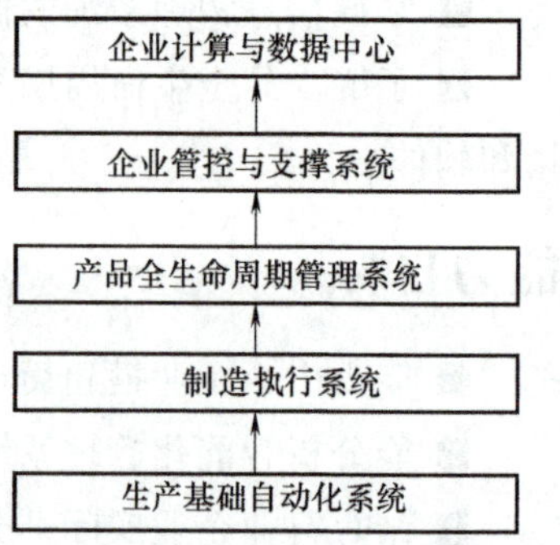

图 2-1　智能制造系统的架构

1. 生产基础自动化系统层

生产基础自动化系统层是工厂自动化系统的最底层，其功能主要包括两个方面：一是实现生产过程的自动化控制和优化管理，二是为上层管理系统提供数据支持和信息反馈。具体来说，生产基础自动化系统层的功能主要包括四个要素，如图 2-2 所示。

总之，生产基础自动化系统层是企业自动化系统的核心部分，为整个企业的生产和管理提供了强有力的支持和保障。

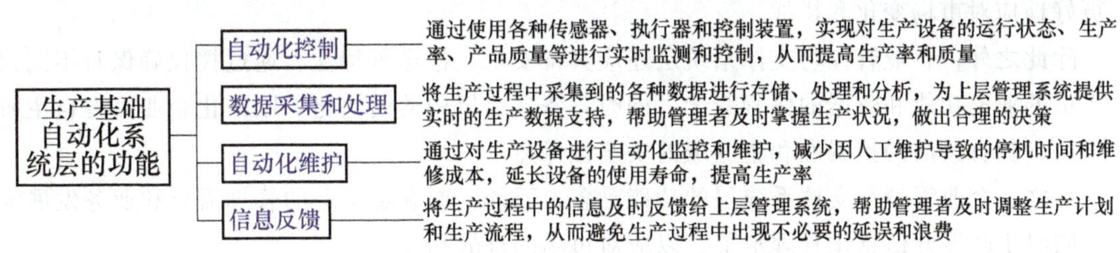

图 2-2　生产基础自动化系统层的功能

2. 制造执行系统层

制造执行系统层是制造执行系统的核心功能，侧重点在车间作业计划的执行，充实了软件在车间控制和车间调度方面的功能，以适应车间现场环境多变情况下的需求。

其主要功能包括制造数据管理、计划排产管理、生产调度管理、库存管理、质量管理、人力资源管理、工作中心/设备管理、工具工装管理、采购管理、成本管理、项目看板管理、生产过程控制、底层数据集成分析、上层数据集成分解等。这些功能帮助企业打造一个扎实、可靠、全面、可行的制造协同管理平台，为企业运营带来更加系统全面的管理模式。

3. 产品全生命周期管理系统层

产品全生命周期管理系统层的主要作用是实现产品数据的管理、交换、集成和共享。具体来说，产品全生命周期管理系统层的功能包括四个方面，如图 2-3 所示。

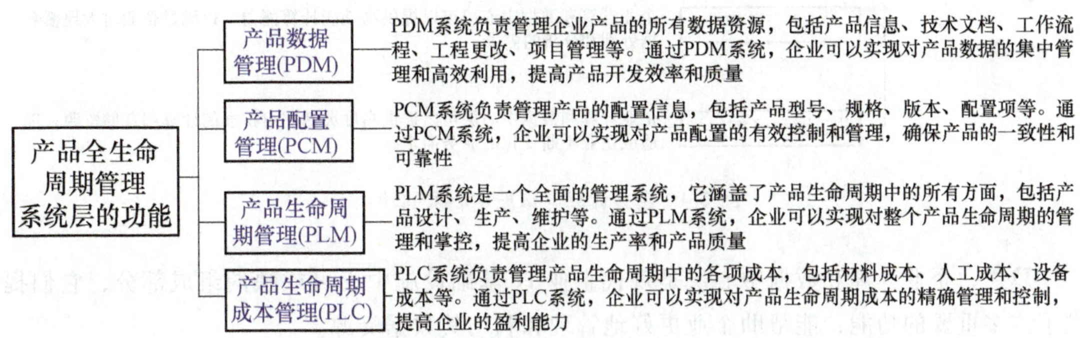

图 2-3　产品全生命周期管理系统层功能

总之，产品全生命周期管理系统层是 PLM 系统的重要组成部分，它为企业的产品管理和运营提供了全面的支持和管理。

4. 企业管控与支撑系统层

企业管控与支撑系统层的主要功能包括信息化管理、数据可视化、决策支持等方面。

1）信息化管理可以支持企业实现业务流程的数字化、信息化，提高管理效率，降低管理成本。

2）数据可视化则通过可视化数据分析看板，为管理层提供项目进度及各项业务数据统计报告，支撑企业更新管理的信息化、可视化和差异化的监督把控和精准决策。

3）决策支持则通过数据分析和数据挖掘等手段，为企业提供精准的决策支持，帮助企业更好地应对市场变化和挑战。

除此之外，企业管控与支撑系统层还应具备安全、稳定等特性，通过授权确保对不同权限人员的业务功能和数据的保密安全，同时具备多层架构的模块化、服务化企业管理自主研发平台，拥有灵活的扩展性和企业级的安全性保障。

总之，企业管理与支撑系统层的功能是多方面的，要满足企业的管理需求和业务发展需要，同时不断提升信息化管理水平，以应对市场的挑战和变化。

5. 企业计算与数据中心层

企业计算和数据中心层是 IT 基础设施中的重要组成部分，它们提供了许多重要的功能。企业计算是指通过云计算、虚拟化和其他技术将计算资源集中在数据中心，以便更好地管理和利用这些资源。数据中心层是指将数据存储和处理集中在数据中心中的设施。这两个层次共同为企业提供了五个方面的功能，如图 2-4 所示。

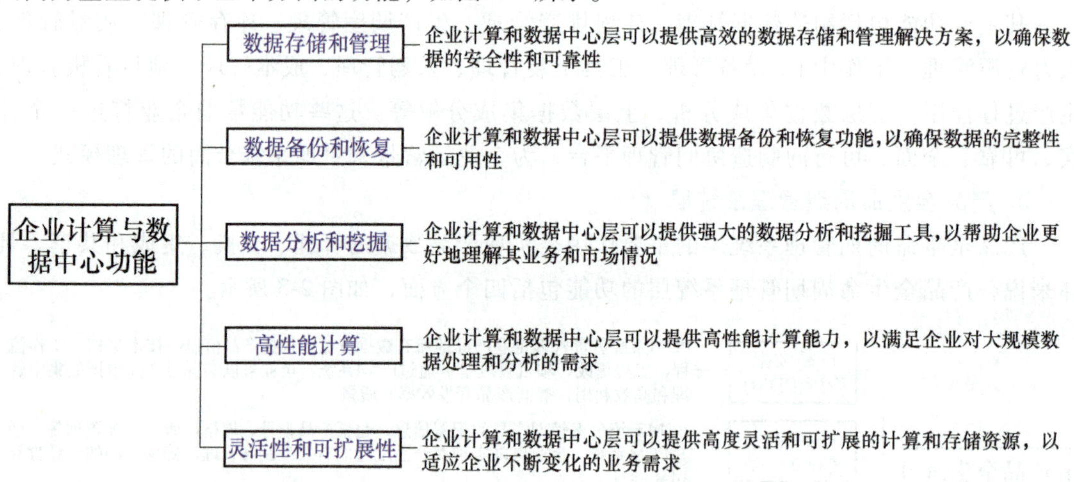

图 2-4　企业计算与数据中心层的功能

总之，企业计算和数据中心层是现代企业 IT 基础设施中不可或缺的组成部分，它们提供了许多重要的功能，能帮助企业更好地管理和利用其数据资源。

二、智能制造系统层级常用软件

1. 生产基础自动化系统层

生产基础自动化系统层主要包括生产现场设备及其控制系统。其中，生产现场设备主要包括传感器、智能仪表、可编程序逻辑控制器、工业机器人、机床、检测设备、物流设备等；控制系统主要包括适用于流程制造的过程控制系统，如盈飞无限 ProFicient 软件是一款用于统计过程控制（Statistical Process Control，SPC）系统实施和部署的高度灵活的软件、SCADA（监控、控制和数据采集系统）软件是其中一种，适用于离散制造的单元控制系统和运动控制的数据采集与监控系统。

2. 制造执行系统层

制造执行系统层包括不同的子系统功能模块（计算机软件模块），典型的子系统有制造数据管理系统、计划排程管理系统、生产调度管理系统、库存管理系统、质量管理系统、人力资源管理系统（ERP）、设备管理系统、工具工装管理系统、采购管理系统、成本管理系统、项目看板管理系统、生产过程控制系统、底层数据集成分析系统、上层数据集成分解系统等，如常见的实时数据库管理系统有 Oracle Database、MySQL、MRPII 系统等。

3. 产品全生命周期管理系统层

该系统层主要包括研发设计、生产和服务三个环节。研发设计环节主要包括产品设计、工艺仿真和生产仿真，应用仿真模拟现场形成效果反馈，促使产品改进设计。在研发设计环节产生的数字化产品原型是生产环节的输入要素之一；生产环节涵盖了上述生产基础自动化系统层与制造执行系统层的内容；服务环节主要通过网络进行实时监测、远程诊断和远程维护，并对监测数据进行大数据分析，形成和服务有关的决策、指导、诊断和维护工作，常见的有金蝶 PLM V13.1 等。

4. 企业管控与支撑系统层

包括不同的子系统功能模块，典型的子系统有战略管理、投资管理、财务管理、人力资源管理、资产管理、物资管理、销售管理、健康安全与环保管理等，常见的有鼎捷 ERP 系列、SAP、Oracle、博科、泛普软件、Infor、QAD-QAD Adaptive 等。

5. 企业计算与数据中心层

包括网络、数据中心设备、数据存储和管理系统、应用软件等，提供企业实现智能制造所需的计算资源、数据服务及具体的应用功能，并具备可视化的应用界面。企业为识别用户需求而建设的各类平台，包括面向用户的电子商务平台、产品研发设计平台、制造执行系统运行平台、服务平台等都需要以该层为基础，方能实现各类应用软件的有序交互工作，从而实现全体子系统信息共享，如 Alluxio 开源云原生数据编排软件，Apache Hadoop 分布式计算框架，可用于处理大规模数据集等，它们都可以帮助企业处理海量数据并进行数据分析。

三、搭建智能制造管理系统层级

在搭建智能制造管理系统层级方面，有几个关键层级需要考虑。首先是控制层，它负责与设备层对接并收集、整合设备层数据。企业可以通过数据整合在控制层实现初步的可视化管理，例如确定设备传感器、仪表、控制系统是否能够满足各类参数的采集需求，并进行相应的提升和改造。其次是边缘智能层，它提供边缘智能服务，可以实现面向机器设备运行优化的闭环管理。第三是运营管理层，它依托 ERP 套件以及制造运营管理系统（MOM），实现系统数据的信息共享、管理精细化智能化。最后是智慧工厂层，它通过大数据、物联网等技术增强信息管理和服务，从而制定并安排合理有效的生产计划和策略。在搭建这些层级时，企业需要考虑如何实现设备的数字化建设和设备的互联互通建设，以及如何运用电子扫码技术实现一物一码、一人一码的管理模式。具体搭建步骤请扫描视频二维码。

任务实施——搭建系统

全班分为五组，选择一个熟悉的生产企业，为企业智能化管理搭建一个较为完善的管理系统。

1）为所选企业搭建一个简单的智能制造管理系统模型。

2）说明智能制造管理系统各层级之间的关系。

3）对智能制造各层级的功能进行简要说明。

任务评价

根据任务完成情况填写表 2-1。

表 2-1　搭建智能制造系统层级任务评价

评价内容及标准	自评分	互评分	教师评分
搭建所选企业智能制造管理系统模型（80 分）			
说明智能制造管理系统各层级之间的关系（10 分）			
说明智能制造各层级的功能（10 分）			
总分（100 分）			

思考与练习

一、填空题

从系统的功能角度，智能制造系统可以看作若干复杂相关子系统的一个整体集成，包括（　　　）管理系统、（　　　）、过程控制系统、管理信息系统以及将各子系统无缝衔接起来的信息物理系统等。

二、判断题

1. 智能制造系统的整体架构中，生产基础自动化系统层主要包括生产现场设备及其控制系统。（　　）

2. 生产执行系统层包括不同的子系统功能模块（计算机软件模块），典型的子系统有制造数据管理系统、计划排程管理系统、生产调度管理系统、库存管理系统、质量管理系统、人力资源管理系统、设备管理系统、工具工装管理系统、采购管理系统、成本管理系统、项目看板管理系统、生产过程控制系统、底层数据集成分析系统、上层数据集成分解系统等。（　　）

3. 产品全生命周期管理系统层主要分为研发设计、生产和服务三个环节。（　　）

4. 智能制造系统的整体架构中，企业管控与支撑系统层包括不同的子系统功能模块，典型的子系统有战略管理、投资管理、财务管理、人力资源管理、资产管理、物资管理、销售管理、健康安全与环保管理等。（　　）

5. 智能制造系统的整体架构中，企业计算与数据中心层包括网络、数据中心设备、数据存储和管理系统、应用软件等。（　　）

三、多选题

1、从系统的功能角度，智能制造系统可以看作若干复杂相关子系统的一个整体集成，包括（　　）系统等。

A. 产品全生命周期管理　　B. 生产执行系统

C. 过程控制系统　　D. 管理信息系统

E. 信息物理系统

2. 智能制造系统的整体架构中，产品全生命周期管理系统层主要分为（　　）三个环节。

A. 研发设计　　B. 生产

C. 服务　　D. 管理

E. 信息

任务 2.1.2　构建信息物理系统模型

任务引入

在现代化城市中，交通拥堵现象十分普遍。要想在现存的交通基础设施上改善交通拥堵状况，提高道路的运行效率是行之有效的方法。有专家提出可以结合计算技术和网络技术，应用信息物理系统（CPS）的理论和设计方法研究出新一代交通系统。与现有交通系统相比，新一代交通系统具有更大的运输能力，交通拥挤、油料消耗和废气排放有效缓解和减少，并且更安全可靠。

相关知识

一、信息物理系统的概念

信息物理系统（Cyber Physical System，CPS）是一种基于嵌入式技术与人工智能技术的智能化信息管理系统，它能将物理空间里面的物理规律以信息的方式表达出来，即将物理设备接入互联网，实现大型工程系统的实时感知、动态控制和信息服务。

CPS是物联网的升级和发展，CPS中所有的网络节点、计算、通信模块和人自身都是系统中的一分子，如图2-5所示。

智能制造系统中的各子系统正是借助CPS，才能摆脱信息孤岛的状态，实现系统之间的连接和沟通。CPS能够经由通信网络，对局部物理世界发生的感知和操纵进行可靠、实时、高效的观察与控制，从而实现大规模实体控制和全局优化控制，实现资源的协调分配与动态组织。

本质上，CPS又称人-机-物融合系统，旨在实现人、机、物的有机融合，进而在时间、空间等方面延伸人的控制。

微观上，CPS通过在物理系统中嵌入计算与通信内核，实现了计算进程与物理系统的一体化。

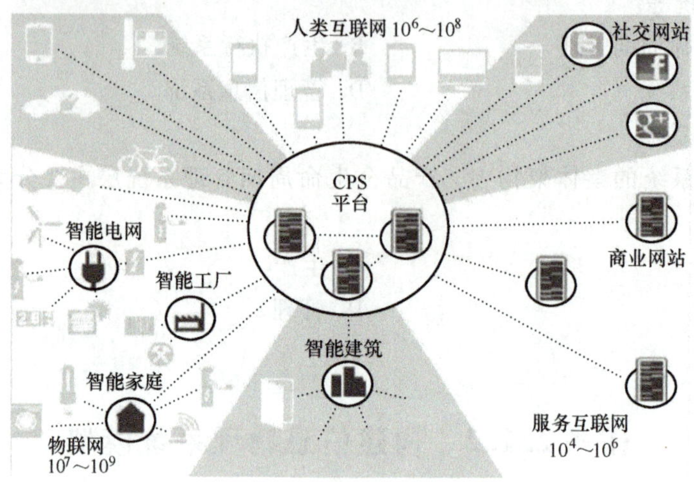

图 2-5 CPS 架构

宏观上，CPS 是由运行在不同时间和空间范围的、分布式的、异构的系统组成的动态混合系统。

物联网（Internet of Things，IoT）是指通过各种信息传感器、射频识别技术、全球定位系统、红外感应器、激光扫描器等各种装置与技术，实时采集任何需要监控、连接、互动的物体或过程，采集其声、光、热、电、力学、化学、生物、位置等各种需要的信息，通过网络接入，实现物与物、物与人的泛在连接，实现对物品和过程的智能化感知、识别和管理。物联网的形成和发展起源于1999年的美国，麻省理工学院 Auto-ID 实验室最早明确提出物联网的概念。

二、信息物理系统的结构层次

信息物理系统是将虚拟世界与物理资源紧密结合与协调的产物。它强调物理世界与感知世界的交互，能自主感知物理世界状态、自主连接信息与物理世界对象、形成控制策略，实现虚拟信息世界和实际物理世界的互联、互感及高度协同。

信息物理系统是融合了智能连接层、智能分析层、智能网络层、智能认知层、智能配置与执行层作为 5C 技术体系架构（又称 5C 技术，如图 2-6 所示）的智能化系统。

1. 智能连接层

智能连接层的核心在于按照活动目标和信息分析的需求进行数据采集，但采集的数据要有选择性和有所侧重。智能连接层的工作流程如图 2-7 所示。

2. 智能分析层

智能分析层可以将来自不同资源的数据转换成可用于实际应用程序的信息，其核心是记忆与分析，并形成自记忆能力。

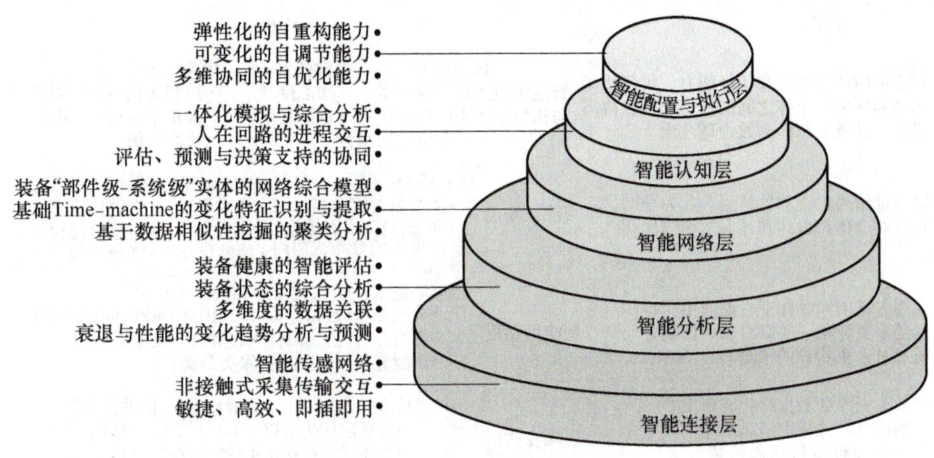

图 2-6 CPS 的 5C 技术体系架构

3. 智能网络层

智能网络层的实现内容包括空间模型的建立和知识发现与应用体系的建立两个部分。

4. 智能认知层

智能认知层可对所获得的有效信息进行进一步的分析和挖掘，以做出更加有效且科学的决策活动。

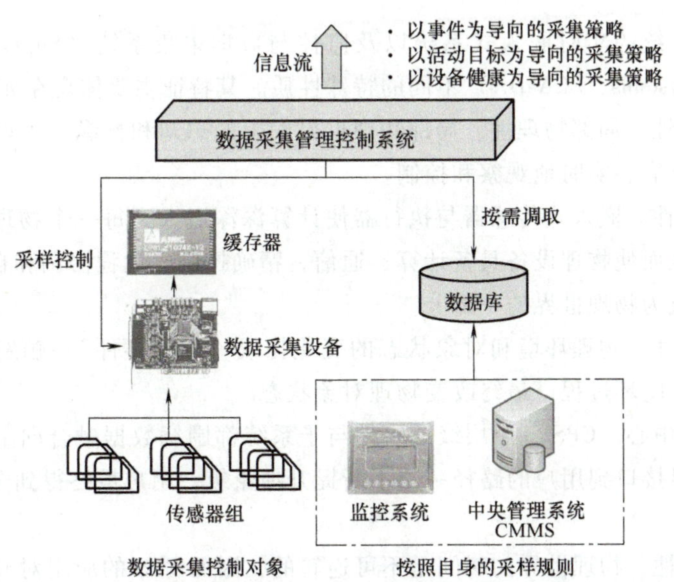

图 2-7 智能连接层的工作流程

5. 智能配置与执行层

能够将决策信息转化成各个执行机构的控制逻辑，以产生新的感知并将其传回智能连接层，从而实现从决策到控制器的直接连接，形成 CPS 五层架构的循环与迭代成长。

5C 体系的目标与技术体系如图 2-8 所示。

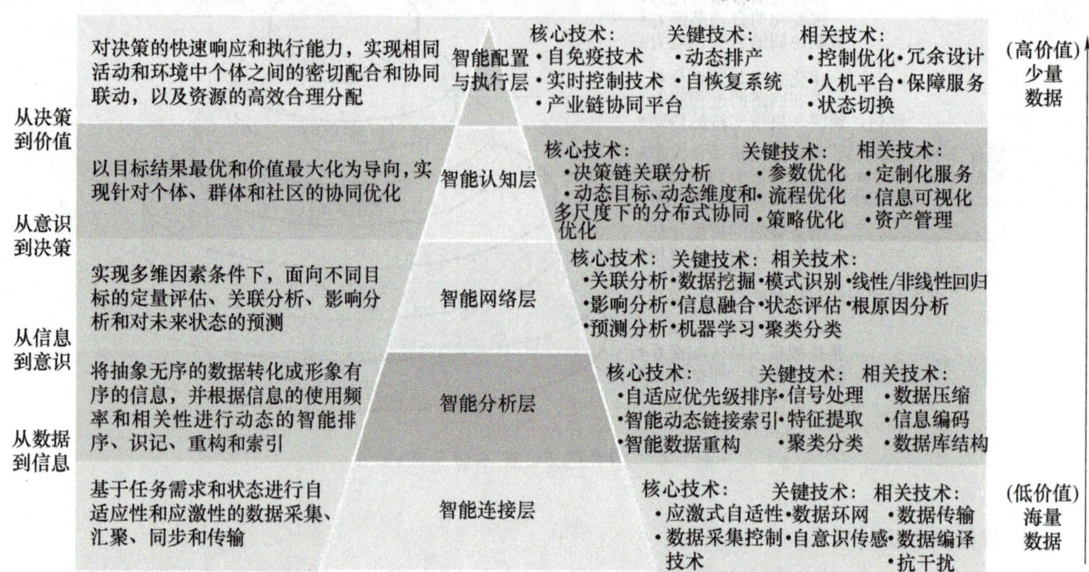

图 2-8　5C 体系的目标与技术体系

三、信息物理系统的特征

CPS 具有与传统的实时嵌入式系统以及监控与数据采集系统（Supervisory Control And Data Acquisition Systems，SCA-DA）不同的特殊性质。其特征主要体现在如下方面：

1）全局虚拟性、局部物理性。局部物理世界发生的感知和操纵，可以跨越整个虚拟网络，并被安全、可靠、实时地观察和控制。

2）深度嵌入性。嵌入式传感器与执行器使计算深深嵌入到每一个物理组件，甚至可能嵌入进物质里，从而使物理设备具备计算、通信、精确控制、远程协调和自治等功能，更使计算变得普通，成为物理世界的一部分。

3）事件驱动性。物理环境和对象状态的变化构成“CPS 事件”：触发事件→感知→决策→控制→事件的闭环过程，最终改变物理对象状态。

4）以数据为中心。CPS 各个层级的组件与子系统都围绕数据融合向上层提供服务，数据沿着从物理世界接口到用户的路径一路不断提升抽象级，用户最终得到全面的、精确的事件信息。

5）时间关键性。物理世界的时间是不可逆转的，因而 CPS 的应用对时间性有着严格的要求，信息获取和提交的实时性会影响用户的判断与决策精度，尤其是在重要基础设施领域。

6）安全关键性。CPS 的系统规模与复杂性对信息系统安全提出了更高的要求，尤其重要的是需要理解与防范恶意攻击带来的严重威胁，以及 CPS 用户的被动隐私暴露等问题。

7）异构性。CPS 包含了许多功能与结构各异的子系统，各个子系统之间需要通过有线或无线的通信方式相互协调工作，因此 CPS 也被称为混合系统。

8）高可信赖性。物理世界不是完全可预测和可控的，对于意想不到的情况，必须保证CPS的鲁棒性（Robustness，即健壮和强壮性），同时还须保证其可靠性、高效率、可扩展性和适应性。

9）高度自主性。组件与子系统都具备自组织、自配置、自维护、自优化和自保护能力，可以支持CPS完成自感知、自决策和自控制。

10）领域相关性。在诸如汽车、石油化工、航空航天、制造业、民用基础设施等工程应用领域，CPS的研究不仅着眼于其自身，也着眼于这些系统的容错、安全、集中控制和社会等方面对它们的设计产生的影响。

四、信息物理系统的应用与软件

1. 信息物理系统的应用领域

到目前为止，尽管CPS存在诸多需要解决的理论和技术难题，但是它已经在电力电网、智能交通和环境监控等诸多领域得到了应用，并且产生了可观的经济价值，体现了其技术上的优势，以下从四个方面进行介绍。

（1）智能制造系统　CPS是智能制造的基础。CPS通过集成先进的感知、计算、通信、控制等信息技术和自动控制技术，构建了物理空间与信息空间中人、机、物、环境、信息等要素相互映射、适时交互、高效协同的复杂系统，实现系统内资源配置和运行的按需响应、快速迭代、动态优化。图2-9所示为CPS在工业制造领域应用参考模型。

（2）分布式能源系统　传统电网采用垂直、中心控制物理架构，在电力生产及电力传输等过程中有诸多不足。分布式能源系统可对传统电网采取诸多改进措施，如加入大量分布式电力生产源、电力储存设备及可控制负载（电动汽车）。应用CPS的分布式能源系统，通过无线网络传感和控制，可以更有效、更可靠、更灵活地改善电网性能，提高电网的运行效率。

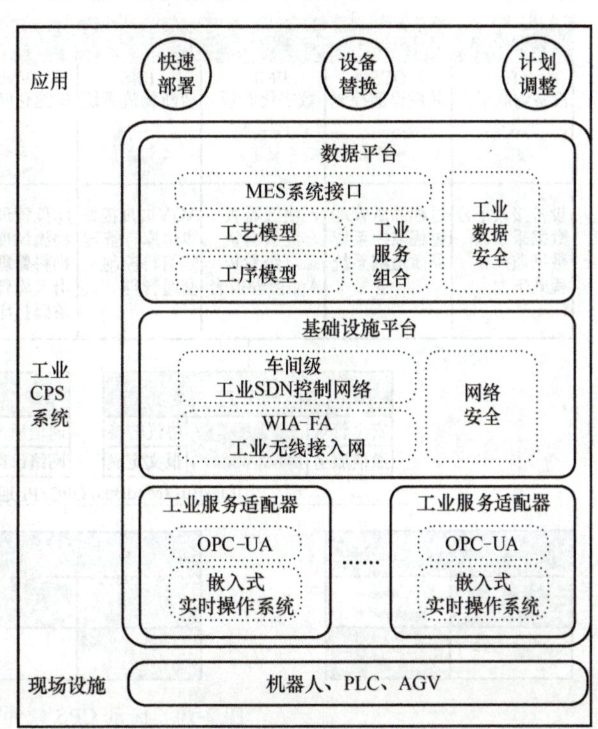

图2-9　CPS在工业制造领域应用参考模型

（3）新一代交通系统　面对目前交通网络严重拥挤的状况，应用CPS理论和设计方法研发新的交通系统，能使交通网络具有更强的运输能力。

（4）健康医疗系统　健康医疗系统的改善可使全民受益，因此是一项非常有意义的事情。为更好地改善健康医疗系统，需要考虑在线安全医疗系统的建设，以及与之相关的医疗设施改革。CPS理论可为健康医疗系统实现上述功能，以改善现有医疗系统，并能够更有效地利用稀缺医疗资源。

另外，CPS还可在分布式机器人、军事系统、智能建筑、智能桥梁建设、汽车、移动通信设备等领域发挥作用。

应用案例：丰田汽车公司在进行轴承健康管理和故障预测的课题研究时，发现轴承在服役过程中和损坏前均发生了数次非常剧烈的振动，在对根本原因进行分析后发现振动的来源是汽车压缩机自身的“喘振”现象。

为解决这一问题，丰田汽车公司将集成了预测分析工具和智能控制单元的CPS应用于汽车压缩机的控制系统，使压缩机具有了在工作状态下对电流急速变化的峰值进行监控和优化控制能力，从而提升了压缩机的工作效率，改善了设备因严重“喘振”现象而引起的故障和停机。

2. 信息物理系统软件

CPS涉及计算机科学、通信科学和控制科学等多个学科知识，而各学科间的巨大差异使得软件开发成为难题，目前只有少数几家企业开发出了CPS软件，广东捷讯智能系统有限公司就是其中之一，由公司研发的捷讯CPS是一套基于工业物联平台的中央品质追溯系统，主要包括设备物联平台、品质追溯控制模块、数字化看板、智能物流系统、智能仓储系统、智能产线系统、大数据分析和ERP接口配置八个模块，如图2-10所示。其中，前六个模块为核心模块。

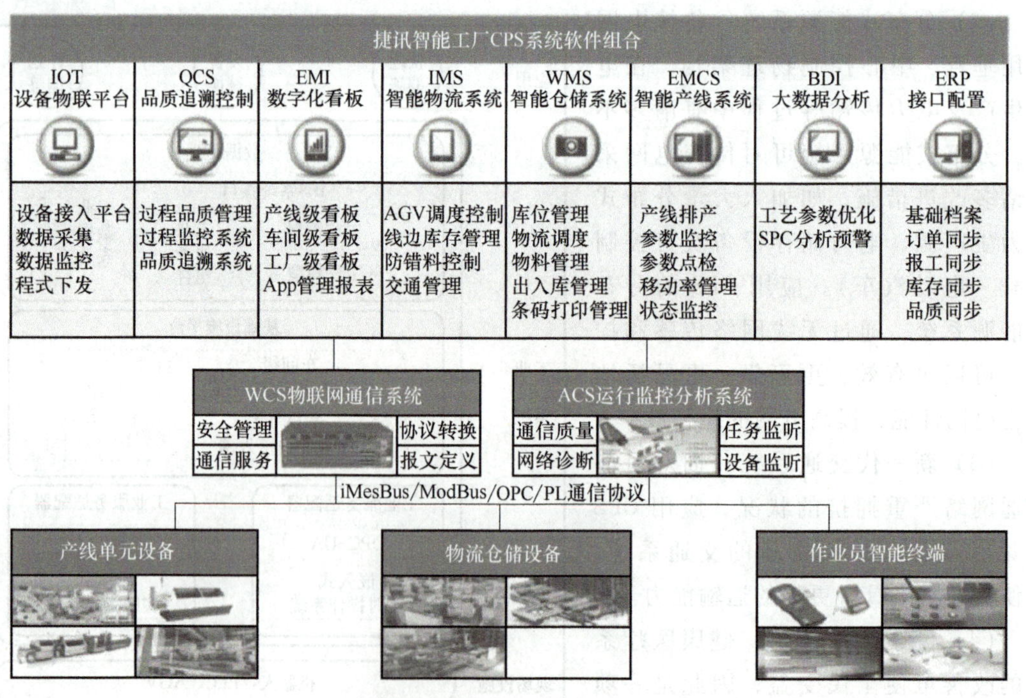

图2-10　捷讯CPS软件功能模块

（1）设备物联平台　设备物联平台可支持参数监控、品质监控、产线操作错误监控等功能，并为大数据分析提供数据支撑。

（2）品质追溯控制　品质追溯控制可实现全流程人、机、物料、使用方法、生产环节及测量数据的品质监测，并可支持生产过程中品质管理的及时管控和问题分析追溯。

（3）数字化看板　数字化看板能实现生产可视化展示，能实时呈现各车间生产情况（如生产任务、良品率、预警信息等），为公司领导层决策提供实时、可靠的数据支撑。

（4）智能物流系统　智能物流系统能实现物流搬运无人化，从而减少搬运过程中人为引发的质量和安全问题，并节省生产和统计人员。

（5）智能仓储系统　智能仓储系统能实现仓储物料出入库无人化，并能预防物料过期等问题。

（6）智能产线系统　智能产线系统是围绕产线单元打造的专项系统，它实现了任务分配、物联、数据采集、数据监控、物流、数字化看板的集成，可提高产线整体生产率。

五、信息物理系统的发展机遇与挑战

CPS的应用，小到智能家居等家用级系统，大到工业控制系统、智能交通系统等国家级、世界级系统，其市场规模难以估量。更重要的是，CPS广泛应用的目标不仅仅是要简单地将诸如家电等产品连在一起，还要催生出众多具有计算、通信、控制、协同和自治性能的设备。

下一代工业将建立在CPS之上。随着CPS技术的发展和普及，使用计算机和网络实现功能扩展的物理设备将无处不在，它们必将推动工业产品和技术的升级换代，极大地提高汽车、航空航天、国防、工业自动化、健康医疗设备、重大基础设施等主要工业领域的竞争力。CPS不仅会催生出新的工业，甚至会重新调配现有产业布局。

CPS既昭示着无限前景，也带来了极大的挑战，这些挑战很大程度上来自控制与计算之间的差异。通常，控制领域是通过微分方程和连续的边界条件来处理问题的，而计算则建立在离散数学的基础上；控制对时间和空间都十分敏感，而计算则只关心功能的实现。因此，这种差异将给计算机应用科学带来基础性的变革。

六、信息物理系统与智能制造

CPS对智能制造系统具有非常重要的意义。

1）让地球互联。CPS的意义在于将物理设备联网，特别是连接到互联网上，使得物理设备具有计算、通信、精确控制、远程协调和自治等五大功能。

本质上，CPS是一个具备控制属性的网络，但它又有别于现有的控制系统。20世纪40年代，美国麻省理工学院发明了数控技术，如今，基于嵌入式计算系统的工业控制系统遍地开花，工业自动化早已成熟，日常生活中所使用的各种家电都具有控制功能。但是，这些控制系统基本上属于封闭系统，即使其中一些工控应用网络具有联网和通信的功能，这种网络一般也仅限于工业控制总线，网络内部各个独立的子系统或设备则难以通过开放总线或互联网进行互联，而且它们的通信功能普遍较弱。但CPS可以把通信放在与计算、控制同等的地位上，在CPS所强调的分布式应用系统中，物理设备之间的协调是离不开通信的。CPS对网络内部设备的远程协调能力、自制能力、所控制对象的种类和数量，特别是网络规模上都远远超过现有的工控网络。

理论上，CPS 可使整个世界互联起来，就如同互联网在人与人之间建立互动一样，CPS 也将深化人与物理世界的互动。

2）涵盖物联网。CPS 的出现，使得物联网的定义和概念明确起来，物联网是主要应用在物流领域的技术，物与物之间的互联无非就是“各报家门”，知道对方“何许人也”，而相对于将物与物相连的物联网技术，CPS 要求接入网络的设备具备更加精确和复杂的计算能力。如果从计算性能的角度出发，把一些高端的 CPS 的客户机、服务器比作“身材健硕”的，那么物联网的同类应用则可视为“瘦小羸弱”的，因为物联网中的通信大都发生在物品与服务器之间，物品本身不具备控制和自治能力，彼此之间也无法进行协同。海量运算是很多 CPS 接入设备的主要特征，以基于 CPS 的智能交通系统为例，满足 CPS 要求的汽车电子系统通常需要进行海量运算，而目前已经十分复杂的汽车电子系统根本无法满足这一要求。

在 CPS 中，物理设备指的是自然界的一切客体，既包括冷冰冰的设备，也有活生生的生物。现有互联网的边界是各种终端设备，人们与互联网通过这些终端进行信息交换。而在 CPS 中，人可以成为 CPS 网络的“接入设备”，这种信息的交互可能是通过芯片与人的神经系统直接互联实现的。尽管物联网技术也能做到把无线电射频芯片嵌入人体，但其本质上还是通过无线电射频芯片与读写器进行通信，人并没有真正参与其中。然而在 CPS 中，人的感知十分重要。

以上文提到的智能交通系统为例，可以做出这样的假设：当智能交通系统感知到高速行驶的汽车与将穿过马路的行人之间存在发生碰撞的可能时，系统或许会以更直接的方法——通过“脑机接口”（Brain-Machine Interface，BCI）让人不经大脑思考直接“立定”，避免事故的发生，而非通常的做法——由系统发出指令让汽车紧急制动，或者告诉行人“让步”。

总而言之，CPS 可以促使虚拟网络与实体物理系统相整合。在制造业中，它促使企业建立全球网络，把产品设计、制造、仓储、生产设备融入 CPS 中，使信息得以在这些相互独立的制造要素间自动交换、接受动作指令、进行无人控制。CPS 能够引领制造业不断向着设备、数据、服务无缝连接的方向发展，起着推动制造业智能化的重要作用。

任务实施——构建模型

全班分为五组，每组至少完成一个行业使用 CPS 产品的调查情况。要求各组调查的行业不能为同一行业。

1）CPS 应用最广泛的领域，你能说出几个？

2）列举五个领域的 CPS 应用案例。

3）说说 CPS 的 5C 技术体系架构。

4）画出 CPS 系统在工业制造领域的应用模型图。

任务评价

根据任务完成情况填写表 2-2。

表 2-2 构建信息物理系统模型任务评价

评价内容及标准	自评分	互评分	教师评分
CPS 应用最广泛的领域(5 分)			
五个领域的应用案例(25 分)			
系统软件产地(5 分)			
CPS 的 5C 技术体系架构(10 分)			
CPS 系统模型图(55 分)			
总分(100 分)			

思考与练习

一、填空题

1. 信息物理系统是一种基于嵌入式技术与（　　）技术的智能化信息管理系统，它能将物理空间里面的物理规律以（　　）的方式表达出来，即将物理设备连接到互联网上，从而让整个世界互联起来。

2. 智能制造系统中的各子系统正是借助（　　），才能摆脱信息孤岛的状态，实现系统之间的连接和沟通。

二、判断题

1. 信息物理系统能将物理空间里面的物理规律以信息的方式表达出来，即将物理设备连接到互联网上，从而让整个世界互联起来。(　　)

2. CPS 是物联网的升级和发展，CPS 中所有的网络节点、计算、通信模块和人自身都是系统中的一分子。(　　)

3. 智能制造系统中的各子系统是借助 CPS，才能摆脱信息“孤岛”的状态，实现系统之间的连接和沟通。(　　)

4. 本质上。CPS 又称人-机-物融合系统，旨在实现人、机、物的有机融合，进而在时间和空间等方面延伸人的控制。(　　)

5. 信息物理系统是将虚拟世界与物理资源紧密结合与协调的产物。(　　)

6. 到目前为止，尽管 CPS 存在诸多需要解决的理论和技术难题，但是它已经在电力电网、智能交通和环境监控等诸多领域得到了应用。(　　)

三、多选题

1. 信息物理系统的应用领域主要有（　　）。

A. 分布式能源系统　B. 新一代交通系统　C. 健康医疗系统　D. 军事系统

2. 信息物理系统又叫作 5C 技术，是融合了智能连接层、（　　）、智能网络层、（　　）、（　　）与（　　）作为 5C 技术体系架构的智能化系统。

A. 智能分析层　B. 智能认知层　C. 智能配置　D. 执行层

项目 2.2　应用智能制造管理系统

知识目标： 能说出智能制造管理系统各软件的定义、组成及功能。
技能目标： 能分析并应用各种智能制造管理系统管理软件。
素养目标： 了解国产智能制造管理系统软件的应用，树立民族自信心。

任务 2.2.1　应用产品全生命周期管理系统

任务引入

汽车工业是一个技术高度密集的成熟产业，是当今许多新技术的载体。汽车新产品的研发是汽车工业的核心，是汽车企业的核心竞争力。汽车新产品的研发不是汽车研发部门独立完成的，而是需要在各部门的密切配合下完成。但各部门往往从自身利益出发，容易造成信息流集成不畅、工作流出现很多障碍。因此，企业迫切需要一个信息交流平台来提供强大的工作流管理功能，而 PLM 系统恰好能满足企业的需求。那么，什么是 PLM 系统呢？

相关知识

一、产品全生命周期管理系统概念

产品全生命周期管理系统（Product Life-cycle Management，PLM）是智能制造系统的一个重要组成部分，是一种为企业产品全生命周期提供服务的软件解决方案。它对产品从需求提出至被淘汰的整个过程进行严格的流程控制管理，是对产品生命周期中全部组织、管理行为的综合与优化。它以不断增加个体消费需求为导向，贯穿产品的设计、生产、发展、配送直到最后的回收环节，并包括所有相关服务。如产品需求管理、产品论证管理、产品绩效管理、产品关停并转管理、产品 360°分析视图、流程引擎及工作台等环节，如图 2-11 所示。产品全生命周期管理系统的核心是数据，以及对数据进行可视化展示和建模仿真的技术。

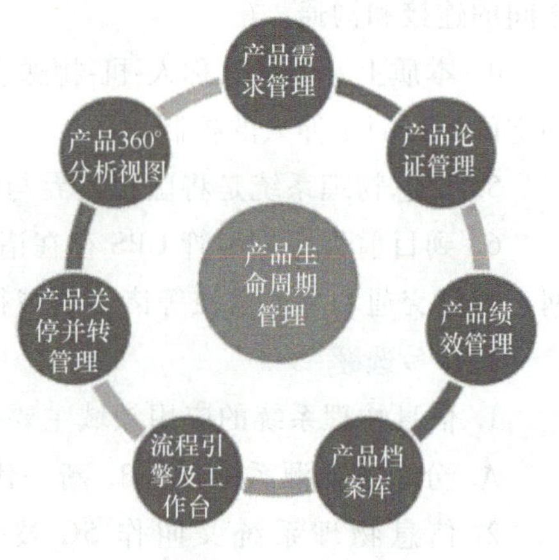

图 2-11　PLM 功能

PLM 能够帮助企业完成从产品创意、规划设计、

生产制造一直到售后服务支持的全过程管理。据一些机构相关数据统计，企业全面实施PLM后，可节省5%～10%的直接材料成本；提高库存流转率20%～40%；降低开发成本10%～20%；进入市场时间加快15%～50%；降低用于质量保证方面的费用15%～20%；降低制造成本10%；提高生产率25%～60%。

知识拓展：产品全生命周期管理系统环节有哪些？

二、产品全生命周期管理系统案例分析

以上海某重型机器股份有限公司磨煤机系列产品的PLM系统为例进行功能模块及管理工具分析，如图2-12所示。

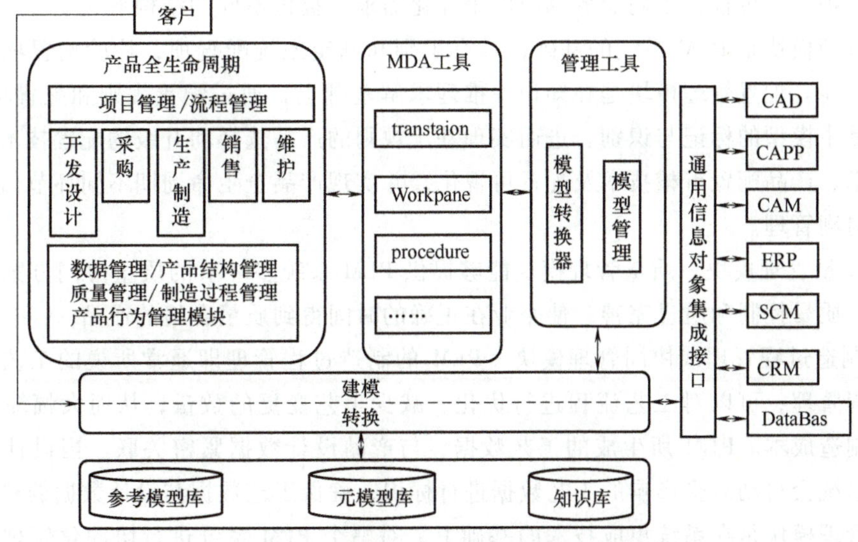

图2-12 PLM系统功能模块

不同企业产品全生命周期管理系统功能模块是不同的。PLM采用模块化设计，各个功能模块之间既紧密联系，又相对独立。用户可以根据自身需求选择合适的功能模块，并根据企业的发展逐渐增加新的模块，从而很好地适应企业的发展需求。

1. PLM系统功能分析

（1）项目管理或工作流程管理模块　项目管理模块涉及从项目立项到产品的需求分析、设计、制造、销售、维护及回收等各个环节。项目管理模块主要包括任务管理、多层项目计划编制、可行性分析、项目执行过程跟踪控制、项目资源管理、多项目管理等功能。

工作流程管理用于控制图文档的签审、分发、变更，或是工作任务的分配等流程类事务。企业可以根据自身的实际业务需求，对工作流程进行灵活定制。通过工作流程管理，可以确保整个流程的全部过程规范可控，结果有详细的记录可供追溯。亦可以强化团队成员间的异地协同，避免因相关责任人出差等导致流程延迟。

（2）数据管理或图文档管理模块　数据管理模块是PLM系统实现其核心功能的基础。其以企业应用集成技术作为异构系统集成框架，分别应用封装、构件和中间接口等形式完成PLM与Office、CAX、ERP、CRM、SCM系统的集成，从而实现异构系统间数据流的共享。

图文档管理是整个 PLM 系统的基础，主要包括 CAD 文档（如 Creo、UG 等文档）管理及普通文档（如 Office 文档）管理。

图文档管理的目标是要在正确的时间，将正确的文档分发到正确的人手里。确保图样及文档数据存放有序，在需要的时候能够迅速地找出来。包括文档存储管理、编码管理、版本管理、权限管理、检索管理、预览管理等。

（3）产品结构或配置管理模块　PLM 提供强大的产品结构管理功能，包括产品结构的生成、视图管理、基线管理、有效性管理、配置管理等，并可便捷地根据产品结构生成各种格式的 BOM（Bill of Material）表。

通过 PLM 的产品结构管理，可以理顺产品内部结构关系，对产品结构的变化、配置等进行有效管理，并可根据不同业务部门的个性化需求，提供不同的结构形式。

配置管理模块是 PLM 系统的基础，具有识别和确定系统配置项，检验配置项正确性和完整性等功能。配置管理模块是在知识库推理求解基础上，通过配置规则和配置项的管理，实现对产品主模型的标记与识别，进而实现基于规则的产品选择和升级的配置技术、产品更改控制技术、产品配置审核技术及配置可视化，并实现产品全生命周期不同环节信息的静态配置和可追溯管理。

（4）质量管理模块　质量管理模块能够提供 PLM 系统多环节的质量协同方案，并通过质量规划、质量控制和质量完善，使企业在正确的时间得到质量合格的产品。

（5）制造过程管理或协同管理模块　PLM 的制造过程管理即通常所说的工艺管理。通过制造过程管理，可以对工艺流程进行优化，减少工艺变更的数量，从而大幅缩短制造时间，降低制造成本。PLM 所生成的工艺数据，与产品设计数据紧密关联。当设计数据发生变化时，系统会自动对受影响的工艺数据进行标识，确保工艺数据与设计数据的严格同步。

协同管理模块是在系统集成技术的基础上，对整个 PLM 系统进行协同化管理。它在系统的每个环节都要考虑其他各环节的因素，从而实现系统内项目管理的动态协同和配置管理的静态协同。

（6）产品行为管理模块　产品行为管理模块是在企业运行规则和相关标准的基础上，实现系统环境、信息安全和产品回收的一致性管理，从而为 PLM 系统的运行提供可靠保障。

2. PLM 系统管理工具分析

磨煤机系列产品的 PLM 系统中的管理工具主要有 5 个，分析如下：

（1）转换工具　PLM 系统能够使用和积累很多模型，而这些模型是以 XML 文档的形式进行保存的，因此需要转换工具把相应的图形化模型转换成对应的 XML 文档，并记录其相应的数据，以方便对这些图形文件进行管理。

（2）建模工具　建模工具主要用来建立各种模型，包括例图、各种集成供应链模型、系统动态交互模型等。

（3）管理工具　管理工具主要对不同版本的集成供应链模型进行管理，以保证模型版本的正确性。

（4）MDA 工具　MDA 工具能用来描述系统静态模型、动态模型、显示界面，以及与数据库交互的操作模型等。

（5）通用信息对象集成接口 PLM 系统的一个关键功能是与企业其他应用系统的集成，而通用信息对象集成接口是 PLM 系统与企业其他应用系统集成的通道。

1）应用软件集成。PLM 系统可与 Creo、UGS、AutoCAD、SolidWords、CATIA 等多种主流 MCAD 软件，ALTIUM 等多种 ECAD 软件进行无缝集成，总共可集成 CAD 软件总数达 30 余种，还可以 Office 进行无缝集成。

通过应用软件集成，可直接在应用软件内部读取、编辑、保存 PLM 系统文件，在应用软件内部执行 PLM 系统操作。

2）ERP 系统集成。通过与 ERP 系统的集成，可以将企业上下游业务数据进行整合，为企业打通一条完整的业务数据链。通常情况下，可以将物料、BOM、变更、工艺路线等相关信息与 ERP 系统进行整合。

通过与 ERP 系统集成，PLM 中所生成的数据传入 ERP 系统中，作为 ERP 系统的数据源，直接发放到 ERP 系统中，保证数据的准确性、及时性，并保证各环节产品数据的一致。

三、产品全生命周期管理系统常用软件

PLM 技术的实施需要专业软件的支撑。PLM 系统软件是连接企业各个业务部门的信息平台与纽带，它能为企业不同的应用系统提供统一的基础信息符号和操作标准，并提供所有设计数据的共享服务，从而使工艺人员、生产部门、采购部门可以快速了解设计数据和工艺数据的动态信息，实现各企业的协同运作。

PLM 系统软件需要实现在异构网络环境下基于容器的构件化设计，并需要具有跨平台能力。多数 PLM 系统软件采用 J2EE（Java2 platform Enterprise Edition）平台作为技术支持平台。

目前国外的 PLM 公司主要有参数技术公司（PTC）、达索公司（Dassault Systèmes）、西门子 PLM 公司（Siemens Product ifecycle Management SoftwareInc.）、SAP（Systems，Applicationsand Productsin Data Processing）、甲骨文公司（OracleAgile）、欧特克公司（Autodesk，Inc.）。

国内的一些公司分别是上海思普信息技术有限公司、思普软件（上海）有限公司（以下简称思普软件 SIPM）、广东三品软件科技有限公司（简称三品软件，SPLM）、上海汉均信息技术有限公司（简称汉均信息）、宁波智讯联科科技有限公司、武汉开目信息技术股份有限公司、北京数码大方科技股份有限公司（CAXA）、上海鼎捷数智股份有限、深圳金蝶国际软件集团有限公司（简称金蝶国际或金蝶，KINGDEE）、中国用友软件集团公司、山东山大华天软件有限公司（简称华天软件）等。

知识链接：异构网络环境 异构网络环境是指由不同类型的网络设备、技术、协议和操作系统组成的网络环境，这些环境的复杂性使得管理和优化变得困难。然而，新的技术和解决方案正在出现，以解决这个问题。例如，联想研究院云计算部门探索的大规模异构混合云环境下的虚拟化网络架构设计，具有优异的异构环境兼容性、低延时高性能等特性，可以充分保障客户当前业务运行。

任务实施——应用分析

华为5G医疗应用

全班分为五组，每组至少完成一个企业应用的 PLM 产品调查。

调查内容：对本区域内某一生产企业使用的 PLM 产品进行调查，并说明该公司 PLM 产品的名称、功能模块、系统软件是否国产等。

任务评价

根据任务完成情况填写表 2-3。

表 2-3 应用产品全生命周期管理系统任务评价

评价内容及标准	自评分	互评分	教师评分
PLM 产品的名称（5 分）			
功能模块（90 分）			
系统软件产地（5 分）			
总分（100 分）			

思考与练习

一、填空题

1. 产品全生命周期管理系统是智能制造系统的一个重要组成部分，是一种为企业产品（　　）提供服务的软件解决方案。

2. 产品全生命周期管理系统的核心是（　　），以及对数据进行可视化展示和建模仿真的技术。

二、判断题

1. 产品全生命周期管理系统是智能制造系统的一个重要组成部分，是一种为企业产品全生命周期提供服务的软件解决方案。（　　）

2. PLM 能够帮助企业完成从产品创意、规划设计、生产制造一直到售后服务支持的全过程管理。（　　）

3. 不同企业产品全生命周期管理系统功能模块是不同的。（　　）

4. PLM 系统能够使用和积累很多模型，而这些模型是以 XML 文档的形式进行保存的。（　　）

5. PLM 系统软件需要实现在异构网络环境下基于容器的构件化设计，并需要具有跨平台能力。（　　）

三、多选题

1. 下列功能模块属于 PLM 的有（　　）。

A. 图文档管理　　B. 产品结构管理　　C. 生命周期管理

D. 工作流程管理　　E. 工程变更管理等

2. 产品全生命周期管理系统是对产品生命周期中全部组织、管理行为的综合与优化，它以不断增加个体消费需求为导向，贯穿产品的（　　）直到最后的回收环节，并包括所有相关服务。

A. 设计　　B. 生产　　C. 发展　　D. 配送

任务 2.2.2 应用制造执行系统

任务引入

20 世纪 80 年代后期，全球市场竞争激烈，计划的适应性问题越来越突出，计划越来越跟不上变化。面对客户对交货期的苛刻要求，面对更多产品的改型和订单的不断调整，企业的决策者逐渐认识到，计划的制订和执行要依赖市场和实际的生产执行状态，而不能单纯以物料和库存来控制生产。

因此，改善生产计划的适应性，增加底层生产过程的信息流动，并提高计划的实时性和灵活性，对于企业的生存和发展至关重要。这时，研究人员便提出了“制造执行系统”的概念。那么，什么是制造执行系统？它具有哪些功能？

相关知识

一、制造执行系统的定义

制造执行系统（Manufacturing Execution System，MES）在流程工业中称为生产执行系统，在离散制造行业称为制造执行系统，俗称生产管理系统，是一套面向制造企业车间执行层的生产信息化管理系统。制造执行系统作为连接底层自动化控制系统和上层管理系统的纽带，是构建智能工厂的核心，其数据走向如图 2-13 所示。

美国制造执行系统协会（Manufacturing Execution System Association，MESA）将制造执行系统定义为：能通过信息传递，对从订单下达到产品完成的整个生产过程进行管理优化的系统。当工厂里有事件发生时，制造执行系统能及时做出反应，生成报告并利用准确的实时数据对事件进行指导和处理，这种迅速响应状态变化的能力，使得该系统可以减少生产过程中无附加值的活动，有效地指导工厂的生产运作，既提高了工厂的按时交货能力，改善了物料的流通性能，又提高了生产的回报率。

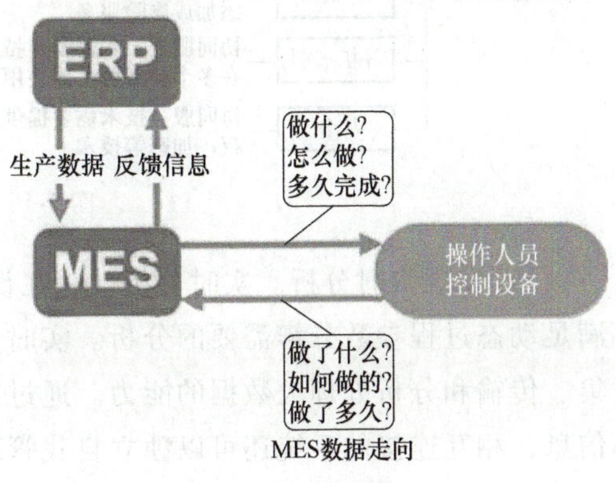

图 2-13 MES 位置关系

制造执行系统还可以通过双向直接通信，为企业内部和整个产品供应链提供有关产品的关键任务信息。其主要特征有三个方面，如图 2-14 所示。

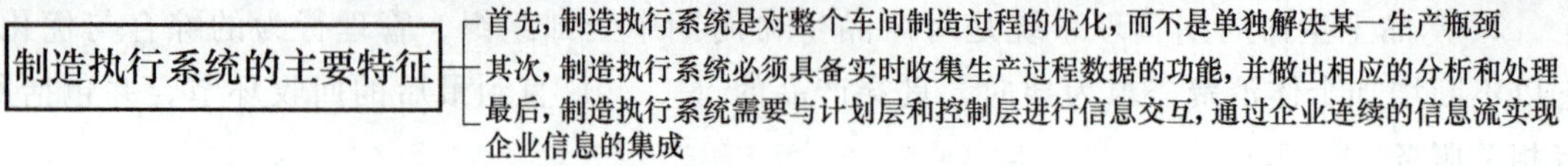

制造执行系统的主要特征

首先，制造执行系统是对整个车间制造过程的优化，而不是单独解决某一生产瓶颈

其次，制造执行系统必须具备实时收集生产过程数据的功能，并做出相应的分析和处理

最后，制造执行系统需要与计划层和控制层进行信息交互，通过企业连续的信息流实现企业信息的集成

图 2-14　制造执行系统的主要特征

二、制造执行系统的功能与模块

1. 制造执行系统的主要功能

制造执行系统是一套对生产现场进行综合管理的集成系统，它用集成的思想替代原来的设备管理、质量管理、生产管理、分布式数控、数据采集软件等车间需要使用的孤立软件系统，在信息化系统中具有承上启下的作用，是一个信息枢纽，强调信息的实时性。

1）实现端到端工程。就是通过对围绕产品整个生命周期的价值链上不同企业资源的整合，实现从产品设计、生产制造、物流配送、使用维护等在内的整个产品生命周期的管理和服务。端到端模式的优势如图 2-15 所示。

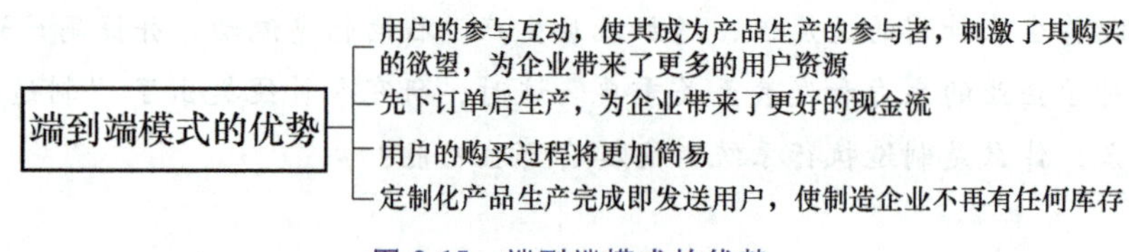

图 2-15　端到端模式的优势

2）实现高度集成化。过程控制系统中，生产线、生产设备都将配备传感器，无处不在的传感器、嵌入式终端系统、智能控制系统以及通信设施通过信息物理系统形成一个智能网络，使人与人、人与机器、机器与机器以及服务与服务之间能够互联互通，从而实现横向、纵向的高度集成，实现数据共享，如图 2-16 所示。

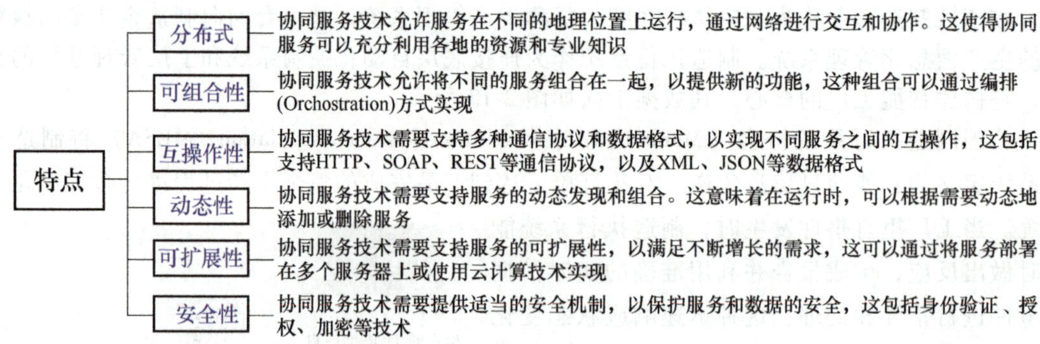

图 2-16　高度集成化方式

3）实现实时分析。实时分析就是在设备运行过程中，对实时测量信号处理的时间能够满足动态过程参数分辨需要的分析。实时分析技术的高低，反映了企业利用工业 IT 设施收集、传输和分析处理大数据的能力。通过实时分析技术，不仅工厂与机器设备可以随时分享信息，相互连接的系统还可以独立自我管理。

实时分析的作用如图 2-17 所示。

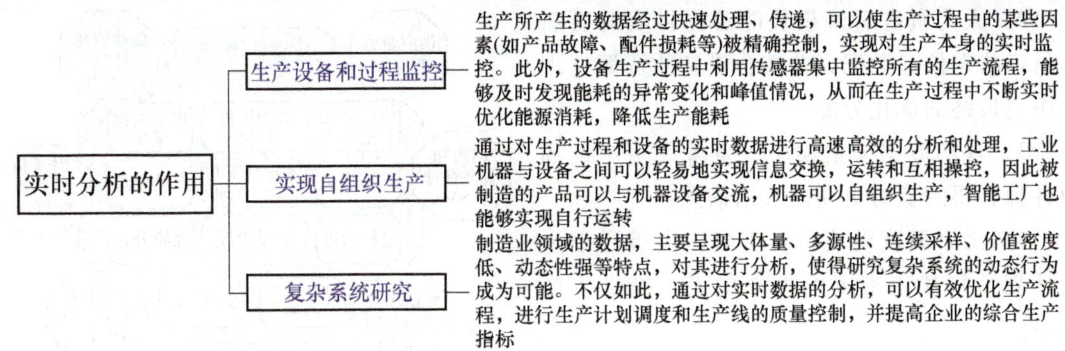

图 2-17　实时分析的作用

由此可见，整合全部生产线数据，可以对生产动态模型建设、多目标控制流程进行优化，对物料品质、能耗、设备异常和零件生命周期进程进行监控预警，赋予设备和系统“自我意识”，进而实现低成本、高效率的并行生产。

4）实施数据运营。数据运营是指数据的所有者通过对数据的分析与挖掘，把隐藏在大量数据中的信息作为商品发布出去，供数据的消费者使用。

在制造企业中，数据不仅来源于生产过程的各个环节，还分布于企业的各个部门。通过整合来自市场、研发、工程、生产部门的数据，可以创建产品全生命周期管理平台，对工业产品的生产进行虚拟模型化，从而优化生产流程。在大数据时代，确保企业内的所有部门以相同的数据协同工作，能够提升组织的运营效率，缩短产品的研发与上市时间。

在企业业务方面，数据运营的层次如图 2-18 所示。

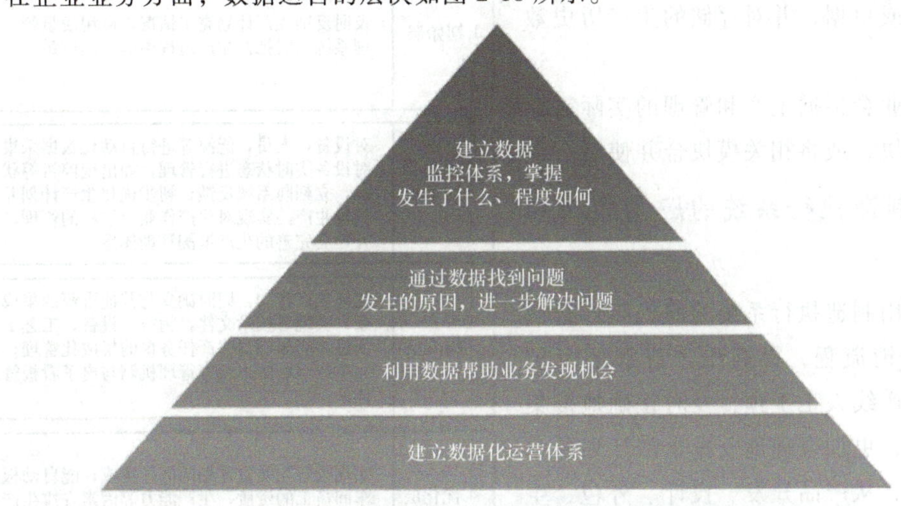

图 2-18　数据运营金字塔

2. 制造执行系统的常用模块

根据制造执行系统在企业中的应用层级，通常采用模块化设计。MES 系统常用模块如图 2-19 所示。

1）生产单元分配管理模块是通过生产订单、批量订单及工作订单等形式来管理和控制生产单元中的物料流和信息流。

2）人力资源管理模块能够提供实时更新的员工状态信息数据，并结合设备的资源管理来决定最终的优化分配。

3）现场数据采集模块负责采集生产现场中各种必要的实时更新的数据信息。

4）工序调度模块负责生成工序级详细生产计划，并基于指定的生产单元，提供生产排序。

5）资源分配与状态管理模块是对资源状态及分配信息进行管理。

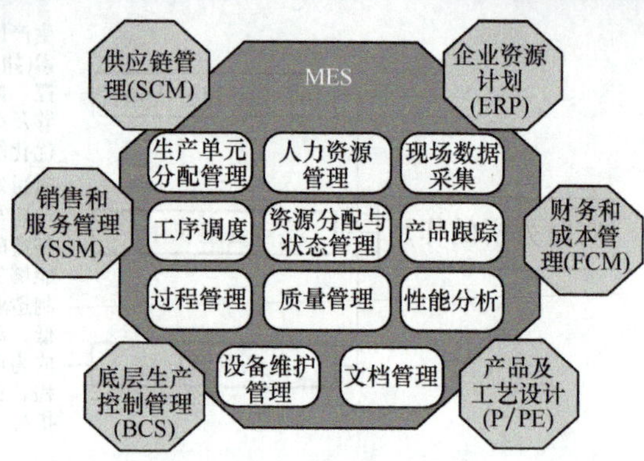

图 2-19　MES 主要模块

6）产品跟踪模块能够通过监视产品在任意时刻的位置和工艺状态，来获取每个产品的历史记录，以方便追溯。

7）过程管理模块在监控生产过程的同时，可自动修正生产中的错误，提高加工效率和质量。

8）质量管理模块能对生产现场收集到的数据进行实时分析，以便控制产品质量和确定生产中需要注意的问题。

9）性能分析模块能够提供实时更新的关于实际制造过程的结果报告。

10）设备维护管理模块。为保证制造过程的顺利进行，设备维护管理模块将跟踪和指导企业进行生产设备的维护。

11）文档管理模块能够管理与生产单元相关的记录或单据，并对存储的生产历史数据进行维护。

不同企业会根据生产和管理的实际需要设置不同模块，或将相关模块合并使用。

三、制造执行系统的应用层次和应用领域

企业应用制造执行系统的前提是：必须清晰掌握产销流程，提高生产过程的可控性，减少生产线人工干预，及时正确地搜集生产线数据，更加合理地安排生产计划并掌控生产进度，从产品开发、设计、外包、生产到按时交付，整个制造流程中的每个阶段都必须高度的自动化、智能化，并且实现各阶段信息的高度集成化。

1. 制造执行系统的应用层次

制造执行系统在企业中的运用分为五个层次，如图 2-20 所示。

1.初始层	及时反馈生产计划完工情况，应用质量管理系统实时把控生产过程中的产品质量
2.规范层	对设备、人员、能源等进行自动化数据采集；对设备实时状态进行管理，如出现停机等状况，立刻向系统反馈；初步优化生产计划并指导生产，实现对生产作业全过程的管理，并建立完善的生产追溯管理体系
3.精细层	优化生产计划，同时确立与其他资源的集成关系；实现对技术文件、物料、设备、工艺工装、人员、能源等与生产任务单的集成化管理；建立生产现场多方预警管理机制与电子看板管理体系
4.优化层	实现设备与能力计划的部分集成；能自动根据车间员工的资质、生产能力等因素安排生产任务；会对能源使用进行优化，降低能源成本
5.智能层	包括应用于自动化生产的各类设备，如数控机床、工业机器人、自动寻址装置、存储装置、柔性自动装夹具、检具、交换装置及更换装置、接口等，以及应用自动化控制和管理技术，实现生产系统资源和设备动态调度的机制等

图 2-20　制造执行系统运用层次

通过制造执行系统来实现企业信息的实时化管理，是提高企业管理水平的关键。制造单元中的信息集成也为智能生产线的建设提供了良好的基础。

2. 制造执行系统的应用领域

通过不断地发展，MES 的研究与开发技术都取得了长足的进步，其应用领域也在不断扩大，目前主要应用于流程工业和离散工业。

（1）流程工业　流程工业最突出的特点是生产线自动化程度高，生产过程的信息易于取得，因此流程工业具备信息数据基础和 MES 的实施条件。典型的流程工业有钢铁、石化、冶金等。

应用案例：国产冶金工业 MES 软件的功能如图 2-21 所示。

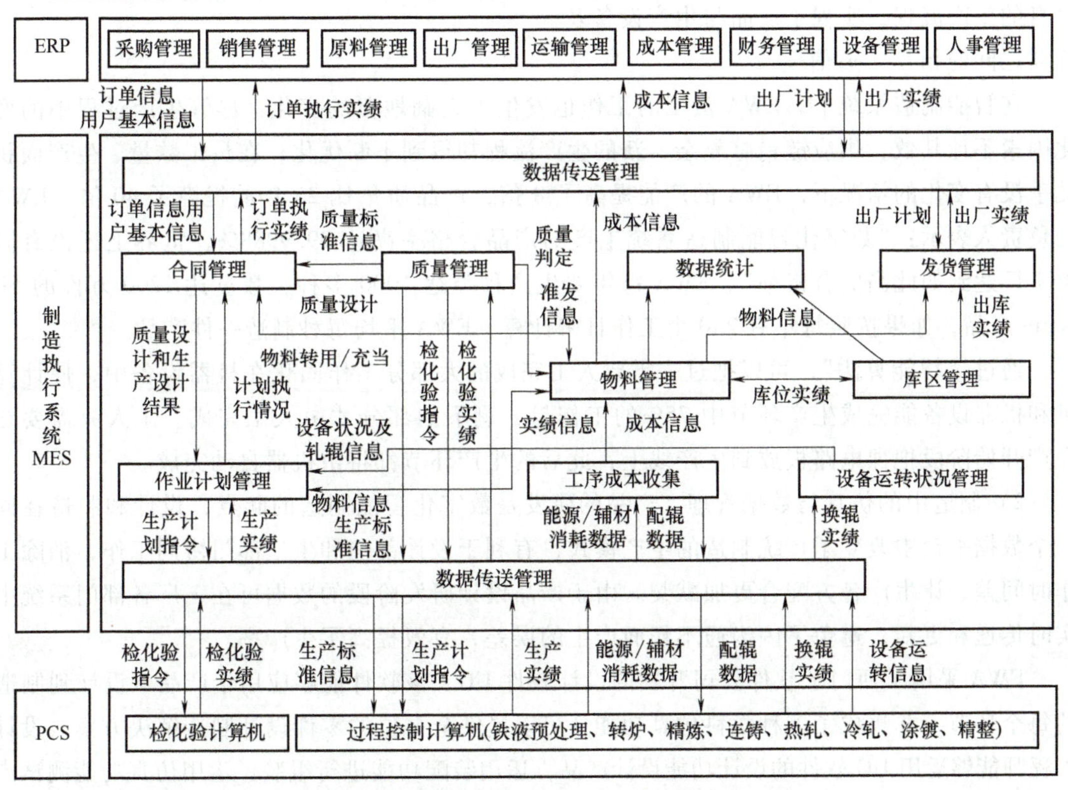

图 2-21　国产冶金工业 MES 软件的功能

（2）离散工业　离散工业的产品在生产过程中通常被分解成多个并不连续的加工任务来完成。典型的离散工业有汽车制造、机械制造等。

应用案例：德国西门子股份有限公司旗下的安贝格工厂是先进的数字化工厂，其主要生产与可编程序控制器相关的产品，其生产车间如图 2-22 所示。

西门子 PLC 管理系统的应用。假如你是一家家电企业工厂的负责人，同时收到生产 500 台冰箱和 500 台洗衣机的订单，你将如何安排生产计划，是先生产 500 台冰箱（或洗衣机），还是将冰箱和洗衣机交替混合生产？生产的理想状态应该是小批量、多批次，这样可使生产均匀连续，减少原材料的消耗，库存待售品数量最优，现金流更顺畅。智能制造的目标，就是在智能制造系统的基础上完成多品种、个性化、小批量的高质量生产，而非工业化的大生产。

图 2-22　安贝格工厂的生产车间

1）制造中的自动化。德国安贝格的西门子电子工厂（德文缩写：EWA）是西门子 PLC“数字化智能制造”的典范，在智能制造系统下，可以实现产品设计、生产的规划和高效执行，以最小的资源消耗获得最高的生产率。在智能生产环境中，每个产品都有自己的代码，如同人的身份证，代码中包含着制造信息，产品可以根据代码来控制自身的生产流程，实现了产品与生产设备及机器之间的相互“通信”。

在智能制造系统下，EWA 员工的工作也发生了天翻地覆的变化：尽管生产过程中的变化因素不计其数，供应链错综复杂，新的生产流程却得到不断优化；在员工数量、生产面积几乎没有变化的情况下，EWA 的产能提高了 8 倍，产品质量比 25 年前提高了 40 倍。EWA 的负责人表示：“数字化智能制造系统生产的产品合格率高达 99.9988%，世界上还没有同类工厂达到如此高的合格率”。EWA 每年要生产种类达 1000 多种，数量达 1200 万件的 Simatic 产品，如果按照每年有 230 个工作日来计算，EWA 平均每秒制造一件产品。

通过“智能算法”，可以把过去需要人工完成的大部分工作固化在机器设备中，使计算机和机器设备能完成生产环节中 75%的工作量，剩下的部分才由人工完成。工人只需要在生产开始阶段把裸电路板放到生产线上，此后的生产环节都将由机器自动完成。

2）制造中的仿真与数据管理。产品的研发是数字化智能制造的起点，设计和制造在同一个数据平台中改变了传统制造的生产模式，有利于设计部门和生产部门协同工作，消除工作时间差，让生产各方配合更加默契。由于产品设计研发阶段的数据可在工厂各部门系统中实时传递和更新，避免了因沟通不畅而产生的误差，有效提高了生产率。

EWA 采用了西门子软件公司开发的设计软件 UG，该软件能够应用于产品从设计到制造的每个环节，并集成了多种学科仿真功能，可以提供全方位的零件设计制造解决方案。设计工程师能够运用 UG 软件的设计功能设计产品，运用装配功能进行组装，运用仿真功能测试产品性能，无须制造出样品，节省了大量的时间和精力。当然，这也对工程师们提出了更高的要求，他们必须更深入地掌握产品制造设备的属性，才能使编写的仿真模拟程序更加精准。

UG 软件设计出来的产品都会有自己的数据信息，一方面，这些数据信息通过计算机辅助制造系统（CAM）不间断地向生产线传递，使生产线能为即将到来的生产做好准备；另一方面，数据信息会被存放到 EWA 的数据中心——Teamcenter 共享数据库中，使质检、采购和物流等部门得以共享这些数据。根据这些数据信息，质量检验部门可以对产品进行精准的质量检验，保证了产品的质量；采购部门可以更加准确的采购原材料零部件，降低了库存量；物流部门可以高效的定位产品，保证发货的准确及时。

Teamcenter 共享数据库可以在产品数据更新的同时，让不同部门的数据得以同步更新，避免了传统制造企业由于数据平台的不同而造成的信息传递壁垒，使得 EWA 各个部门的工作更加高效、简单。

3）制造中的制造执行系统。全集成自动化解决方案在产品生产过程中的应用，实现了数字化和生产的完美结合：可编程序逻辑控制器控制生产过程，自动化引导车对产品进行传递运输，计算机视觉系统对产品质量进行识别检测，这一切使得产品一次合格率在99%以上。

每天，EWA的制造执行系统会把生成的电子任务工单显示在装配工人的计算机上，数据交换间隔小于1s，装配人员可以实时看到最新版本，避免了装配误差，并可以细致入微地观察每件产品的生命周期。

Simatic IT平台在制造执行系统中充当生产计划调度者的角色，采用虚拟化技术统一下达生产订单，在与企业资源计划系统高度集成后，还可以进行生产计划、物料管理等数据的传递。Simatic IT平台还集成了设备管理、品质管理、信息管理、物料追溯管理和生产维护管理等多种功能，保证了管理与生产的协同。

当一个待装配的产品被引导车运送过来时，传感器会扫描产品上的代码信息，并将代码信息传递给制造执行系统，装配工人面前的计算机显示屏上就会显示该产品的相关信息，如图2-23所示。当相应的零件盒到位后，提示灯亮起，装配工人就可以根据指示灯及对应的产品信息装配产品，保证了产品装配的准确性。在同一条生产线上，可以进行不同种类产品的生产和装配，实现了产品的“柔性”制造。

图2-23 计算机显示屏上的产品信息

当产品装配完毕后，工人按下工作台上的按钮，相关传感器就会扫描产品代码，记录产品在本工位上的操作信息，同时，Simatic IT平台根据该数据下达指令，运送车根据指令把该产品运送到下一道工序中。

进入下一道工序之前，产品必须经过严格的质量检验，确保本工序产品的质量，1000多台扫描仪实时记录每一道生产工序，如测试结果、贴装数据、焊接温度等详细的产品信息数据，相对应的约5000万条生产过程信息将被存储在Simatic IT生产制造执行系统中。EWA采用特殊的质量检测方法——计算机视觉检测，如图2-24所示。通过相机对产品进行拍照，将照片与Teamcenter数据库中的正确图像进行对比分析，即便是微小的瑕疵也逃不过检测系统。

图 2-24 计算机视觉检测

经过多道工序的装配和检测，再经过包装和装箱，合格的成品通过升降梯和传送带运送到立体仓库或者物流中心。通过智能制造执行系统，一个完整的生产环节得以在自动化设备上高效快速地完成，节省了大量的人力和时间。

4）制造中的物流系统。在 EWA 的物流环节，西门子的制造执行系统、企业资源计划系统（ERP）、SimaticIT 平台以及西门子的仓库管理系统都发挥着重要的作用。物流系统的主要功能如图 2-25 所示。

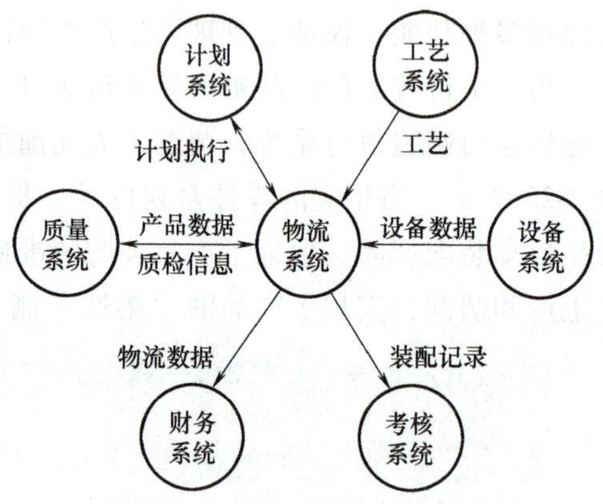

图 2-25 物流系统的主要功能

制造中的物流系统如图 2-26 所示。自动化生产线上的传感器对引导车上的产品代码进行扫描之后，软件系统会根据得到的数据，判断此装配工序需要的物料和零件，工人只要按动按钮，物料库的物料就会通过流水线传输到指定的位置，这一过程不需要人工干预，实现了原材料、产品和相关信息的有效流动，避免了因信息传递不及时而造成错误生产或重复生产。

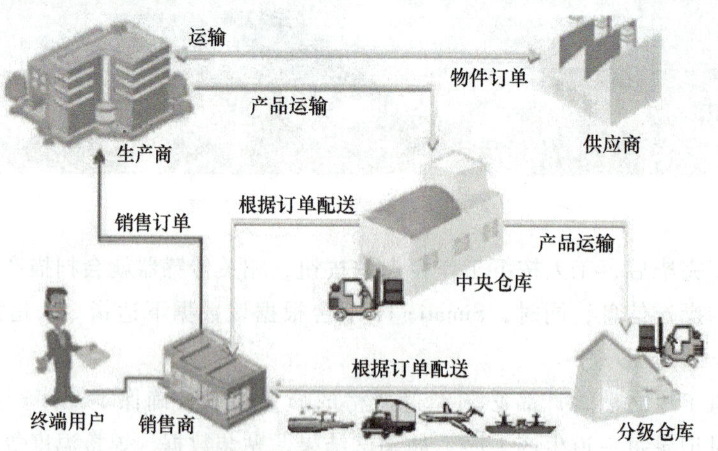

图 2-26 制造中的物流系统

在物料的中转环节，生产过程中的各工序只会在收到相应的指令后，按照产品实际需要的数量进行生产，保证了工厂在适当的时间和地点生产出高质量的产品。EWA 布局紧凑的高货架立体仓库中存放着近 3 万件物料，但物料的存取并不需要叉车搬运，而是通过“堆取料机”用数字定位的方式进行取存。由于仓库中的布局不需要给叉车留出距离和空间，因此设计更合理，空间利用更充分。

在西门子的 EWA 工厂，并不是简单的机械代替人力劳动，而是既实现了自动化生产，又实现了生产的自动调节和自动控制，是建立在数字化生产基础上的自动化。

四、制造执行系统的常用软件

MES 软件即制造企业生产过程执行管理软件，是一套面向制造企业车间执行层的生产信息化管理系统软件。作为车间管理系统的核心，MES 可以为企业其他各种应用系统提供现场的数据信息。

国外多个著名软件厂商和企业开发的 MES 软件有：美国 Consilium 公司面向半导体和电子行业相继开发了 Workstream 和 FAB300；美国 Honeywell 公司面向制药行业开发了 POMS-MES；美国 Intllution 和通用电气公司面向多种行业分别开发了 FIX for Windows 和 GE Proficy MES；日本横河电机公司面向石油相关企业开发了 Exatas.

国内开发的 MES 软件有：天河智造（北京）科技股份有限公司面向离散型企业开发了 T5-MES 等。

应用案例：美国通用电气公司作为软件行业坚持创新的知名企业，也研发出了自己的 MES 软件，即 GE Proficy MES，其业务包括企业连接器、生产调度、工单下达、工单协调、物料平衡、生产管理、设备管理和效率、能源管理、质量过程控制和生产报表，其业务流程如图 2-27 所示。

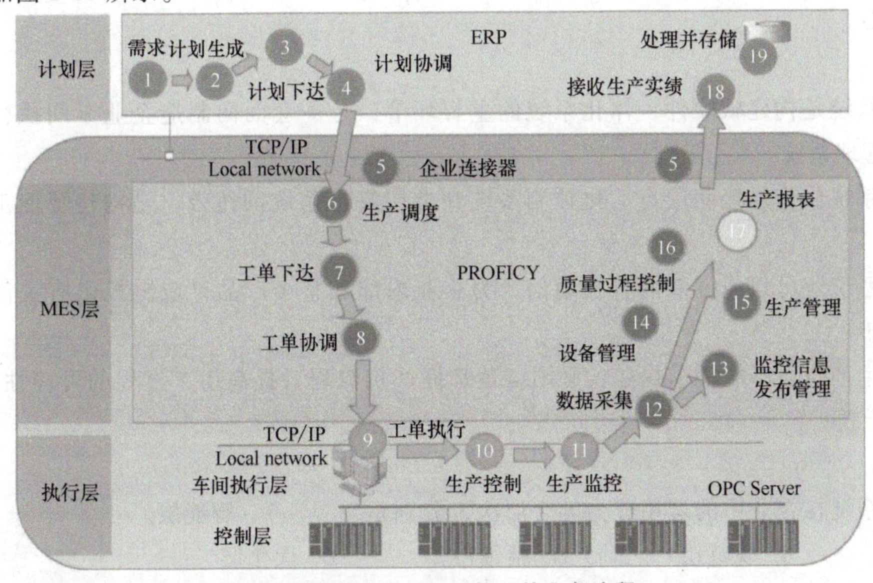

图 2-27　GE Proficy MES 的业务流程

任务实施——应用分析

全班分为五组，每组至少完成一个企业应用的 MES 产品的调查。

调查内容：对本区域内某一生产企业应用的 MES 产品进行调查，并说明该公司 MES 产品的名称、功能模块、系统软件产地等。

任务评价

根据任务完成情况填写表 2-4。

表 2-4 应用制造执行系统任务评价

评价内容及标准	自评分	互评分	教师评分
MES 产品的名称（5 分）			
功能模块（90 分）			
系统软件产地（5 分）			
总分（100 分）			

思考与练习

一、填空题

1. 生产执行系统简称 MES，是构建软硬件一体化系统的重要环节，是一套面向制造企业车间执行层的（　　）管理系统。

2. 生产执行系统作为连接（　　）自动化控制系统和（　　）管理系统的纽带，是构建智能工厂的核心。

二、判断题

1. 生产执行系统是构建软硬件一体化系统的重要环节，是一套面向制造企业车间执行层的生产信息化管理系统。（　　）

2. 生产执行系统作为连接底层自动化控制系统和上层管理系统的纽带，是构建智能工厂的核心。（　　）

3. 生产执行系统还可以通过双向直接通信，为企业内部和整个产品供应链提供有关产品的关键任务信息。（　　）

4. 企业应用生产执行系统的前提是：必须清楚掌握产销流程，提高生产过程的可控性，减少生产线人工干预。（　　）

三、多选题

1. 生产执行系统在企业中的运用分为五个层次，分别是（　　）、智能层。

A. 初始层　　B. 规范层　　C. 精细层　　D. 优化层

2. 通过不断地发展，MES 的研究与开发技术都取得了长足的进展，其应用领域也在不断扩大，目前主要应用于（　　）和（　　）。

A. 流程工业　　B. 离散工业　　C. 刚性生产　　D. 柔性生产

3. 典型的流程工艺有（　　）等。

A. 钢铁　　B. 石化　　C. 冶金　　D. 机械加工

4. 离散工业的产品在生产过程中通常被分解成多个并不连续的加工任务来完成。典型的离散工业有（ ）汽车制造、机械制造等。

A. 钢铁　　B. 石化　　C. 汽车制造　　D. 机械制造

任务 2.2.3　应用企业资源管理系统

任务引入

20 世纪 60 年代，计算机技术迅速发展，为解决制订计划时计算量大、过程烦琐等问题，研究人员开发了在计算机系统上可对装配产品进行生产过程控制的物料需求计划（Material Requirements Planning，MRP）系统。随着市场竞争的加剧，到 20 世纪 90 年代，MRP 系统已经不能满足更加开放的市场竞争环境的要求，这时企业资源计划（ERP）系统应运而生。

相关知识

一、企业资源管理系统的概念

企业资源管理系统简称 ERP 系统，是在信息技术的基础上，通过科学、精准及系统化的管理方法，为企业员工及决策层提供决策手段的管理平台。它是在论证了各类制造业在信息时代，其管理信息系统的发展趋势和变革方向之后，在 MRP 系统的基础上被开发出来的。

二、企业资源管理系统的功能模块

ERP 系统是由多个功能模块组成的，包括产品开发模块、采购管理模块、生产计划模块、车间管理模块、销售管理模块、仓库管理模块、人力资源管理模块、财务管理模块等，如图 2-28 所示，企业根据生产和管理实际设置不同的模块。

（1）产品开发模块　产品开发模块主要用来实现物料建档、设计变更记录，并为生产计划模块提供数据支撑。

（2）采购管理模块　采购管理模块一方面可建立供应商档案，识别供应商产品的安全，并通过最新成本信息调整仓库管理成本；另一方面可确定订货量，并随时提供订购、验收信息，同时能够跟踪外购和委托外加工物料，从而保证货物及时到达。

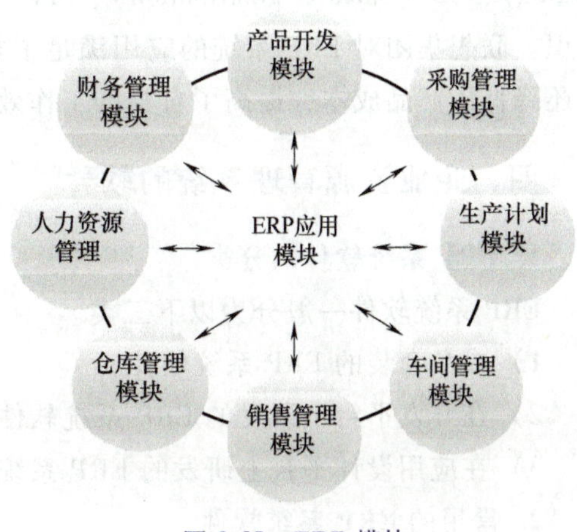

图 2-28　ERP 模块

（3）生产计划模块　生产计划模块是ERP系统的核心所在，它能有机地结合企业的整个生产过程，使企业有效地降低库存，提高生产率。生产计划模块包括主生产计划模块、物料需求计划模块、生产能力计划模块、制造标准模块等子模块。

（4）车间管理模块　车间管理模块主要用来对产品的生产过程进行有效的管理，包括生产指令单模块、制造通知模块、生产领料模块、车间调度模块、工序检验及转移模块等子模块。

（5）销售管理模块　销售管理模块主要对产品、地区、客户等信息进行管理和统计，并对销售数量、金额、利润、绩效、客户服务等进行分析。它主要包括客户信息管理模块、销售订单模块、分析销售结果模块等子模块。

（6）财务管理模块　财务管理模块的主要功能为会计核算，以实现对财务数据的分析、预测、管理和控制，并且更侧重于对财务计划中进销存的控制、分析和预测。财务管理模块包括财务计划模块、财务分析模块、财务决策模块等子模块。

（7）仓库管理模块　仓库管理模块用来控制、管理存放的物资，它能结合部门需求及时调整库存，从而精确地反映库存现状。其日常业务有为所有物料建立库存、管理检验入库和收发料等。

（8）人力资源管理模块　人力资源管理模块的功能有人力资源规划辅助决策、招聘管理、工资核算、工时管理、差旅费核算等。

三、企业资源管理系统的应用

ERP系统的前身为MRP系统。MRP系统最初是作为一种信息化管理软件进入我国，主要应用于国有大型工业企业。而如今ERP系统已被广泛应用于生产制造、贸易流通、金融保险、电信服务、能源和交通等行业。此外，ERP系统在电子商务与互联网产业的应用更加普遍，这也推动了制造业和其他新兴产业的融合。

应用案例：联想集团的ERP系统采用面向订单（MTO）的生产管理模式，并围绕制造、代理和系统集成这三大业务实施，可分为财务模块、会计管理模块、销售与分销模块、物料管理模块和生产计划模块五大模块，且在实际系统中分别用FI（Finance）、CO（Controlling）、SD（Sales & Distribution）、MM（Material Management）和PP（Production Plan）标识。联想集团对ERP系统的应用满足了客户大规模定制的需求，提升了客户满意度，同时还降低了产品成本，提高了自身的工作效率。

四、企业资源管理系统的软件

1. ERP系统软件的分类

ERP系统软件一般分为以下三类。

1）成品套装的ERP系统软件。

2）在开发平台上研发的ERP系统软件。

3）在应用设计平台上研发的ERP系统软件。

2. 常用的ERP系统软件

随着ERP系统软件的广泛应用，很多公司都投入到ERP系统软件的开发中。著名的ERP

系统软件品牌有美国的 Sage、Oracle、Infor，德国的 SAP，我国的用友、管家婆、金蝶等。

在我国的 ERP 系统软件市场中，用友 ERP 较受欢迎。用友 ERP 为企业提供了一套企业基础信息管理平台解决方案，以满足各级管理者对不同信息的需求。例如，为高层经营管理人员提供决策信息，以衡量收益与风险的关系，制订企业长远发展战略；为中层管理人员提供详细的管理信息，以实现投入与产出的最优配比；为基层管理人员提供及时准确的成本费用信息，以达到预算管理、成本控制的目的。

用友 ERP 根据业务范围和应用对象的不同，划分为财务管理、供应链、生产制造、人力资源、决策支持、集团财务、企业门户、行业插件等模块，其总体架构如图 2-29 所示。

出纳管理		进出口管理					
UFO报表	合同管理	委托外加工	自助系统				
成本管理	促销管理	质量管理	日常事务				
资金管理	出口管理	成本计算	绩效评估				
报账中心	进口管理	工作中心	招聘管理				
薪资管理	委外管理	车间管理	培训管理		专家分析	PDM接口	项目管理
固定资产	质量管理	细能力计划	薪资福利	业绩评价	行业报表	网上银行	销售前端
存货核算	销售管理	粗能力计划	制度政策	移动商务	合并报表	金税接口	公共财政
应付管理	库存管理	需求计划	劳动合同	预警平台	结算中心	WEB应用	食品饮料
应收管理	采购管理	主生产计划	人员信息	数据分析	集团财务	EAI平台	图书出版
总账管理	物料需求计划	模拟报价	职务职能	管理驾驶舱	集团预算	系统管理	医药GSP
财务管理	供应链	生产制造	人力资源	决策支持	集团财务	企业门户	行业插件

图 2-29 用友 ERP 总体架构

其中，UFO 报表是用友软件股份有限公司开发的电子表格软件；PDM 是一种用于数字音频设备之间进行音频数据传输的接口；EAI（Enterprise Application Integration）是企业应用集成的简称，它是一种方法和技术，用于将基于各种不同平台、用不同方案建立的异构应用集成在一起；药品 GSP 是《药品经营质量管理规范》的英文缩写，是药品经营企业统一的质量管理准则。

用友 ERP 实现了企业互联网模式的经营运作，主要包括互联网财务、互联网资金管理、互联网购销存，能够保证集团财务业务信息的及时性、可靠性和准确性，并加强了远程仓库、销售部门及采购部门的管理。

同时，用友 ERP 的应用范围广泛，其参照各个行业的最佳业务实践，在总结大量用户成功经验的基础上，提炼共性需求，开发了多种行业插件。

任务实施——调查分析

生产企业如何选择合适的ERP系统

全班分为五组，每组至少完成一个企业使用的 ERP 产品调查。要求各组调查的企业不能为同一企业。

调查内容：对本区域内某一生产企业使用的 ERP 产品进行调查，并说明该公司 ERP 产品的名称、功能模块、系统软件产地等。

任务评价

根据任务完成情况填写表 2-5。

表 2-5 应用企业资源管理系统任务评价

评价内容及标准	自评分	互评分	教师评分
ERP 产品的名称(5 分)			
功能模块(90 分)			
系统软件产地(5 分)			
总分(100 分)			

思考与练习

一、填空题

1. 企业资源管理系统是在（　　）技术的基础上，通过科学、精准及系统化的管理方法，为企业员工及决策层提供决策手段的管理平台。

2. ERP 系统是由多个功能模块组成的，包括产品开发模块、采购管理模块、生产计划模块、车间管理模块、销售管理模块、仓库管理模块、（　　）管理模块等。

二、判断题

1. 企业资源管理系统在信息技术的基础上，通过科学、精准及系统化的管理方法，为企业员工及决策层提供决策手段的管理平台。（　　）

2. ERP 系统是由多个功能模块组成的，包括产品开发模块、采购管理模块、生产计划模块、车间管理模块、销售管理模块、仓库管理模块、人力资源管理模块等。（　　）

3. ERP 系统在电子商务与互联网产业的应用更加普遍，这也推动了制造业和其他新兴产业的融合。（　　）

三、多选题

企业资源计划（ERP）系统软件通常分为（　　）几类。

A. 成品套装的 ERP 系统软件　　B. 在开发平台上研发的 ERP 系统软件

C. 在应用设计平台上研发的 ERP 系统软件　　D. 单机版的 ERP 系统软件

3

模块3 智能制造关键技术

智能制造关键技术可分为工业制造技术、工业识别技术和新信息技术三大类，只有将各类智能制造技术进行深度融合，才能构造出智能制造系统。同时，制造装备的智能化也离不开智能制造技术。因此，智能制造技术对实现智能制造至关重要。

知识目标

■ 掌握工业机器人的组成、特点、分类与关键技术；

■ 掌握增材制造技术的概念、原理与应用；

■ 掌握机器视觉技术的概念、组成与应用；

■ 了解射频识别技术的特征、原理、组成与应用；

■ 了解人工智能技术的产生、发展与应用；

■ 了解工业大数据的产生、意义、架构与应用；

■ 了解云计算技术的概念、特点、架构与应用；

■ 了解数字孪生技术与数字孪生体。

能力目标

■ 能说明智能制造关键技术的运用实例；

■ 能根据实例说明智能制造关键技术的特点；

■ 能结合行业企业状况，分析智能制造关键技术面临的机遇和挑战。

素养目标

■ 提升资料检索和整理的能力；

■ 了解国家制造业关键技术的突破，与时俱进，树立正确的价值观；

■ 增强民族自信心和自豪感，树立为我国制造业的高质量发展而学习的目标。

项目 3.1　走进工业制造技术

知识目标： 能说出工业制造相关技术的定义、特征及结构。

技能目标： 能设计并构建工业制造相关技术系统的模型。

素养目标： 形成创新思维，提升分析问题与解决问题的能力。

任务 3.1.1　构建工业机器人系统模型

任务引入

走进智能工厂会发现工业机器人随处可见，如点焊工业机器人、码垛工业机器人、搬运工业机器人等。这种在制造生产中应用工业机器人代替人类工作的技术称为工业机器人技术。工业机器人技术是工业制造技术的一种，而工业制造技术还有很多。那么，还有哪些技术属于工业制造技术呢？它们又是如何应用的呢？

相关知识

智能制造离不开智能装备，智能装备中应用最广泛的设备为工业智能机器人。工业机器人的应用情况是衡量一个国家工业自动化水平的重要标志之一。

一、工业机器人的概念

工业机器人是面向工业领域的多关节机械手或多自由度的现代制造业智能化装备。它集机械、电子、控制、计算机、传感器和人工智能等多学科先进技术于一体，能自动执行工作，靠自身动力和控制能力来实现各种功能。它既可以接受人类的指挥，也可以按照预先编排的程序运行，具有柔性好、自动化程度高、可编程序性好、通用性强的特点。

二、工业机器人的结构与功能

工业机器人一般由三个部分、六个子系统组成，如图 3-1 所示。三个部分分别是机械部分、传感部分、控制部分；六个子系统是驱动系统、机械结构系统、感受系统、人-机交互系统、机器人-

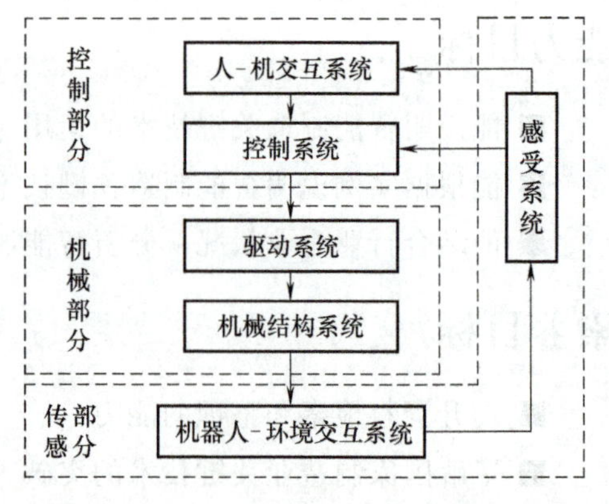

图 3-1　工业机器人的结构与功能

环境交互系统和控制系统。

（1）机械部分　机械部分包括工业机器人的机械结构系统和驱动系统，是工业机器人的基础，其结构决定了机器人的用途、性能和控制特性，如图 3-2 所示。

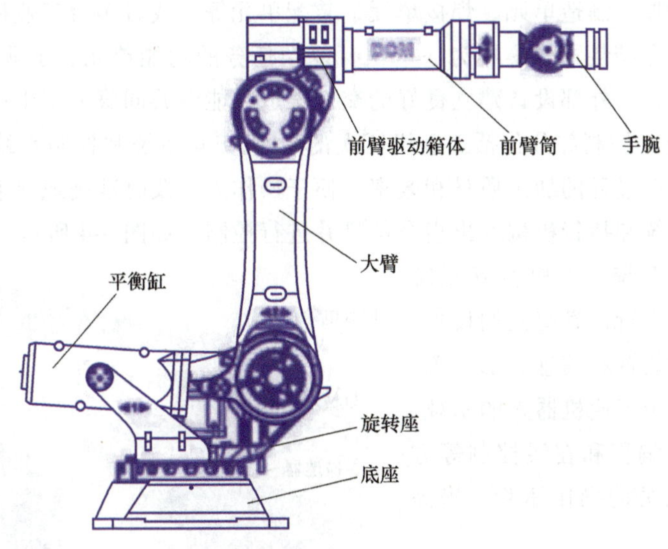

图 3-2　机械结构系统与驱动系统

1）机械结构系统。机械结构系统即工业机器人的本体结构，包括基座和执行机构，有些工业机器人还具有行走机构，是工业机器人的主要承载体。机械结构系统的强度、刚度及稳定性是工业机器人灵活运转和精确定位的重要保证。

2）驱动系统。驱动系统包括工业机器人动力装置和传动机构，按动力源分为液压、气动、电动和混合动力驱动，其作用是给工业机器人各部位、各关节的动作提供原动力，使执行机构产生相应的动作。驱动系统可以与机械系统直接相连，也可通过同步带、链条、齿轮、谐波传动装置等与机械系统间接相连。

（2）传感部分　传感部分包括工业机器人的感受系统和工业机器人-环境交互系统，是工业机器人的信息来源，能够获取有效的外部和内部信息来指导工业机器人的操作，如图 3-3 所示。

1）感受系统。感受系统是工业机器人获取外界信息的主要窗口。工业机器人依靠布置的各种传感元件获取周围环境状态信息，对结果进行分析处理后控制系统对执行元件下达相应的动作命令。感受系统通常由内部传感器模块和外部传感器模块组成：内部传感器模块用于检测工业机器人自身状态，如检测工业机器人机械执行机构的速度、姿态和空间位置等；外部传感器模块用于检测操作对象和作业环境，如工业机器人所抓取物体的形状、物

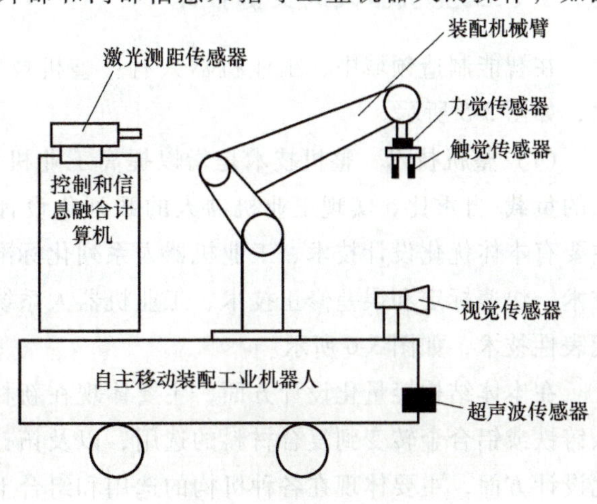

图 3-3　工业机器人的传感部分

理性质，检测周围环境中是否存在障碍物等。

2）工业机器人-环境交互系统。工业机器人-环境交互系统是工业机器人与外部环境中的设备进行相互联系和协调的系统。在实际生产环境中，工业机器人通常与外部设备集成为一个功能单元，如加工制造单元、焊接单元、装配单元等；或者多台工业机器人、多台机床或设备、多个零件存储装置等集成为一个执行复杂任务的功能单元。工业机器人-环境交互系统帮助工业机器人与外部设备建立良好的交互渠道，能够共同服务于生产需求。

（3）控制部分　控制部分包括工业机器人的人-机交互系统和控制系统，是工业机器人的核心，决定了生产过程的加工质量和效率，便于操作人员及时准确地获取作业信息，按照加工需求对驱动系统和执行机构发出指令信号并进行控制，如图 3-4 所示。

1）人-机交互系统。人机交互系统是人与工业机器人进行信息交换的设备，主要包括指令给定装置和信息显示装置。人机交互技术应用于工业机器人的示教、监控、仿真、离线编程和在线控制等方面，优化了操作人员的操作体验，提高了人机交互效率。

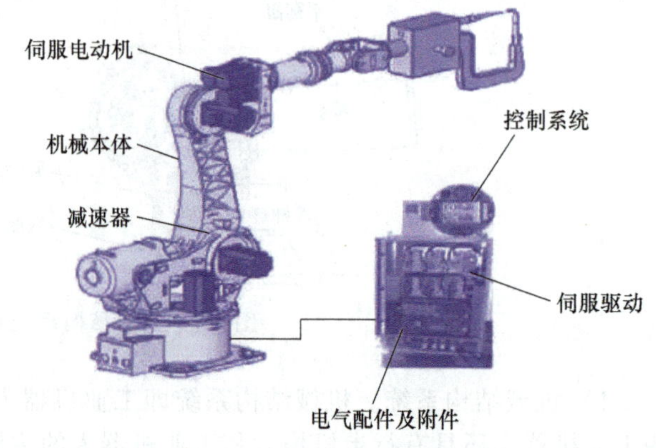

图 3-4　工业机器人的控制部分

2）控制系统。控制系统是根据工业机器人的作业指令程序以及从传感器反馈回来的信号，支配工业机器人的执行机构完成规定动作的系统。控制系统可以根据是否具备信息反馈特征分为闭环控制系统和开环控制系统；根据控制原理可分为程序控制系统、适应性控制系统和人工智能控制系统；根据控制运动的形式可分为点位控制系统和连续轨迹控制系统。

工业机器人的组成结构是实现其功能的基础。

三、工业机器人的关键技术

在智能制造领域中，工业机器人有：整机技术、部件技术和集成应用技术三类关键技术，如图 3-5 所示。

（1）整机技术　整机技术是指以提高工业机器人的可靠性和控制性能，提升工业机器人的负载/自重比，实现工业机器人的系列化设计和批量化制造为目标的工业机器人技术，主要有本体优化设计技术、工业机器人系列化标准化设计技术、工业机器人批量化生产制造技术、快速标定和误差修正技术、工业机器人系统软件平台等。本体优化设计技术是其中的代表性技术，如图 3-6 所示。

在本体结构轻量化设计方面，主要体现在新材料、新工艺和结构优化理论的应用上，如从铸铁或铝合金转变到复合材料的选用，以及拓扑优化等相关技术的应用；在本体结构模块化设计方面，主要体现在各种机构的选用和组合上，例如关节模块中伺服电动机和减速器的集成，可提高工业机器人的可重构能力。

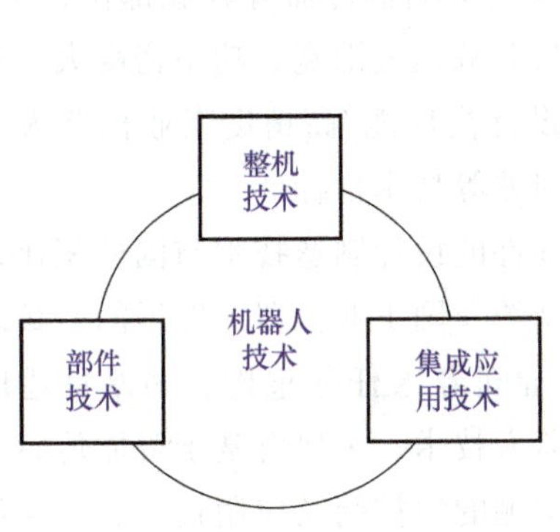

图 3-5　机器人技术

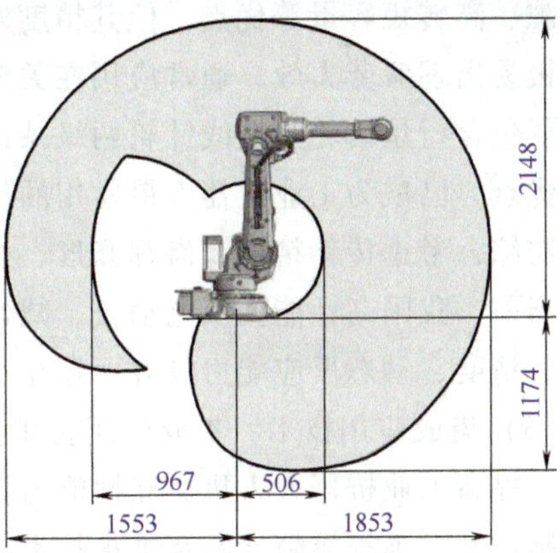

图 3-6　本体优化设计

（2）部件技术　部件技术是指以研发高性能工业机器人零部件，满足工业机器人关键零部件需求为目标的工业机器人技术，主要有高性能伺服电动机设计制造技术、高性能/高精度工业机器人专用减速器设计制造技术、开放式/跨平台工业机器人专用控制（软件）技术、变负载高性能伺服控制技术等。高性能伺服电动机设计制造技术和高性能/高精度工业机器人专用减速器设计制造技术是其中的代表性技术。

伺服电动机是指在伺服系统中控制机械元件运转的发动机，能将电压信号转化为转矩和转速信号以驱动控制对象，是工业机器人的核心零部件之一，如图 3-7 所示。

伺服电动机作为工业机器人的关键执行部件，是驱动工业机器人运动的主要动力系统，其性能很大程度上决定了工业机器人整体的动力性能。工业机器人领域中应用的伺服电动机应具有快速响应、高启动转矩、低惯量、宽广且平滑的调速范围等特性，目前应用较多的是交流伺服电动机。设计高性能高功率密度的伺服电动机需要根据设计指标综合考虑电动机结构参数、部件材料、磁路结构等要素，并通过有限元等方法综合分析电动机性能。

图 3-7　伺服电动机

减速器通常用作原动件与工作机之间的减速传动装置，起到匹配转速和传递转矩的作用，一般由封闭在刚性壳体内的齿轮传动、蜗杆传动、齿轮-蜗杆传动组成，是工业机器人传动机构的核心部件之一，如图 3-8 所示。

图 3-8　减速器

工业机器人领域常用的精密传动装置主要有轻载条件下的谐波减速器和重载条件下的 RV 减速器。谐波减速器具有轻量小型、无齿轮间隙、高转矩容量等优点，但其精度寿命较差，主要是由于在高度循环的交变应力情况下柔轮极易出现疲劳失效，通常应用在关节型工业机器人的末端执行器等轻载部位；RV 减速器主要包含行星齿轮与摆线针轮两级减速两个部分，具有减速范围宽、功率密度大、运行平稳等优点，已成为工业机器人最常用的精密减速器。设计高性能/高精度工业机器人专用减速器需综合考虑传动精度、齿廓修形、扭转刚度以及回差等技术指标。

当前，我国高性能伺服电动机、减速器等关键零部件的设计制造技术与国外相比，在可靠性、精度、动态反应能力等方面存在一定差距，是制约我国工业机器人发展的瓶颈之一。

（3）集成应用技术　集成应用技术是指以提升工业机器人任务重构、偏差自适应调整能力，提高工业机器人人机交互性能为目标的工业机器人技术，主要有基于智能传感器的智能控制技术、远程故障诊断及维护技术、基于末端力检测的力控制及应用技术、快速编程和智能示教技术、生产线快速标定技术、视觉识别和定位技术等。视觉识别定位技术是其中的代表性技术。

视觉识别和定位技术是一项涉及人工智能、图像处理、传感器技术和计算机技术等多领域的综合技术，与工业机器人结合非常紧密，广泛地应用在工业生产中的缺陷检测、目标识别与定位和智能导航等方面。工业机器人能够通过视觉传感器获取环境的二维图像，传送给专用的图像处理系统，得到被摄目标的形态信息，然后根据像素分布和亮度、颜色等信息，转变成数字化信号，图像系统通过处理这些信号来抽取目标的特征进行分析决断，进而控制生产现场的工业器人动作。典型的视觉应用系统如图 3-9 所示。

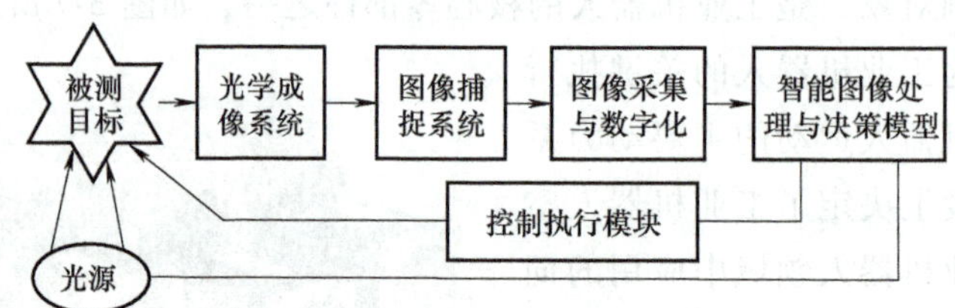

图 3-9　典型的视觉应用系统

视觉识别和定位技术在工业机器人领域的应用主要有以下三个方面：

1）视觉测量。针对精度要求较高（毫米级甚至为微米级）的零部件，使用人的肉眼无法完成其精度测量，通过引入视觉非接触测量技术构成工业机器人柔性在线测量系统，能够有效获取零部件表面质量和公称尺寸信息。

2）视觉引导。基于机器视觉技术能够快速准确地找到目标零件并确认其位置，采用模式识别的方式，在三维图像中获取目标点或目标轨迹，引导工业机器人进行抓取、加工等操作，提高生产智能化程度，实现自动化作业。

3）视觉检测。通过机器视觉检测完成产品的制造工艺检测、自动化跟踪、追溯与控制等生产环节，识别零件的存在或缺失以保证部件装配的完整性，判别产品表面缺陷以保证生产质量。

视觉识别和定位技术的应用使得工业机器人能够适应复杂工业环境中的智能柔性化生产，大大提高了工业生产中的智能化和自动化水平。

工业机器人的关键技术推动了工业机器人产品的系列化设计和批量化制造。

四、工业机器人的分类与主要参数

1. 工业机器人的分类

比较常见的有按作业用途分类、按运动自由度数分类以及按控制系统的控制方式分类等。

1）工业机器人按照具体的作业用途，可以分为点焊工业机器人、搬运工业机器人、喷漆工业机器人、检测工业机器人以及装配工业机器人等。工业机器人及应用场景如图 3-10 所示。

2）工业机器人的自由度数一般为 2~7 个，按运动自由度数分类可分为简易型工业机器人和复杂型工业机器人，如图 3-11 所示。简易型工业机器人的自由度数为 2~4 个，复杂型工业机器人的自由度数为 5~7。工业机器人的自由度数是工业机器人的一个重要技术指标，指的是操作机各运动部件独立运动的数目之和。这种运动只有直线运动和旋转运动两种形态。工业机器人腕部的任何复杂运动都可由这两种运动来合成。按照工业机器人具有的运动自由度数分类的方式也适用于非工业机器人，自由度数越多，机器人的柔性越大，结构和控制也就越复杂。

3）按照控制系统的控制方式，工业机器人可分为如下几类。

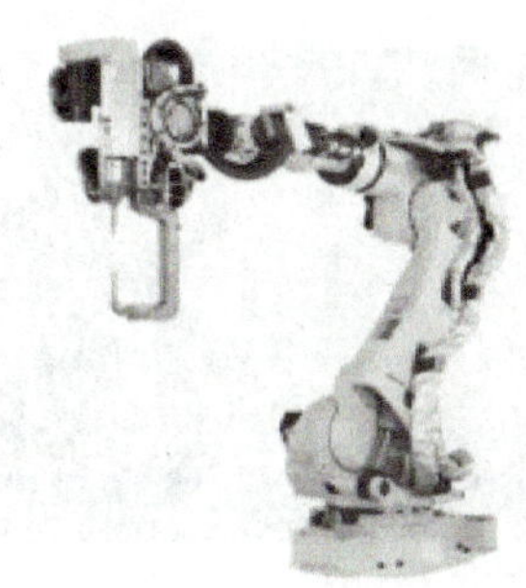

a) 点焊工业机器人及应用场景

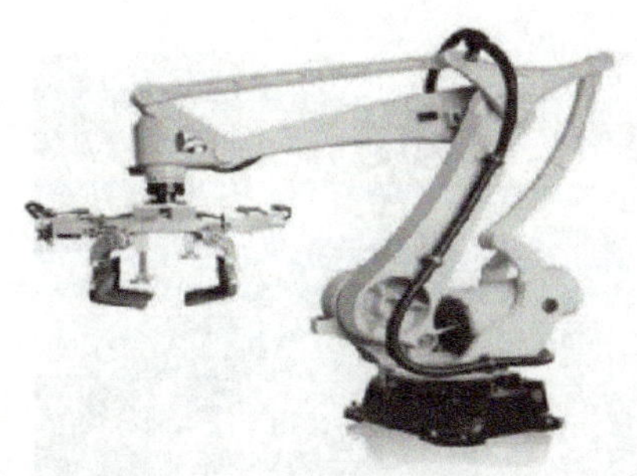

b) 搬运工业机器人及应用场景

图 3-10 工业机器人及应用场景

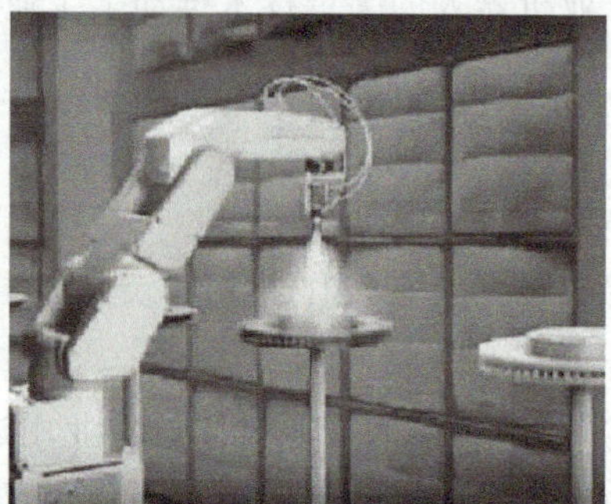

c) 喷漆工业机器人及应用场景

d) 检测工业机器人及应用场景

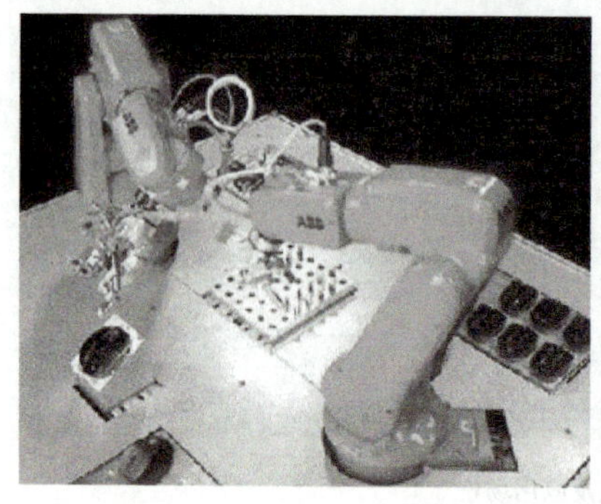

e) 装配工业机器人及应用场景(一)

f) 装配工业机器人及应用场景(二)

图 3-10 工业机器人及应用场景（续）

① 点位控制工业机器人：只能控制从一个特定点移动到另一个特定点，而无法控制其移动路径的工业机器人。

② 连续轨迹控制工业机器人：能够在运动轨迹的任意指定数量的点处停留，但不能在这些特定点之间沿某一确定的路线运动。工业机器人要经过的任何一点都必须储存在工业机器人的存储器中。

③ 可控轨迹工业机器人：又称计算轨迹工业机器人，其控制系统能够根据要求，精确的计算出直线、圆弧、内插曲线和其他轨迹。在轨迹中的任何一点，工业机器人都可以达到较高的运动精度。因此，只要输入符合要求的起点坐标、终点坐标以及指定轨迹的名称，工业机器人就可以按指定的轨迹运行。

图 3-11　自由度示意

④ 伺服型与非伺服型工业机器人：伺服型工业机器人可以通过某些方式（比如智能传感器）感知自己的运动位置，并把所感知的位置信息反馈回来控制工业机器人的运动；非伺服型工业机器人则无法确定自己是否已经到达指定位置。

2. 工业机器人的技术参数

工业机器人的主要技术参数有自由度、重复定位精度、工作范围、最大工作速度和承载能力等，如图 3-12 所示。

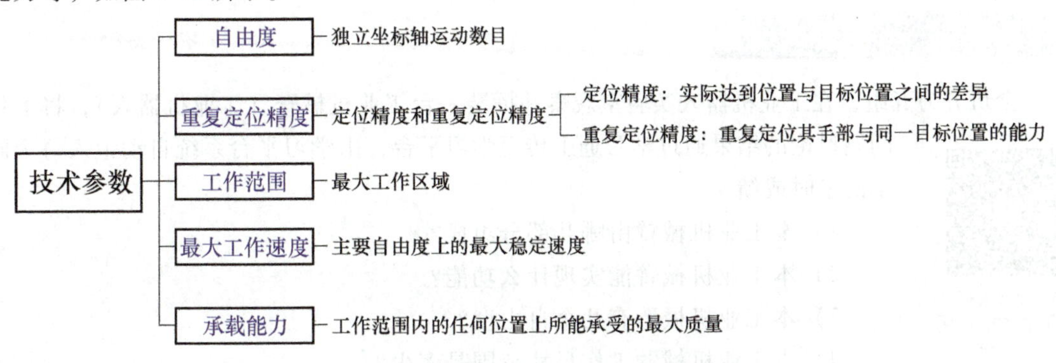

图 3-12　工业机器人的主要技术参数示意

五、工业机器人的产业链及应用

工业机器人产业链包括上游的碳纤维原材料和核心零部件，中游的工业机器人制造，以及下游的工业机器人系统集成。上游的原材料和核心零部件包括伺服电动机、减速器、控制器、传感器、芯片等；中游的工业机器人制造包括搬运工业机器人、焊接工业机器人以及其他用途的工业机器人等；下游的工业机器人系统集成负责实现工业机器人与计算机设备智能协作，如图 3-13 所示。

工业机器人主要应用于以下三种场合。

1）环境恶劣或有危险的场合。某些领域的作业因有害健康或有生命危险等因素而不适于人工操作，必须用工业机器人完成，如核污染、有辐射、高温高热等环境。

2）特殊作业场合。某些作业场合因为空间狭小、环境真空等原因，只能采用工业机器人进行作业，比如卫星的回收、地底环境监测等。

3）自动化生产领域。某些高重复性、高强度、高精度操作的作业，使用全年无休的工业机器人，可以有效降低人工成本，降低故障率，提升工作效率。

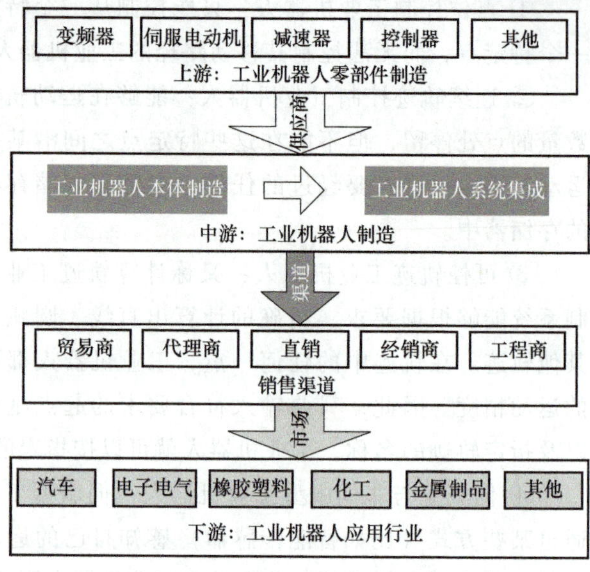

图 3-13 工业机器人的产业链分析

随着工业机器人向更深更广方向的发展，以及工业机器人智能化水平的提高，工业机器人的应用范围在不断扩大，在国防军事、医疗卫生等领域的应用也越来越多，如无人侦察机、警备机器人、医疗机器人等。

由此可见，在智能制造体系中，工业机器人是支撑整个系统有序运作必不可少的关键硬件。工业机器人作为智能装备智能化的代表，是智能制造的基石，也是智能制造的重点方向。

任务实施——模型构建

全班分为五组，在工业机器人实验室观察并拆装一台工业机械臂（工业机器人），将下列问题讨论的结果通过学习通上传至学习平台，由学习平台系统自动记入每个同学的平时成绩。

工业机器人在汽车工业中的应用

1）本工业机械臂由哪几部分组成？

2）本工业机械臂能实现什么功能？

3）本工业机械臂有几个自由度？

4）本工业机械臂工作尺寸范围是多少？

5）本工业机械臂最大载荷是多少？

6）勾画出工业机器人结构模型（学习了工业机器人课程的同学完成）。

任务评价

根据任务完成情况填写表 3-1。

表 3-1 构建工业机器人系统模型任务评价

评价内容及标准	自评分	互评分	教师评分
本工业机械臂的组成(5分)			
本工业机械臂的功能(10分)			
本工业机械臂的自由度(5分)			
本工业机械臂工作尺寸范围(5分)			
本工业机械臂最大载荷(5分)			
模型构建(70分)			
总分(100分)			

思考与练习

一、填空题

1. 工业机器人是面向工业领域的多关节（ ）或（ ）的现代制造业智能化装备。

2. 工业机器人一般由三个部分组成，分别是（ ）部分、（ ）部分、（ ）部分。

3. 在智能制造领域中，工业机器人有三类关键技术：（ ）技术、（ ）技术以及（ ）技术。

4. 工业机器人的分类方式多种多样，比较常见的有按（ ）分类、按（ ）分类以及按控制系统的（ ）分类等。

二、判断题

1. 工业机器人既可以接受人类的指挥，也可以按照预先编排的程序运行。（ ）

2. 机械部分的结构决定了机器人的用途、性能和控制特性。（ ）

3. 工业机器人的整机技术主要有本体优化设计技术、机器人系列化标准化设计技术、机器人批量化生产制造技术、快速标定和误差修正技术、机器人系统软件平台等。（ ）

4. 工业机器人的部件技术主要有高性能伺服电机设计制造技术、高性能/高精度机器人专用减速器设计制造技术、开放式/跨平台机器人专用控制（软件）技术、变负载高性能伺服控制技术等。（ ）

5. 工业机器人的集成应用技术主要有基于智能传感器的智能控制技术、远程故障诊断及维护技术、基于末端力检测的力控制及应用技术、快速编程和智能示教技术、生产线快速标定技术、视觉识别和定位技术等。（ ）

6. 机器人的自由度数是机器人的一个重要技术指标，指的是操作机各运动部件独立运动的数目之和。（ ）

7. 按照机器人具有的运动自由度数分类的方式也适用于非工业机器人，自由度数越多，机器人的柔性越大，结构和控制也就越复杂。（ ）

8. 点位控制机器人只能控制从一个特定点移动到另一个特定点，而无法控制其移动路径的机器人。（ ）

三、多选题

1. 工业制造技术包括（ ）技术等。

A. 工业机器人　　B. 增材制造　　C. 智能传感　　D. 智能终端

2. 工业机器人一般由六个子系统组成，分别是（ ）、人-机交互系统、机器人-环境交互系统和控制系统。

A. 驱动系统　　B. 机械结构系统　　C. 感受系统　　D. 智能终端

3. 工业机器人的传感部分包括（ ），是工业机器人的信息来源，能够获取有效的外部和内部信息来指导机器人的操作。

A. 环境交互系统　　　B. 机械结构系统　　　C. 感受系统　　　　D. 智能终端

4. 工业机器人的控制部分包括（　　）和（　　），是工业机器人的核心，决定了生产过程的加工质量和效率，便于操作人员及时准确地获取作业信息，按照加工需求对驱动系统和执行机构发出指令信号并进行控制。

A. 人-机交互系统　　　B. 控制系统　　　C. 感受系统　　　　D. 智能终端

5. 工业机器人的主要应用场合有（　　）等。

A. 环境恶劣或有危险的场合　　　　　　B. 特殊作业场合

C. 自动化生产领域　　D. 国防军事　　　E. 医疗卫生

任务 3.1.2　构建增材制造技术模型

任务引入

增材制造（或 3D 打印）技术改变了零部件的制造方式，借助分层加工金属或塑料产品组件的技术，可以制造出具有严格公差的复杂形状产品。那么，什么是增材制造技术？

相关知识

一、增材制造技术的概念

增材制造（Additive Manufacturing，AM）俗称 3D 打印，是相对于传统机械加工的减材制造而言的。该技术是基于三维数据模型，通过增加材料逐层制造的方式直接加工出三维模型实体的一种制造方法。

二、增材制造技术的工作原理及优势

1. 工作原理

增材制造（3D 打印）技术基于离散-堆积原理，将复杂的三维制造转化为一系列二维制造的叠加。增材制造流程如图 3-14 所示。

首先建立制造产品的三维模型，然后对三维模型进行数据准备处理，得到每层的加工轮廓信息，最后由计算机根据此信息控制原材料形成界面轮廓，层层堆叠直到成型出实体零件。

2. 增材制造技术的优势

1）自由成型。增材制造技术的特点是在制造过程中无须使用刀具、模具就能制造零部件，因此它能够自由制造复杂形状与结构的零部件，并能大大缩短产品的试制周期，节省工具和模具的费用。

2）制作过程快。制造工艺流程短、全自动，并可实现现场制造。

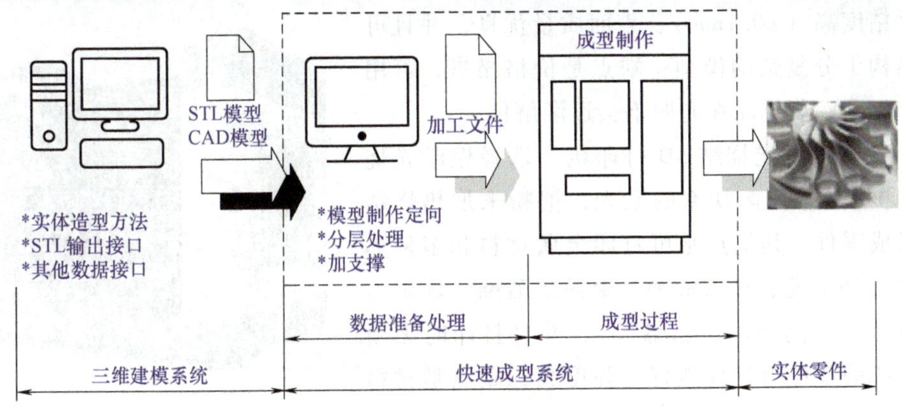

图 3-14 增材制造流程

3）数字化驱动。无论是哪种增材制造工艺，都是由三维数据直接或间接地驱动设备进行加工的。

4）累加式的成型方式。具有较高的复制性和互换性。

三、增材制造技术的材料与设备

1. 增材制造技术的材料

材料是增材制造技术发展的核心之一，目前常使用的3D打印材料有金属粉末、光敏树脂、热塑性塑料（图3-15）、高分子聚合物、石膏、纸、生物活性高分子等。随着科学技术的进步，复合材料、功能梯度材料、智能材料、纳米材料等新型材料已经成为目前3D打印材料研究的热点。

图 3-15 热塑性塑料

2. 增材制造技术的设备

如图3-16所示为3D打印机，其在打印时采用的是分层加工、叠加成型的方法，每一层的打印都需要先在成型区域喷洒一层特殊胶水，这种胶水液滴本身很小，且不易扩散，然后喷洒一层均匀的粉末，粉末遇到胶水会迅速固化黏结，而没有胶水的区域仍保持松散状态。这样在一层胶水一层粉末的交替作用下，实体模型将会被“打印”成型，打印完毕后只要扫除松散的粉末即可“刨”出模型，而剩余粉末还可循环利用。

目前，3D打印机的制造商主要集中在美国、德国、日本和瑞典等国家，并以美国为主导。3D打印机按制造工艺的不同，可分为光固化3D打印机、选择性激光烧结3D打印机、熔融沉积3D打印机、黏结剂喷射3D打印机、材料喷射3D打印机、层压式3D打印机、定向能量沉积3D打印机等，其中前四种比较常见。

（1）光固化3D打印机 光固化3D打印机是采用紫外光在液态光敏树脂表面进行扫描，每次生成一定厚度的薄层，从而逐层生成物体。光固化3D打印机的优点是原材料的利用率高、尺寸精度高（±0.1mm）、表面质量优良，并且可以制作结构十分复杂的模型；缺点是价格昂贵，可用材料种类有限，制成品在光照下会逐渐解体。

（2）选择性激光烧结3D打印机　选择性激光烧结3D打印机是采用高功率的激光，把粉末加热烧结在一起形成零件。其优点是可打印金属材料和多种热塑性塑料（如尼龙、聚碳酸酯、聚丙烯酸酯、聚苯乙烯、聚氯乙烯、高密度聚乙烯等），并且打印时无须支撑，打印的零件力学性能好、强度高；缺点是材料粉末比较松散，烧结后成型精度不高，并且高功率的激光器价格昂贵。

图3-16　3D打印机

（3）熔融沉积3D打印机　熔融沉积3D打印机是采用热融喷头，使塑性纤维材料经熔化后从喷头内挤压而出，并沉积在指定位置后固化成型。这种工艺类似于挤牙膏的方式，其优点是价格低廉、体积小、生成操作难度相对较小；缺点是成型件的表面有较明显的条纹，产品层间的结合强度低、打印速度慢。

（4）黏结剂喷射3D打印机　黏结剂喷射3D打印机是采用类似喷墨打印机喷头的工作方式，这种工艺与选择性激光烧结十分类似，只是将激光烧结改为喷头黏结。其优点是打印速度快、价格低；缺点是打印出来的产品机械强度不高。

四、增材制造技术产业链及应用

近20年来，增材制造技术越发成熟，在生产方面有着突出的贡献。增材制造技术以其可以制造任何形状的三维模型实体的特点，广泛应用于需要制造模型的各个领域，如机械制造、航空航天、国防军事、建筑工程、影视制作、医学、考古、雕刻首饰加工等领域。我国增材制造产业链如图3-17所示。

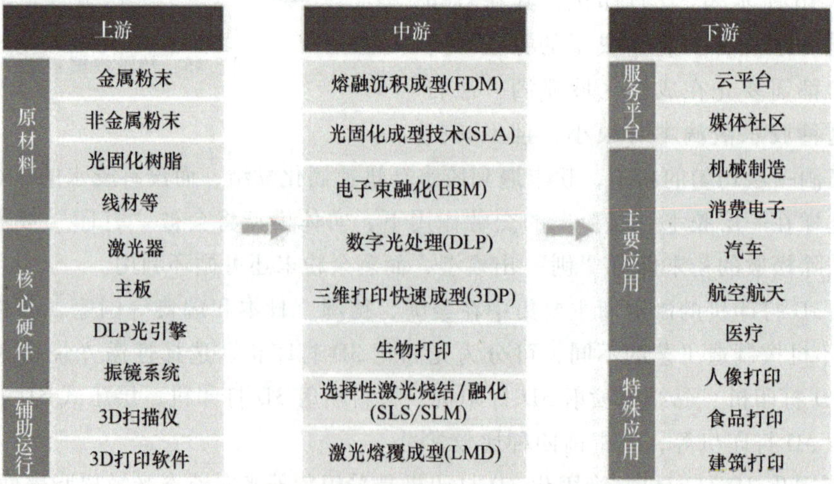

上游

- 原材料：金属粉末、非金属粉末、光固化树脂、线材等
- 核心硬件：激光器、主板、DLP光引擎、振镜系统
- 辅助运行：3D扫描仪、3D打印软件

→

中游

- 熔融沉积成型(FDM)
- 光固化成型技术(SLA)
- 电子束融化(EBM)
- 数字光处理(DLP)
- 三维打印快速成型(3DP)
- 生物打印
- 选择性激光烧结/融化(SLS/SLM)
- 激光熔覆成型(LMD)

→

下游

- 服务平台：云平台、媒体社区
- 主要应用：机械制造、消费电子、汽车、航空航天、医疗
- 特殊应用：人像打印、食品打印、建筑打印

图3-17　我国增材制造产业链

随着增材制造技术的发展，其应用领域也在不断拓展，主要体现在以下方面：

1）设计方案评审。借助于3D打印模型实体，不同专业领域的人员可以对产品的实现方案、外观、人机功效等进行实物评价。

2）制造工艺与装配检验。3D打印机可以较精确地制造出产品零件中的任意结构细节，借助模型实体，并结合设计文件，可有效指导零件和模具的工艺设计，并对产品进行装配检验，以避免结构和工艺设计错误。

3）功能样件制造。打印的模型实体本身具有一定的结构性能，可以利用增材制造技术直接制造金属零件（图3-18），也可以利用增材制造技术制造出熔模，再通过熔模铸造金属零件。

图3-18 3D打印的金属零件

4）模具的快速制造。以打印出的产品作为模板，快速制造硅胶、树脂、低熔点合金等模具，可便捷地实现零件的小批量制造。

5）建筑总体布局、装修方案的展示和评价。利用增材制造技术可实现模型真彩及纹理打印，可快速制造出建筑的设计模型，进行建筑总体布局、装修方案的展示和评价。

6）科学计算数据实体可视化。通过3D彩色打印技术，可将计算机辅助工程、地理地形信息等科学计算数据，转化为几何结构的实体，并进行可视化分析。

7）医学与医疗工程。将增材制造技术与医学CT数据的三维重建技术相结合，可制造生物骨骼等，如图3-19所示。

图3-19 3D打印骨骼实体模型

8）首饰和工艺品的快速开发与个性化定制。利用增材制造技术制作蜡模，可通过精密铸造实现首饰和工艺品的快速开发和个性化定制。

9）动漫造型设计的指导和评价。借助增材制造技术可实现动漫等模型的快速制造，便于指导和评价动漫造型设计。

10）电子器件和光学器件的设计制作。利用增材制造技术可在玻璃、柔性透明树脂等基板上，设计制作电子器件和光学器件，如有机发光二极管、太阳能光伏器件等。

五、构建3D打印模型

3D打印流程一般包括计算机设计三维建模、分割三维数据成二维、材料打印及后处理四个步骤。

金属3D打印的应用

1. 三维建模

三维建模是实现3D打印的基础。在打印之前，利用计算机三维建模软件对所制作产品进行建模，通常使用计算机辅助设计（CAD）技术。常用的三维建模软件有 AutoCAD、Solid Works、UG 等行业性 3D 设计软件。

2. 数据分割

3D 打印机通过读取文件中的横截面信息，在三维模型设计完成以后，沿模型水平面将其切割成一定数量的二维薄片，为每一个薄片生成平面尺寸数据，即将三维数据分割成二维数据。此过程在打印机内完成。切成薄片的数量是由制作材料及打印机自身决定的，分割层数越多，薄片数量越多，最终打印出的产品尺寸越接近原始设计数据。

3. 打印

准备好打印材料，整个打印过程类似于喷墨打印。喷嘴中喷出的材料形成二维图形，第 *N* 层完成喷绘后，喷头回到定点进行第 *N*+1 层喷绘。根据数据分割产生的薄片进行相应数量层数的喷绘。3D 打印实际上是利用材料自身厚度逐层堆积后形成三维产品的，层与层之间靠热熔技术或者靠喷嘴中喷出的胶水来黏接。

4. 后处理

打印好的三维模型需经过后期处理，一般包括剥离、固化、修整、上色等。对于使用树脂等材料加工的产品，还需进行光固化，固化后经一定的修整和上色等工艺就可以完成打印过程。

中国案例

随着 3D 打印技术的发展，金属 3D 打印技术也越来越成熟。国内知名 3D 打印企业芜湖西通三维技术有限公司推出了一款型号为 Walnut 260 pro 的大尺寸 SLM 金属 3D 打印机，如图 3-20 所示。

Walnut 260 pro 金属 3D 打印机性价比较高，制造产品的高精度和高效率也大大降低了生产成本，为客户带来更多的商业利润。

这款 3D 打印机采用了新的激光熔化成型（SLM）软件算法，可以实现对各种金属材料的高精度打印。同时，可以打印出高达 260mm×260mm×300mm 的大型金属零件。

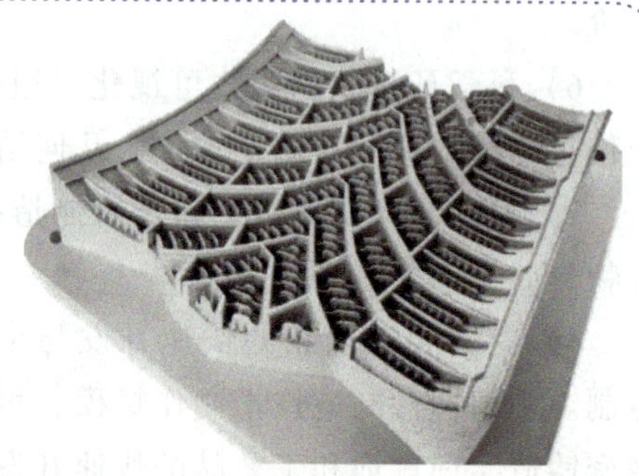

图 3-20 Walnut 260 pro 3D 打印机

任务实施——构建模型

3D打印大型复杂航空结构件的探索

全班分为五组，到 3D 打印实验室观察各种类型的 3D 打印机、材料及建模、打印过程。

1）所观察到的 3D 打印机型号及材料有哪些？

2）3D 打印采用的建模软件有哪些？

3）3D 打印技术的主要优势有哪些？

4）构建 3D 打印技术模型（单独开设了该课程及有实验条件的学生完成）。

任务评价

根据任务完成情况填写表 3-2。

表 3-2 构建增材制造技术模型任务评价

评价内容及标准	自评分	互评分	教师评分
3D 打印机型号(3 分)			
3D 打印材料(2 分)			
3D 打印建模软件(2 分)			
3D 打印技术优势(13 分)			
构建 3D 打印技术模型(80 分)			
总分(100 分)			

思考与练习

一、填空题

1. 增材制造俗称 3D 打印，是相对于传统机械加工的（　　）制造而言的。

2. 增材制造技术是基于（　　）模型，通过增加材料逐层制造的方式，来直接制造三维实体模型的一种制造方法。

二、判断题

1. 增材制造俗称 3D 打印，是相对于传统机械加工的减材制造而言的。（　　）

2. 增材制造技术是基于三维数据模型，通过增加材料逐层制造的方式，来直接制造三维实体模型的一种制造方法。（　）

3. 增材制造（3D 打印技术）基于离散-堆积原理，将复杂的三维制造转化为一系列二维制造的叠加。（　　）

4. 增材制造或 3D 打印彻底改变了部件制造。借助分层制造金属或塑料产品组件的能力，可以很容易地制造出具有严格公差的复杂形状产品，而无须使用减材制造方法。（　）

5. 增材制造技术在制造过程中无须使用刀具、模具就能制造零部件，所以它能够自由制造复杂形状与结构的零部件，并能大大缩短产品的试制周期，节省工具和模具的费用。（　　）

6. 材料是增材制造技术发展的核心之一，目前常使用的 3D 打印材料有金属粉末、光敏树脂、热塑性塑料、高分子聚合物、石膏、纸、生物活性高分子等。（　）

7. 增材制造技术以其可以制造任何形状三维实体的特点，广泛应用于需要制造模型的各个领域，如工业设计文化艺术、机械制造、航空航天、国防军事、建筑工程、影视制作、医学、考古、雕刻首饰加工等领域。（　　）

8. 利用增材制造技术可在玻璃、柔性透明树脂等基板上，设计制作电子器件和光学器件，如有机发光二极管、太阳能光伏器件等。（　　）

三、多选题

1. 按制造工艺的不同，可将 3D 打印机分为（　　）层压式打印机、定向能量沉积打印机等。

A. 光固化打印机　　B. 选择性激光烧结打印机　　C. 熔融沉积打印机
D. 黏结剂喷射打印机　　E. 材料喷射打印机

2. 增材制造技术的优势有（　　）

A. 自由成形　　B. 制作过程快
C. 数字化驱动　　D. 累加式的成型方式

3. 材料是增材制造技术发展的核心之一，目前常使用的 3D 打印材料有（　　）、石膏、纸、生物活性高分子等。

A. 金属粉末　　B. 光敏树脂
C. 热塑性塑料　　D. 高分子聚合物

4. 增材制造技术基于离散-堆积原理，将复杂的三维制造转化为一系列二维制造的叠加。其为：首先（　　）、然后（　　）、最后（　　）。

A. 对三维模型进行数据准备处理
B. 建立制造产品的三维模型
C. 由计算机根据此信息控制原材料形成界面轮廓
D. 层层堆叠直到成形出实体零件

任务 3.1.3　构建传感技术系统模型

任务引入

随着数智时代的到来，智能产品、智能工厂、智能家居等概念越来越多地出现在生活之中。智能化的实现需要智能传感器对生活中的物理世界进行监测和监控，并将所获得的数字信号传递给计算机进行处理。那么什么是智能传感器技术？

相关知识

一、传感器

传感器是智能传感器的基础单元，它的作用主要是感受和测量物理世界的被测量物，将采集量按一定规律将其转换成有用输出，即将非电量转换为电量。传感器的组成原理如图 3-21 所示。

其中，敏感元件是传感器的重要组成部分，其作用是感受物理世界的信息并将其转变为电信息，完成非电量的预变换。

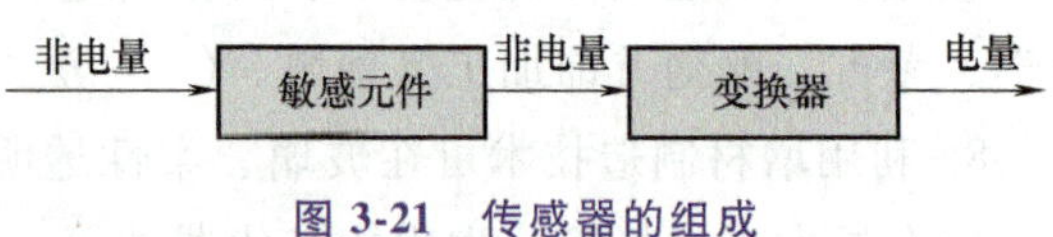

图 3-21　传感器的组成

变换器是将感受的非电量变换为电量的器件。例如电阻变换器和电感变换器，可将位移量直接变换为电容值、电阻值及电感值。变换器也是传感器不可缺少的重要组成部分。

在具体实现非电量到电量的变换时，并非所有的非电量都能利用现有的手段直接变换为电量，有些必须进行预变换，将待测的非电量变为易于转换成电量的另一种非电量。常见的传感器如图 3-22 所示。

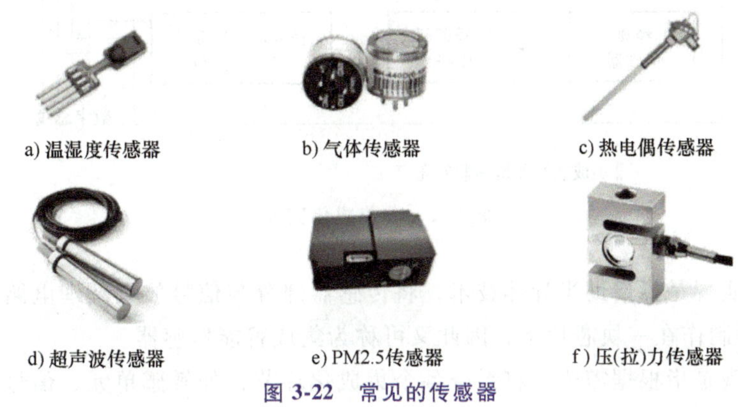

图 3-22 常见的传感器

二、智能传感器

1. 智能传感器的定义

智能传感器（Intelligent Sensor）是具有信息处理功能的传感器，它带有微处理器，具有采集、处理、交换信息的能力，是传感器集成化与微处理器相结合的产物，如图 3-23 所示。智能制造把智能传感器引入到工业生产中，利用它独有的数据采集能力的优势打造高度自动化的生产模式。

智能传感器中的微处理器可以对传感器的测量数据进行计算、存储和处理，也可以通过反馈回路对传感器进行调节。不仅如此，微处理器还可以使智能传感器具有双向通信功能，能通过工业以太网接口或无线接口，将测量的数据上传至传感器网络或现场工业网络中，从而实现数据的远端监控和校准等功能。

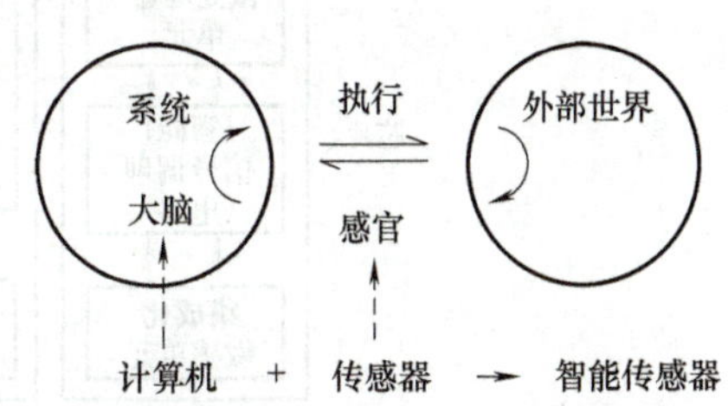

图 3-23 智能传感器

2. 智能传感器结构

智能传感器的基本结构框图如图 3-24 所示。

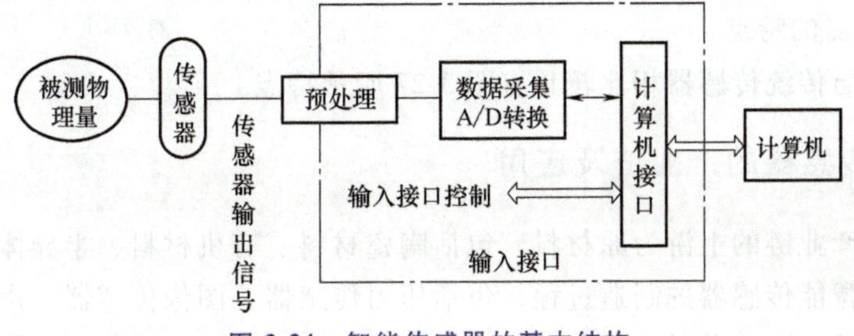

图 3-24 智能传感器的基本结构

智能传感器的实现方式有以下三种。

1）非集成化实现是将传统传感器、信号调理电路以及具有数据总线接口的微处理器组合为一个整体而构成的一个智能传感器系统。非集成式智能传感器是对传统传感器的二次包装和开发，其结构一般如图 3-25 所示。

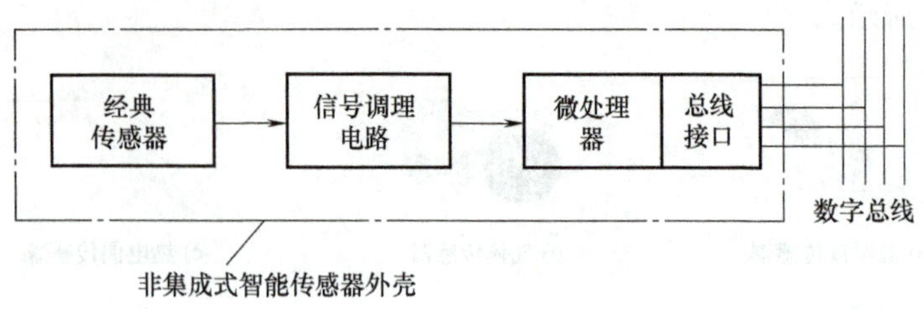

图 3-25　非集成化实现

2）集成化实现是指借助半导体技术，将传感器部分与信号放大调理电路、接口电路和微处理器单元等制作在一块芯片上，因此又可称为集成智能传感器。

3）混合实现是指根据需要，将系统各个集成化环节，如敏感单元、信号调理电路、微处理器单元、数字总线接口等，以不同的组合方式集成在两块或三块芯片上。混合实现方式的结构如图 3-26 所示。

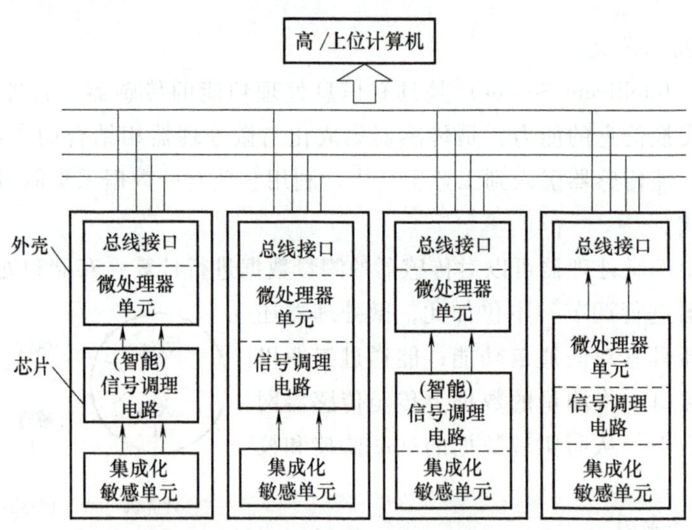

图 3-26　混合实现方式的结构

3. 智能传感器的特点

智能传感器与传统传感器相比较具有图 3-27 所示特点。

三、智能传感器的产业链及应用

智能传感器产业链的上游为原材料，包括陶瓷材料、有机材料、半导体材料、金属材料等；中游为各类智能传感器的制造过程，包括压力传感器、图像传感器、声学传感器、磁传感器、惯性传感器、温度传感器等；下游应用于汽车电子、网络通信、工业电子、消费电

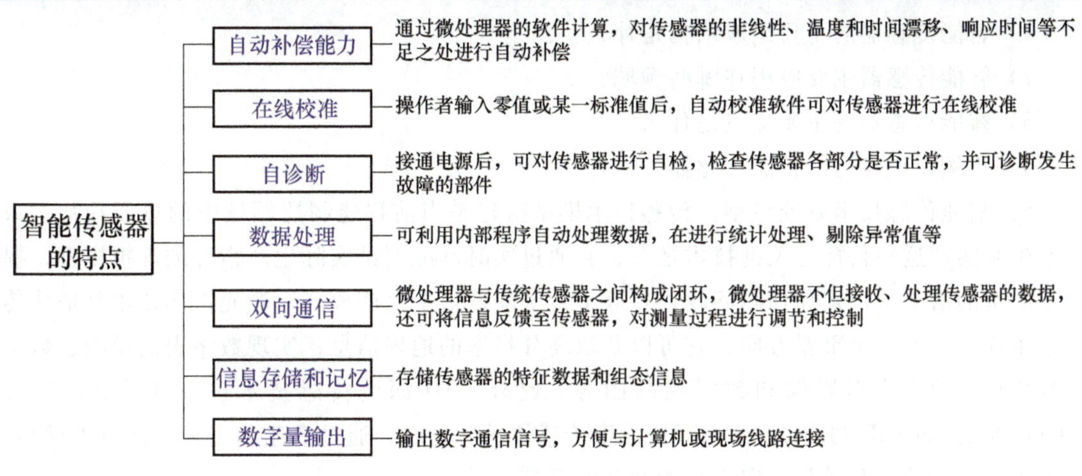

图 3-27 智能传感器的特点

子、医疗电子等行业，如图 3-28 所示。

近年来，智能传感器已经广泛应用在航天航空、国防科技和工农业生产等各个领域中。特别是高科技的发展使智能传感器倍受青睐。例如，智能传感器在智能工业机器人领域就有着广阔的应用前景，因为智能传感器如同人的五官，可以使工业机器人具备各种人类感知功能。

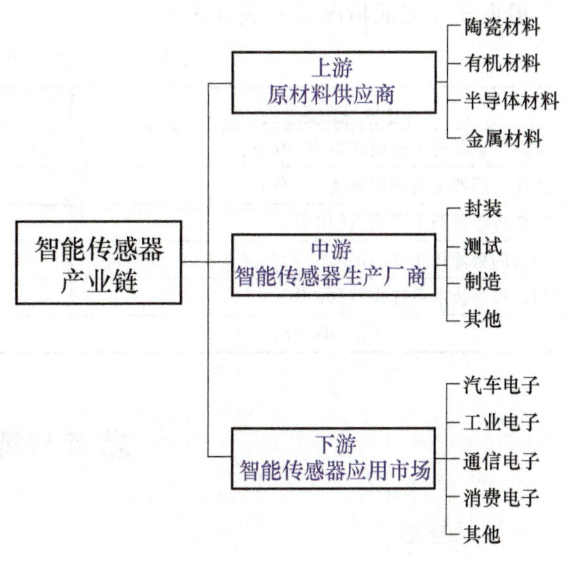

图 3-28 智能传感器产业链

新一代的高级智能传感器将成为工业自动化的“心脏”。以工业机器人行业为例，发展工业机器智能对人机交互技术、机器视觉技术都提出了更高的要求，这些必须依靠传感器技术来实现。传感器技术的革新和进步，势必会为工业机器人和其他自动化行业带来相应进步。

相对于传统制造业，以智能工厂为代表的未来制造业是一种理想的生产系统，能够智能地编辑产品特性、成本、物流管理、安全、时间以及可持续性等要素。将智能传感器应用于智能生产线和工业机器人，并将其采集到的实时生产数据、生产设备状态等上传至智能制造系统，可以有效监控生产线正常运作，减少人工干预，提高生产率。作为现代信息技术重要支柱之一的智能传感器技术，必将成为工业领域在高新技术发展方面争夺的一个制高点。

任务实施——构建模型

全班分为五组，每组至少完成一个问题。单独开设了传感技术课程并有实验条件的可完成传感技术系统模型搭建，其他不做要求。

1）智能传感器的主要组成结构是什么？

2）智能传感器主要应用在哪些领域？

3）智能传感器的主要优点是什么？

4）举例说说身边的智能传感器。

5）搭建传感技术系统模型。传感技术模型搭建是当前智能制造领域中的重要趋势。数字孪生是实现这一目标的关键技术之一，它通过实时基准测试实际生产指标的虚拟模型，提供了丰富的信息来识别和预测问题，打破了传统的低效率生产模式。激光雷达技术是搭建传感技术模型的另一个重要方向，它可以获取高分辨率的地理信息，实现数字表面模型、数字高程模型、数字正射影像和数字线画图等。此外，3D 深度传感技术也备受关注，例如 iPhone X 的 Face ID 功能就是基于 3D 深度传感技术。总之，通过搭建和完善传感技术模型，可以提高生产效率和质量，实现智能制造的更高水平。

任务评价

根据任务完成情况填写表 3-3。

表 3-3 构建传感技术系统模型

评价内容及标准	自评分	互评分	教师评分
智能传感器的主要组成结构(10 分)			
智能传感器主要应用领域(10 分)			
智能传感器的主要优点(10 分)			
身边的智能传感器(10 分)			
构建传感技术系统模型(60 分)			
总分(100 分)			

思考与练习

一、填空题

1. 智能传感器是具有（　　）功能的传感器，它带有（　　），具有采集、处理、交换信息的能力，是传感器集成化与微处理器相结合的产物。

2. 智能传感器中的（　　）可以对传感器的测量数据进行计算、存储和处理，也可以通过反馈回路对传感器进行调节。

二、判断题

1. 智能传感器是具有信息处理功能的传感器，它带有微处理器，具有采集、处理、交换信息的能力，是传感器集成化与微处理器相结合的产物。（　　）

2. 传感器是智能传感器的基础单元，它的作用主要是感受和测量物理世界的被测量物，将采集量按一定规律将其转换成有用输出。（　　）

3. 传感器的敏感元件作用是感受物理世界的信息并将其转变为电信息，完成非电量的预变换。（　　）

4. 传感器中的变换器，是将感受的非电量变换为电量的器件。（ ）

5. 近年来，智能传感器已经广泛应用在航天、航空、国防、科技和工农业生产等各个领域中。（ ）

6. 以机器人行业为例，发展机器智能对人机交互技术、机器视觉技术都提出了更高的要求，这些必须依靠传感器技术来实现。（ ）

7. 将智能传感器应用于智能生产线和工业机器人，并将其采集到的实时生产数据、生产设备状态等上传至智能制造系统，可以有效监控生产线正常运作，减少人工干预，提高生产率。（ ）

三、多选题

1. 智能传感器与传统传感器相比较具有（ ）、双向通信、信息存储和记忆、数字量输出等特点。

A. 自动补偿能力　　B. 在线校准　　C. 自诊断　　D. 数值处理

2. 近年来，智能传感器已经广泛应用在（ ）等各个领域中。

A. 航天　　B. 航空　　C. 国防

D. 科技　　E. 工农业生产

任务 3.1.4 构建虚拟制造系统

任务引入

全球七大汽车集团已经通过广泛应用虚拟制造实现了缩短新型号汽车的研发制造周期，由数十个月降低为半年。快速消费品行业紧随其后，以虚拟制造降低成本，提高研发效率以及产品质量。虽然收益明显，虚拟制造却因其理念、文化层面创造性的革新而使其在其他行业的应用进展缓慢。让我们一起来了解什么是虚拟制造？虚拟制造能为企业做什么？

相关知识

一、虚拟制造的概念

虚拟制造（Virtual Manufacturing，VM）是指以信息技术为基础，以计算机仿真和建模技术为支持，对生产制造过程进行系统化组织与分析，并对整个制造过程建模，在计算机上进行设计评估和制造活动仿真的技术。虚拟制造技术强调用虚拟制造模型描述制造全过程，在实际的物理制造之前就具有了对产品性能及其可制造性的预测能力。

虚拟制造集成了三维模型与虚拟仿真的制造活动，从而代替现实世界中的物体与操作，是虚拟现实技术在生产制造过程中的一种应用。用户可以通过虚拟现实技术进入一个三维的虚拟世界，在虚拟世界中不仅能够感知三维可视化环境，还能够进行交互操作，从而可以让工程技术人员通过综合质量与数量两个层面的因素，提高解决策略的可行性。

二、虚拟制造的关键技术

虚拟制造技术的涉及面很广，如可制造性自动分析、分布式制造技术、决策支持工具、接口技术、智能设计技术、建模技术、仿真技术以及虚拟现实技术等。其中，后四项是虚拟制造的核心技术。

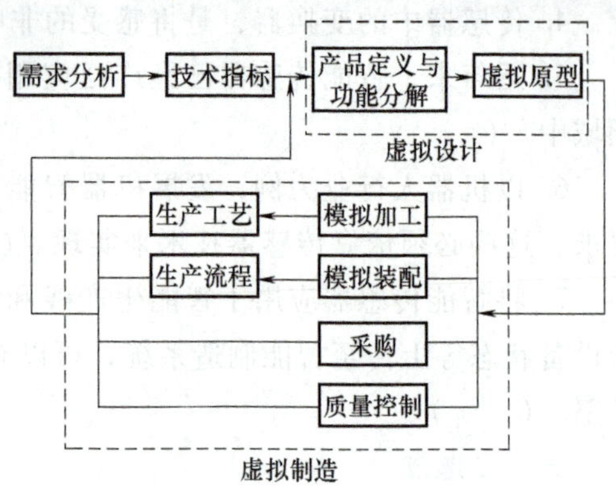

图 3-29　虚拟设计与虚拟制造流程

1. 智能设计技术

智能设计技术是对传统计算机辅助设计（Computer Aided Design，CAD）技术的加强，既具有传统 CAD 系统的数值计算和图形处理能力，又能满足设计过程自动化的要求，对设计的全过程提供智能化的计算机支持，因此又被称为智能 CAD 系统，简称 ICAD。虚拟设计与虚拟制造流程如图 3-29 所示。

智能设计技术的特点如图 3-30 所示。

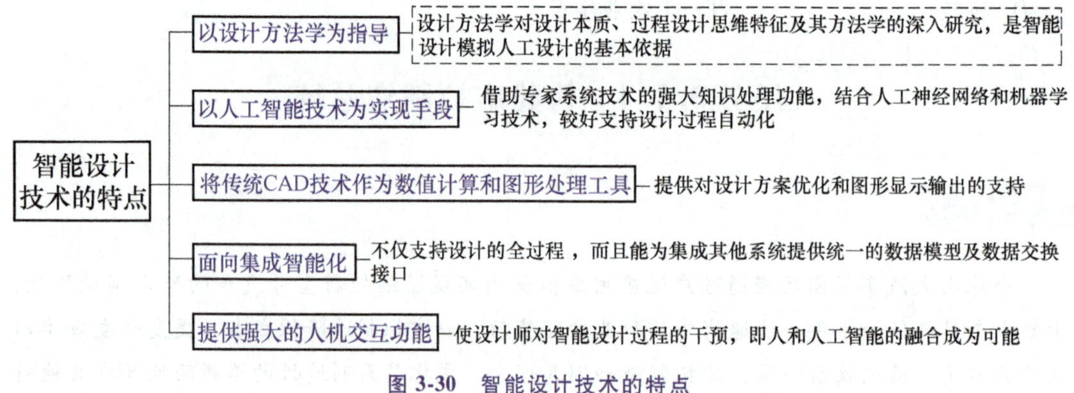

图 3-30　智能设计技术的特点

随着对市场及用户数据的采集、分析和挖掘，以及参与式设计支撑技术的发展，传统的设计流程已从设计师为主导的为用户设计，向着基于用户需求的智能化设计转变。

智能设计工业软件如图 3-31 所示。

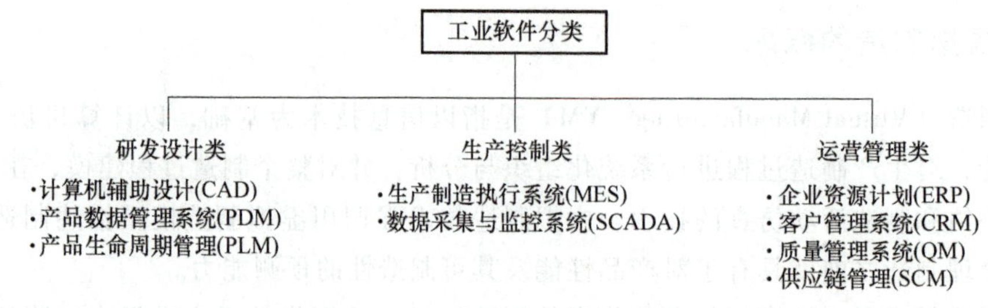

图 3-31　智能设计工业软件

2. 建模技术

建模技术是计算机图形学领域的重要技术之一，包括 NeRF 技术和实景建模技术等。

NeRF技术通过分析二维图像，能够生成高质量且逼真的三维模型，通过深度学习算法对多视角二维物体的几何形状、空间结构、纹理信息和光照信息等元素进行推断分析，实现从平面图像到立体场景的跨越。实景建模技术则是通过分析从不同视点拍摄的照片，自动生成高分辨率的三维模型，可以应用于城乡规划、工程建设监管等方面。这些技术的应用前景广泛，能够提高规划设计的科学性和规划管理的效率。建模包括生产模型、产品模型和工艺模型三种类型，见表3-4。

表3-4　VMS的建模

模型	说明
生产模型	可归纳为静态描述和动态描述两个方面。静态描述是指系统生产能力和生产特性的描述。动态描述是指在已知系统状态和需求特性的基础上预测产品生产的全过程
产品模型	产品模型是制造过程中，各类实体对象模型的集合。目前产品模型描述的信息有产品结构、产品形状特征等静态信息。而对三维测量仪软件VMS来说，要使产品实施过程中的全部活动集成，就必须具有完备的产品模型，所以虚拟制造下的产品模型不再是单一的静态特征模型，它能通过映射、抽象等方法提取产品实施中各活动所需的模型，包括三维动态模型、干涉检查、应力分析等
工艺模型	将工艺参数与影响制造功能的产品设计属性联系起来，以反映生产模型与产品模型之间的交互作用。工艺模型必须具备以下功能：通过计算机实现工艺仿真、产生数据表、制定规划、统计模型包括物理和数学模型

3. 仿真技术

仿真，就是应用计算机将复杂的现实系统抽象并简化为系统模型，然后在分析的基础上运行此模型，从而获知原系统一系列的统计性能。仿真是以系统模型为对象的研究方法，不会干扰实际生产系统。利用计算机的快速运算能力，仿真可以用很短时间模拟实际生产中需要很长时间的生产周期，因此可以缩短决策时间，避免资金、人力和时间的浪费，并可重复仿真，优化实施方案。

仿真的基本步骤为：研究系统（收集数据）、建立系统模型（确定仿真算法）、建立仿真模型、运行仿真模型，最后输出结果并分析。

产品制造过程的仿真，可归纳为制造系统仿真和加工过程仿真。

1）制造系统仿真包括产品建模仿真、设计过程规划仿真、设计思维过程和设计交互行为仿真等，以便对设计结果进行评价，实现设计过程早期反馈，减少或避免产品设计错误。

2）加工过程仿真包括切削过程仿真、装配过程仿真、检验过程仿真以及焊接、压力加工、铸造仿真等。

4. 虚拟现实技术

虚拟现实技术（Virtual Reality，VR）是综合利用计算机图形系统、各种显示和控制等接口设备，在计算机生成的可交互的三维环境（称为虚拟环境）中提供沉浸感觉的技术。虚拟现实系统包括操作者、机器和人机接口三个基本要素。利用虚拟现实技术可以对真实世界进行动态模拟，通过用户的交互输入，及时按输出修改虚拟环境，使人产生身临其境的沉浸感觉。虚拟现实技术是虚拟制造的关键技术之一。

三、数字化虚拟制造在制造业中的应用

数字化虚拟制造技术首先成功应用于飞机、汽车等工业领域，未来其应用前景主要集中

在以下几个方面。

1. 虚拟产品制造

应用计算机仿真技术，对零件的加工方法、工序顺序、工装选用、工艺参数选用，加工工艺性、装配工艺性、配合件之间的配合性、连接件之间的连接性、运动构件的运动性等均可建模仿真。建立数字化虚拟样机是一种崭新的设计模式和管理体系。

虚拟样机是基于三维（计算机辅助设计）的产物。三维 CAD 系统是造型工具，能支持“自顶向下”和“自底向上”等设计方法，完成结构分析、装配仿真及运动仿真等复杂设计过程，使设计更加符合实际设计过程。三维 CAD 系统能方便地与计算机辅助工程（Computer Aided Engineering，CAE）系统集成进行仿真分析，能提供数控加工所需的信息，如数控（Computer Number Control，CNC）代码，实现 CAD/CAE/CAPP/CAM 的集成。一个完整的虚拟样机应包含如下的内容。

1）零部件的三维 CAD 模型及各级装配体，三维模型应参数化、适合于变形设计和部件模块化。

2）与三维 CAD 模型相关联的二维工程图。

3）三维装配体适合运动结构分析、有限元分析、优化设计分析。

4）形成基于三维 CAD 的产品数据管理（Product Data Managment，PDM）结构体系。

5）从虚拟样机制作过程中，摸索出定制产品的开发模式及所遵循的规律。

6）三维整机的检测与试验。

以 CAD/CAM 软件为设计平台，建立全参数化三维实体模型。在此基础上，对关键零件进行有限元分析以及对整机或部件的运动模拟。通过数字化虚拟样机的建立与使用，帮助企业建立起一套基于三维 CAD 的产品开发体系，实现设计模式的转变，加快产品推向市场的周期。

2. 虚拟企业

虚拟企业是目前国际上一种先进的产品制造方式，采用的是“两头在内，中间在外”的哑铃形生产经营模式，即“产品开发”和“销售”两头在公司内部进行，而中间的机械加工部分则通过外协、外购方式进行。

虚拟企业的特征是：企业地域分散化。虚拟企业的用户订货、产品设计、零部件制造，以及装配、销售、经营管理都可以分别由处在不同地域的企业联合协作，进行异地设计、异地制造、异地经营管理。虚拟企业是动态联盟形式，突破了企业的有形界限，能最大限度地利用外部资源加速实现企业的市场目标。企业信息共享化是构成虚拟企业的基本条件之一，企业伙伴之间通过互联网及时沟通信息，包括产品设计、制造、销售、管理等信息，这些信息是以数据形式表示，能够分布到不同的计算机环境中，以实现信息资源共享，保证虚拟企业各部门步调高度协调，在市场波动条件下，确保企业最大整体利益。

虚拟企业的主要基础是：建立在先进制造技术基础上的企业柔性化；采用在计算机上完成产品从概念设计到最终实现的全过程模拟的数字化虚拟制造；计算机网络技术。这三项内容是构成虚拟企业不可缺少的必要条件。

虚拟制造技术的主要目标是：能够根据实际生产线及生产车间情况进行规模布局，以建模与仿真为核心内容，进行产品的全周期设计，有着巨大的应用潜力。基于产品的数字化模型，实现了从产品的设计、加工、制造到检验全过程的动态模拟，而生产环境、制造设备、定位工装、加工工具和工作人员等虚拟模型的建模，为虚拟环境的搭建奠定了坚实的基础。虚拟制造的关键技术是对产品与制造过程的拟实仿真，通过仿真，可以及时发现生产中存在的问题，及时进行生产优化，从而实现提高效率、节约成本的最终目的。

任务实施——主题讨论

济南虚拟电厂

全班分为五组，讨论下列问题。

1）谈谈数字化虚拟制造在制造业中的应用。

2）一个完整的虚拟样机应包含哪些方面的内容？

3）虚拟制造的核心技术有哪些？

4）根据自己的设想，虚拟一个企业，构建企业数字化模型。

台州汽车虚拟仿真工厂

任务评价

根据任务完成情况填写表 3-5。

表 3-5 构建虚拟制造系统任务评价

评价内容及标准	自评分	互评分	教师评分
数字化虚拟制造在制造业中应用(30 分)			
虚拟样机包含的内容(10 分)			
虚拟制造的核心技术(10 分)			
虚拟一个企业,构建企业模型(50 分)			
总分(100 分)			

思考与练习

一、填空题

1. 虚拟制造是指以信息技术为基础，以计算机（　　）和（　　）技术为支持，对生产制造过程进行系统化组织与分析，并对整个制造过程建模，在计算机上进行设计评估和制造活动仿真的技术。

2. 虚拟制造技术的涉及面很广，如可制造性自动分析、分布式制造技术、决策支持工具、接口技术、（　　）技术、（　　）技术、仿真技术以及虚拟现实技术等。

二、判断题

1. 虚拟制造是指以信息技术为基础，以计算机仿真和建模技术为支持，对生产制造过程进行系统化组织与分析，并对整个制造过程建模，在计算机上进行设计评估和制造活动仿真的技术。（　　）

2. 虚拟制造技术强调用虚拟制造模型描述制造全过程，在实际的物理制造之前就具有了对产品性能及其可制造性的预测能力。（　　）

3. 虚拟制造集成了三维模型与虚拟仿真的制造活动，从而代替现实世界中的物体与操作，是一种知识与计算机辅助系统技术，是虚拟现实技术在生产制造过程中的一种应用。( )

4. 虚拟企业是目前国际上一种先进的产品制造方式，采用的是“两头在内，中间在外”的哑铃型生产经营模式，即“产品开发”和“销售”两头在公司内部进行，而中间的机械加工部分则通过外协、外购方式进行。( )

三、多选题

1. 虚拟制造的关键技术有（ ）。

A. 智能设计技术　B. 建模技术　C. 仿真技术　D. 虚拟现实技术

2. 数字化虚拟制造技术首先成功应用于飞机、汽车等工业领域，未来应用前景主要集中在以下（ ）等两个方面。

A. 虚拟产品制造　B. 虚拟企业　C. 仿真技术　D. 虚拟现实技术

3. 构成虚拟企业不可缺少的必要条件有（ ）。

A. 建立在先进制造技术基础上的企业柔性化

B. 用计算机上完成产品从概念设计到最终实现的全过程模拟的数字化虚拟制造

C. 计算机网络技术　D. 虚拟现实技术

项目 3.2 走进工业识别技术

知识目标： 能说出工业识别相关技术的定义、特征及结构。

技能目标： 能设计并构建工业识别相关技术系统的应用模型。

素养目标： 形成创新思维，提升分析问题与解决问题的能力。

任务 3.2.1 认识机器视觉技术

任务引入

机器视觉技术是现代加工制造业不可或缺的部分，在食品、化工、机械、电子、汽车等行业得到了广泛的应用，比如无人驾驶技术。

相关知识

一、机器视觉系统的概念

机器视觉系统是指用计算机实现人的视觉功能，也就是用计算机来实现对客观的三维世界的识别。人类视觉系统的感受部分是视网膜，它是一个三维采样系统，三维物体的可见部分投影到视网膜上，人们按照投影到视网膜上的二维的像来对该物体进行三维理解（包括对被观察对象的形状、尺寸、离开观察点的距离、质地和运动特征等的理解）。

二、机器视觉系统的组成

机器视觉系统主要由图像的获取、图像的处理和分析、图像的输出或显示三部分组成，如图 3-32 所示。

图像的获取实际上是将被测物体的可视化图像和内在特征转换成能被计算机处理的一系列数据，它主要由照明、图像聚焦形成、图像确定和形成摄像机输出信号三部分组成。

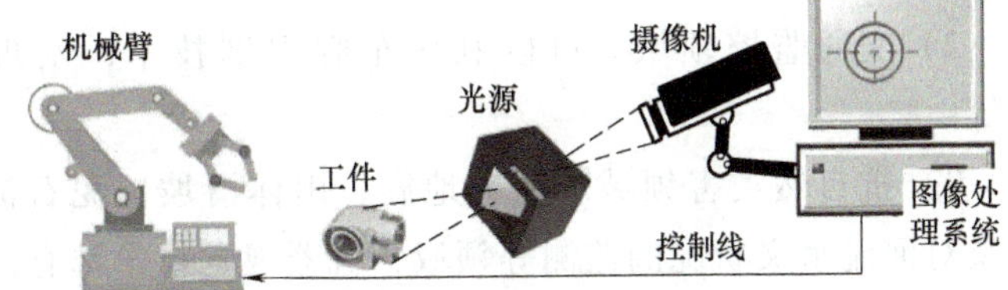

图 3-32 机器视觉系统

视觉信息的处理主要依赖于图像处理技术，它包括图像增强、数据编码和传输、平滑、边缘锐化、分割、特征抽取、图像识别与理解等内容。经过这些处理后，输出图像的质量得到相当程度的提升，既改善了图像的视觉效果，又便于计算机对图像进行分析、处理和识别。

机器视觉系统主要是利用颜色、形状等信息来识别环境目标。以工业机器人对颜色的识别为例：当摄像头获得彩色图像以后，工业机器人的嵌入计算机系统将模拟视频信号数字化，将像素根据颜色分成感兴趣的像素（搜索的目标颜色）和不感兴趣的像素（背景颜色）两部分，然后对这些感兴趣的像素进行 RGB 颜色分量的匹配。

三、机器视觉技术的产业链及应用

机器视觉技术伴随计算机技术与现场总线技术的发展，已日臻成熟，成为现代加工制造业不可或缺的部分，其产业链结构如图 3-33 所示。

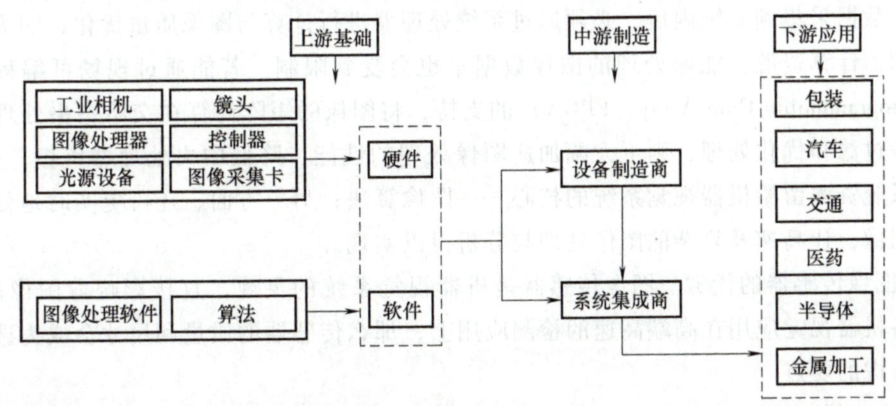

图 3-33 机器视觉产业链结构

在流水化作业生产、产品质量检测方面，有时需要由工作人员观察、识别、发现生产环节中的错误和疏漏。若引入机器视觉取代传统的人工检测方法，能极大地提高生产率和产品的良品率。

同时，机器视觉技术还能在检测超标准烟尘及污水排放等方面发挥作用。利用机器视觉技术能够及时发现机房及生产车间的火灾、烟雾等异常情况；利用机器视觉中的面部检测和人脸识别技术，可以帮助企业加强出入口的控制和管理，提高管理水平，降低管理成本。

近年来新兴行业的发展，也为机器视觉拓展了新的市场空间。

1）太阳能领域。太阳电池和模块生产者可以使用机器视觉，装配、检测、识别和跟踪产品。

2）交通监控领域。可以利用车牌识别技术，发现违章停车、逆行、交通肇事的车辆等。

3）抗自然灾害领域。在对地震、山体滑坡、泥石流、火山喷发的发现、识别、防范，以及对河流水文状况的监测等领域，机器视觉技术都有巨大应用空间等待发掘。

4）工业领域。根据检测性质和应用范围，机器视觉技术的工业应用分为定量和定性检测两大类，每类又分为不同的子类。在工业在线检测的各个领域，机器视觉技术都十分活跃，比如印制电路板的视觉检查、钢板表面的自动探伤、大型工件平行度和垂直度测量、容器容积或杂质检测、机械零件的自动识别分类和几何尺寸测量等。此外，许多场合使用其他方法难以完成检测任务，机器视觉系统则可出色胜任。机器视觉正越来越多地在工业领域代替人类视觉，这无疑很大程度上提高了生产的自动化水平和检测系统的智能水平。

四、智能工厂对机器视觉的需求

机器视觉在智能工厂中扮演着重要的角色，可以有效增加产能、提高产品合格率。在选择小型机器视觉系统时，传统工业智能相机的优势是体积小、集成度高、便于开发使用；嵌入式机器视觉系统的优势则在于配置相当有弹性，可配备较高等级的中央处理器，支持多通道相机，并具备高扩展性。在选用机器视觉系统时，需要考虑以下因素。

1）处理器计算性能。在机器视觉图像采集与分析的过程中，处理器的计算能力至关重要。图像数据采集到系统内后，必须通过系统处理器进行计算与图像质量优化，因为受限于中央处理器计算资源，能够处理的图像数据量也会受到限制。若能通过现场可编程门阵列（Field-Programmable Gate Array，FPGA）的支持，将图像的矩阵计算在交给中央处理器计算之前做好过滤和优化处理，则可大幅加速图像处理的性能，降低中央处理器负担，一方面，可以把系统资源留给机器视觉系统的核心——图像算法；另一方面，还可更实时地处理大数据量的图像，让高速及复杂的图像处理与分析得以实现。

2）图像传感器的优劣。图像传感器是机器视觉系统的灵魂，直接影响着图像的质量。如果要将机器视觉应用在高端高速的检测应用上，那么传感器的质量和尺寸会成为选用系统时必须考虑的要点。

3）生产线环境。工厂的生产环境通常是较为恶劣的，例如在饮料包装产线上，系统可能会直接接触到液体；在机械加工的车间中，系统会直接接触切削工件。如果机器视觉系统需要就近配置在严苛的生产线环境中，则应根据需求，确定是否选用具备防水、防尘能力的产品。

4）软件开发环境。软件解决方案开发的难易度与整合度的高低，是所有从事智能化系统的工程人员担忧的问题，也往往是决定项目成败的最重要因素。如何缩短开发时间，降低开发成本是关键。由于机器视觉系统可以快速获取大量信息，易于自动处理也便于集成设计信息和加工控制信息，因此在现代自动化生产过程中，机器视觉系统广泛应用于工况监视、成品检验和质量控制等领域。机器视觉系统的特点是能够提高生产的柔性和自动化程度。在大批量工业生产过程中，用人工视觉检查产品质量效率低且精度不高，用机器视觉检测方法则可大大提高生产率和生产的自动化程度；在一些不适合人工作业的危险环境或是人工视觉难以满足要求的场合，也常用机器视觉替代人工视觉。

智能机器视觉检测技术应用

任务实施——主题讨论

全班分为五组，每组至少完成一个问题。

1）谈一谈机器视觉技术在工业领域的主要应用。

2）谈一谈机器视觉技术在交通监控领域的主要应用。

3）谈一谈机器视觉技术在抗自然灾害领域的主要应用。

4）你将从哪些方面提出智能工厂对机器视觉技术的需求？

任务评价

根据任务完成情况填写表 3-6。

表 3-6 认识机器视觉技术任务评价

评价内容及标准	自评分	互评分	教师评分
机器视觉技术在工业领域的主要应用（30 分）			
机器视觉技术在交通监控领域的主要应用（20 分）			
机器视觉技术在抗自然灾害领域的主要应用（20 分）			
智能工厂对机器视觉技术的需求（30 分）			
总分（100 分）			

思考与练习

一、填空题

1. 机器视觉系统是指用（　　）实现人的视觉功能，也就是用（　　）实现对客观的三维世界的识别。

2. 机器视觉系统主要由三部分组成：图像的（　　）、图像的（　　）和（　　）、图像的输出或显示。

3. 根据检测性质和应用范围，机器视觉技术的工业应用分为（　　）和（　　）检测两大类，每类又分为不同的子类。

二、判断题

1. 机器视觉系统是指用计算机实现人的视觉功能，也就是用计算机来实现对客观的三维世界的识别。（　）

2. 图像的获取实际上是将被测物体的可视化图像和内在特征转换成能被计算机处理的一系列数据。(　　)

3. 机器视觉系统主要是利用颜色、形状等信息来识别环境目标。(　　)

4. 机器视觉技术伴随计算机技术与现场总线技术的发展，已日臻成熟，成为现代加工制造业不可或缺的部分，广泛应用于食品和饮料、化妆品、制药、建材和化工、金属加工、电子制造、包装、汽车制造等行业的各个方面。(　　)

5. 若引入机器视觉取代传统的人工检测方法，能极大地提高生产率和产品的良品率。(　　)

6. 机器视觉技术还能在检测超标准烟尘及污水排放等方面发挥作用。(　　)

7. 机器视觉在智能工厂中扮演着重要的角色，可以有效增加产能、提高产品合格率。(　　)

8. 在大批量工业生产过程中，用人工视觉检查产品质量效率低且精度不高，用机器视觉检测方法则可大大提高生产率和生产的自动化程度。(　　)

三、多选题

1. 由于机器视觉系统可以快速获取大量信息，易于自动处理也便于集成设计信息和加工控制信息，因此在现代自动化生产过程中，机器视觉系统广泛应用于（　　）等领域。

A. 工况监视　　B. 成品检验　　C. 质量控制

2. 在选用机器视觉系统时，需要考虑的因素有（　　）。

A. 处理器计算性能　　B. 图像传感器的优劣　　C. 生产线环境　　D. 软件开发环境

任务 3.2.2　认识射频识别技术

任务引入

在生活中，付款时使用二维码支付、坐地铁时刷卡进出站、坐高铁时刷证刷脸进站等早已司空见惯，这些都需要工业识别技术的支持。智能制造时代必然也离不开工业识别技术，如数据读取、图形采集和工件定位等工作，都需要一些射频识别技术才能实现。那么，射频识别技术是什么呢？

相关知识

一、射频识别技术的概念

射频识别（Radio Frequency Identification，RFID）技术是一种利用射频无线通信实现的非接触式自动识别技术。

RFID 系统的识别信息存放在电子数据载体中。电子数据载体称为应答器。应答器中存放的识别信息由阅读器读写。目前，射频识别技术广泛应用于各类 RFID 标签和卡的读写和管理。

二、射频识别技术的基本原理

在 RFID 系统中，射频识别部分主要由阅读器和应答器两部分组成，阅读器与应答器之间的通信采用无线的射频方式进行耦合。在实践中，由于对距离、速率及应用的要求不同，需要的射频性能也不尽相同，因此射频识别涉及的无线电频率范围也很广。

射频识别过程在阅读器和应答器之间以无线射频的方式进行，如图 3-34 所示。

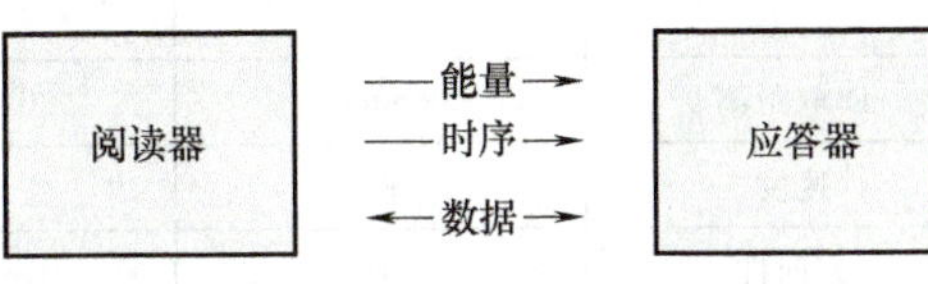

图 3-34 射频识别过程基本原理

阅读器和应答器之间的交互主要依靠能量、时序和数据三个方面来完成。

1）阅读器产生射频载波为应答器提供工作所需能量。

2）由于阅读器与应答器之间的信息交互通常采用询问-应答的方式进行，所以必须有严格的时序关系，该时序也由阅读器提供。

3）阅读器与应答器之间可以实现双向数据交换，阅读器给应答器的命令和数据通常采用载波间隙、脉冲位置调制、编码解调等方法实现传送。应答器存储的数据信息采用对载波的负载调制方式向阅读器传送。

三、射频识别技术的特征

射频识别作为一种特殊的识别技术，区别于传统的条码、插入式 IC 卡和生物（例如指纹）识别技术，其特点如图 3-35 所示。

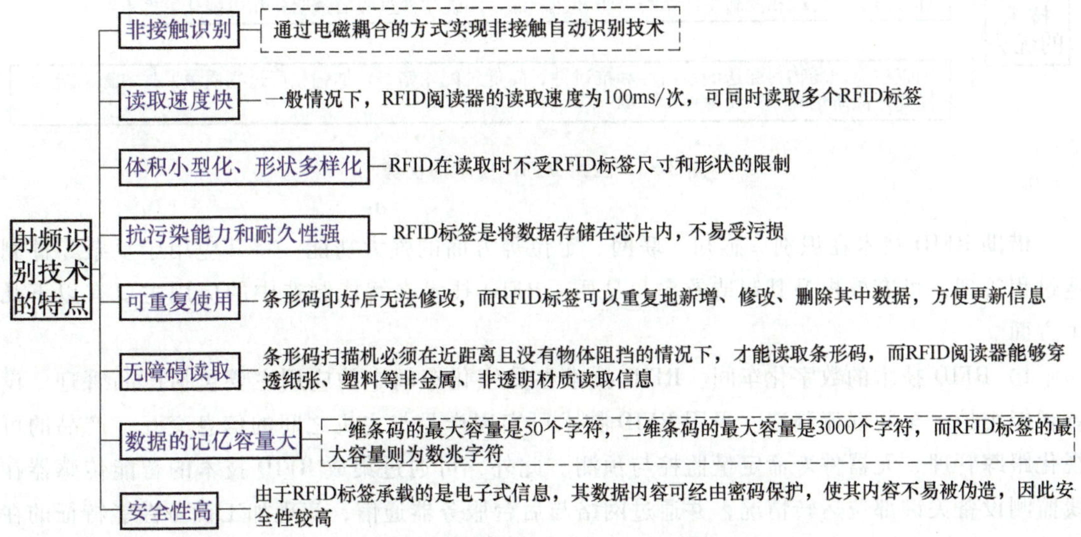

图 3-35 射频识别技术的特点

四、射频识别技术的工作频率

射频识别技术需要利用无线电频率资源，并且须遵守无线电频率使用的众多规范。在无线电技术中，不同的频段有不同的特点和技术，实践中不同频段的 RFID 实现技术差异很大，从这一角度而言，RFID 技术的空中接口几乎覆盖了无线电技术的全频段，见表 3-7。

表 3-7 RFID 主要频段标准及特性

特性	低频	高频	超高频	微波
工作频率	125~134kHz	13.56MHz	433MHz 868~915MHz	2.45GHz 5.8GHz
读取距离	<60cm	0~60cm	1~100m	1~100m
速度	慢	快	快	很快
方向性	无	无	部分有	有
现有的 ISO 标准	11784/85， 14223	14443/15693	EPC C0，C1，C2，G2	18000—4
主要应用范围	进出管理、固定设备管理	图书馆、产品跟踪、公交消费	货架、货车、拖车跟踪	收费站、集装箱

五、射频识别技术在智能制造中的应用

将 RFID 技术与制造技术相结合，可有效提升制造效率、制造品质和企业管理水平。在制造过程中，应用 RFID 技术的优势如图 3-36 所示。

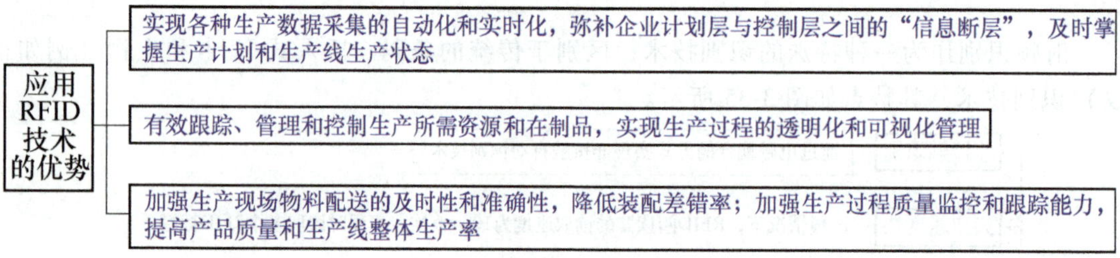

应用RFID技术的优势

- 实现各种生产数据采集的自动化和实时化，弥补企业计划层与控制层之间的“信息断层”，及时掌握生产计划和生产线生产状态
- 有效跟踪、管理和控制生产所需资源和在制品，实现生产过程的透明化和可视化管理
- 加强生产现场物料配送的及时性和准确性，降低装配差错率；加强生产过程质量监控和跟踪能力，提高产品质量和生产线整体生产率

图 3-36 应用 RFID 技术的优势

借助 RFID 技术在识别、感知、联网、定位等方面的强大功能，将其应用于复杂零件制造过程管理，可有效提升其制造效率和品质。RFID 技术在智能制造中的应用主要有以下几个方面。

1）RFID 技术的数字化车间。RFID 技术在数字化车间中的应用主要包括产品管理、设备智能维护、车间混流制造。采用 RFID 技术可实现产品与主机之间的信息交互、产品的可视化跟踪管理、元器件寿命定量监控与预测。此外，可通过集成 RFID 技术的智能传感器在线监测设备关键部位运转情况，并通过网络与后台服务器通信，实现加工设备性能特征的在线监测、运行状态评估与风险预警、设备早期故障诊断与专家支持；可通过工业现场总线网络与 MES 等系统集成，实现工艺路线、加工装备、加工程序等智能选择、加工/装配状态可视化跟踪以及生产过程的实时监控。

2）基于 RFID 技术的智能产品全生命周期管理。智能化是机电产品未来发展的重要方向和趋势，产品智能化的关键之一，在于如何实现其全生命周期信息的快速获取和共享。

RFID 技术与传感器技术的有效集成能实时、高效地获取产品在加工、装配、服役等阶段状态信息，同时通过网络传输使生产商及时掌握所生产的产品全生命周期的工况信息，为制造企业后台服务支撑、远程指令下达以及用户的个性化设计改进提供有力的数据支持。目前，这一技术已经在工程机械、智能家电等领域得到成功应用，展现出良好的应用前景。

3）基于 RFID 技术的制造物流智能化。将 RFID 系统与制造企业自动出入库系统集成，可实现在制品和货品出入库自动化与货品批量识别。另外，RFID 技术和 GPS 技术的集成，可以实现制造企业的在制品精确定位。同时通过网络传输，实现物流信息共享与产品全程监控，从而优化企业采购过程。将智能物流系统与企业 ERP、MES 系统无缝对接，可以实现快速响应订单并减低产品库存，提升制造企业在制品物流管理的智能化水平。目前，RFID 技术已经在车间物流管理、供应链管理以及物流园管理中得到成功应用，可进一步推广应用到制造企业全物流管理系统中。

将 RFID 技术应用于智能制造领域，将促进智能制造技术的发展，拓展智能制造的应用领域，加快智能制造领域的技术创新，逐步减少高品质产品制造对专家的依赖性，彻底改变现有生产方式和制造业竞争格局。

射频识别技术的标准

RFID 标准有很多，分层次来看，主要有国际标准、国家标准和行业标准。

国际标准是由国际标准化组织（ISO）和国际电工委员会（IEC）制定的。

国家标准是各国根据自身国情制定的有关标准。我国国家标准制定的主管部门是工业和信息化部与国家标准化管理委员会，RFID 的国家标准正在制定中。

行业标准典型一例是由国际物品编码协会（EAN）和美国统一代码委员会（UCC）制定的 EPC 标准，主要应用于物品识别。

ISO/IEC 制定的 RFID 标准可以分为技术标准、数据内容标准、性能标准和应用标准，见表 3-8。

表 3-8 RFID 标准

分类	标准号	说明
技术标准	ISO/IEC 10536	密耦合非接触式 IC 卡标准
	ISO/IEC 14443	近耦合非接触式 IC 卡标准
	ISO/IEC 15693	疏耦合非接触式 IC 卡标准
	ISO/IEC 18000	基于货物管理的 RFID 空中接口参数
	ISO/IEC 18000—1	空中接口一般参数
	ISO/IEC 18000—2	低于 135kHz 频率的空中接口参数
	ISO/IEC 18000—3	13.56MHz 频率下的空中接口参数
	ISO/IEC 18000—4	2.45GHz 频率下的空中接口参数
	ISO/IEC 18000—6	860~930MHz 的空中接口参数
	ISO/IEC 18000—7	433MHz 频率下的空中接口参数

（续）

分类	标准号	说明
数据内容标准	ISO/IEC 15424	数据载体/特征识别符
	ISO/IEC 15418	EAN、UCC 应用标识符及 ASC MH10 数据标识符
	ISO/IEC 15434	大容量 ADC 媒体用的传送语法
	ISO/IEC 15459	物品管理的唯一识别号（UID）
	ISO/IEC 15961	数据协议：应用接口
	ISO/IEC 15962	数据编码规则和逻辑存储功能的协议
	ISO/IEC 15963	射频标签（应答器）的唯一标识
性能标准	ISO/IEC 18046	RFID 设备性能测试方法
	ISO/IEC 18047	有源和无源的 RFID 设备一致性测试方法
	ISO/IEC 10373—6	按 ISO/IEC 14443 标准对非接触式 IC 卡进行测试的方法
应用标准	ISO/IEC 10374	货运集装箱标识标准
	ISO/IEC 18185	货运集装箱密封标准
	ISO/IEC 11784	动物 RFID 的代码结构
	ISO/IEC 11785	动物 RFID 的技术准则
	ISO/IEC 14223	动物追踪的直接识别数据获取标准
	ISO/IEC 17363 和 17364	一系列物流容量（如货盘、货箱、纸盒等）识别的规范

任务实施——主题讨论

RFID车身识别系统

全班分为五组，每组至少完成一个问题。

1）举例说明身边的射频识别技术应用有哪些？

2）射频识别技术在智能制造中有什么作用？

3）图书馆、产品跟踪、公交消费等采用的 RFID 的频率是多少？读取距离是多少？

4）RFID 主要频段标准中微波的主要应用范围是什么？

5）射频识别作为一种特殊的识别技术，区别于传统的条码、插入式 IC 卡和生物（例如指纹）识别技术，具有哪些特征？

集装箱装卸全自动化码头

任务评价

根据任务完成情况填写表 3-9。

表 3-9 认识射频识别技术任务评价

评价内容及标准	自评分	互评分	教师评分
射频识别技术的应用（15 分）			
射频识别技术在智能制造中的作用（15 分）			
图书馆、产品跟踪、公交消费等采用的 RFID 的频率和读取距离（10 分）			
RFID 主要频段标准中微波的主要应用范围（10 分）			
射频识别技术的特征（50 分）			
总分（100 分）			

思考与练习

一、填空题

1. 射频识别技术，是一种利用射频无线通信实现的（　　　　）自动识别技术。

2. 在 RFID 系统中，射频识别部分主要由（　　　　）和应答器两部分组成，阅读器与应答器之间的通信采用无线的（　　　　）进行耦合。

二、判断题

1. 射频识别技术，是一种利用射频无线通信实现的非接触式自动识别技术。（　　）

2. 在 RFID 系统中，识别信息存放在电子数据载体中，电子数据载体称为应答器，应答器中存放的识别信息由阅读器读写。（　　）

3. 目前，射频识别（RFID）技术最广泛的应用是各类 RFID 标签和卡的读写和管理。（　　）

4. 射频识别作为一种特殊的识别技术，与传统的条码、插入式 IC 卡和生物（例如指纹）识别技术是一样的。（　　）

三、多选题

1. 射频识别（RFID）技术，是一种利用射频无线通信实现的（　　）自动识别技术。

A. 非接触式　　B. 接触式　　C. 触摸式　　D. 语音

2. 射频识别技术的主要特征有（　　）等。

A. 非接触识别　　B. 读取速度快　　C. 体积小型化　　D. 抗污染能力和耐久性强

E. 可重复使用　　F. 无屏障读取

项目 3.3　走进新信息技术领域

知识目标：能说出新信息相关技术的定义、特征及结构。

技能目标：能设计并构建信息相关技术系统的模型。

素养目标：形成创新思维，提升分析问题与解决问题的能力。

任务 3.3.1　认识人工智能技术

任务引入

智能音箱是目前较受欢迎的家用智能电器。利用智能音箱，人们可以语音点播歌曲、上网购物、了解天气信息等，这些功能是基于人工智能技术实现的。人工智能技术作为新信息技术的一种，是实现智能制造的重要技术。

相关知识

一、人工智能技术的概念

人工智能（Artificial Intelligence，AI）是计算机科学的一个分支，旨在使计算机技术朝着越来越智能的方向发展。人工智能是一门基于计算机科学、生物学、心理学、神经科学、数学和哲学等学科的科学和技术。人工智能的一个主要推动力是要开发与人类智能相关的计算机功能，例如推理、学习和解决问题的能力。

二、人工智能技术的产生和发展

1956 年，在由达特茅斯学院举办的夏季研讨会上，以约翰·麦卡锡为首的专家学者们首次提出了“人工智能”这一术语。后来，这被人们看作是人工智能正式诞生的标志，至此人工智能技术作为一门新兴学科开始茁壮成长。

人工智能共经历了推理搜索、知识库系统建立、机器学习和深度学习四个阶段。

（1）推理搜索　此时的人工智能主要是通过推理和搜索等简单的规则来处理问题，能够解决迷宫、汉诺塔等简单问题。

（2）知识库系统建立　计算机程序设计的快速发展极大地促进了人工智能领域的发展。随着计算机符号处理能力的不断提高，知识可以用符号结构表示，推理也可简化为对符号表达式的处理，这系列的发展推动了知识库系统（或专家系统）的建立。但其缺陷在于知识描述非常复杂，并且需要不断升级。

（3）机器学习　随着研究的深入和方向的改变，人们发现人工智能的核心应该是使计算机具有智能，使其能够在识别现有知识的基础上获取新知识和新技能，而不仅是演绎已有的知识。因此，人们开始研究一种能够通过经验自动改进的计算机算法，即机器学习，它可以自主更新或升级知识库。

机器学习的基本结构如图 3-37 所示，即环境向学习系统提供信息，而学习系统利用这些信息修改知识库，执行系统根据修改后的知识库完成任务，再把执行任务过程中获得的信息反馈给学习系统，让学习系统得到进一步扩充，从而提高执行系统完成任务的范围和效能。

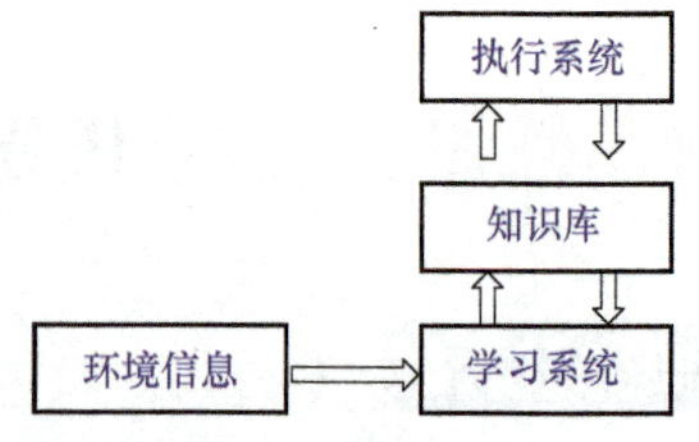

图 3-37　机器学习的基本结构

（4）深度学习　深度学习是一种在机器学习的基础上建立的对数据进行表征学习的方法。它的核心计算模型是人工神经网络，即模拟人脑神经元的工作方式而建造的机器神经网络。深度学习与多层结构的学习算法相结合，就能利用空间的相对关系，减少参数的数量，从而提高计算机的训练性能，使计算机能够收集、处理并分析庞大的数据，最终能通过自主学习来实现图像和语音识别等智能行为。

目前，可以说进入了第四阶段，互联网技术的成熟，大数据、云计算等人工智能支撑技术的完善让人工智能的发展变得越来越快，很多人称 2017 年是人工智能元年，未来的日子人工智能会越来越深刻地影响我们的生活。

三、人工智能技术的产业链与应用

（1）人工智能技术的产业链　随着数字经济的发展，人类对各个行业的智能化需求越来越大，人工智能技术将与互联网一样，通过与实体经济的融合，利用各种技术、产品和工具融入各行各业中，并不断提升行业的发展水平，创造新的服务体系、价值体系和产业体系。人工智能产业链及应用市场如图 3-38 所示。

（2）人工智能技术的应用　目前应用人工智能技术的领域有商品零售、教育培训、医疗卫生、出版传媒、物流管理等。

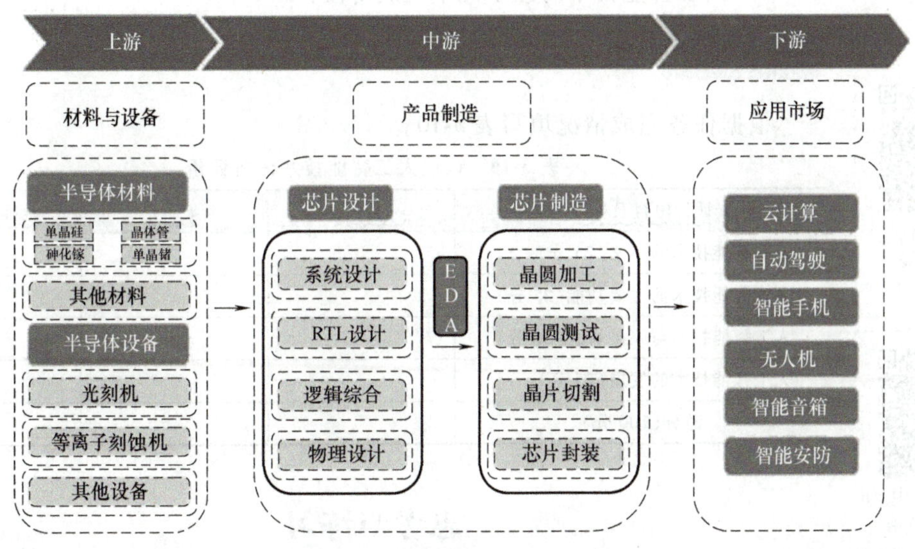

图 3-38　人工智能产业链及应用市场

1）商品零售。通过人工智能技术，商品零售系统的控制单元可以进行自主判断，并自动发出指令，实现商品分拣、运输、出库等环节的自动化，提高商品的打包效率；同时，人工智能技术可帮助零售企业从顾客的性别、年龄、表情、滞留时长等维度统计到店客流，使零售企业的客户定位更加精准。

2）教育培训。通过人工智能技术建立人机交互系统，可以进行在线答疑解惑等，给师生提供了更有效率的学习方式，一定程度上可以改善教育行业师资分布不均衡等问题。

3）医疗卫生。通过人工智能技术建立病理知识库、方法库、模型库和工具库等，可支持病理的智能诊断，推进医学影像学的快速发展。此外，将自动分析技术与远程专家诊断、远程查体等技术有效结合，能快速提升疑难杂症的诊断效率，并提升医疗机构的管理能力。

4）出版传媒。出版传媒机构可利用人工智能技术对用户数据进行智能分析，从而筛选出用户关注度高的话题作为备选选题，筛选出合适的作者及读者；此外，也可利用人工智能技术为出版物的每一个段落打标签，进行段落和内容再组织，并提供智能的知识服务模式。

5）物流管理。通过人工智能技术可将运输、仓储、配送装卸等流程进行改造和智能收集、加工、运算、分析、挖掘等处理，形成面向物资流通、存储、装卸、运输等环节的最优资源配置方案，以便于物流供给、需求匹配、物流资源等过程优化，实现对商品的智能配送规划，从而提高物流效率。

任务实施——主题讨论

人工智能赋能制造业

全班分为五组，每组至少完成一个问题。

1）你是怎么理解人工智能技术的？

2）人工智能技术的主要功能是什么？

3）人工智能技术会取代人类吗？

4）人工智能技术历经了几个发展阶段？

任务评价

人工智能赋能自动驾驶

根据任务完成情况填写表 3-10。

表 3-10　认识人工智能技术任务评价

评价内容及标准	自评分	互评分	教师评分
人工智能技术的定义（25 分）			
人工智能技术的主要功能（25 分）			
人工智能技术与人类智慧（25 分）			
人工智能技术的发展（25 分）			
总分（100 分）			

iDolphin 38800t智能示范船

思考与练习

一、填空题

1. 人工智能的一个主要推动力要开发与人类智能相关的计算机功能，例如（　　），（　　）和解决问题的能力。

2. 人工智能的一个主要推动力是要开发与（　　　）相关的计算机功能，例如推理，学习和解决问题的能力。

二、判断题

1. 人工智能是一门基于计算机科学，生物学，心理学，神经科学，数学和哲学等学科的科学和技术。（　　）

2. 人工智能的一个主要推动力要开发与人类智能相关的计算机功能，例如推理，学习和解决问题的能力。（　　）

3. 人工智能共经历了推理搜索、知识库系统、机器学习和深度学习四个阶段。（　　）

4. 随着数字经济的发展，人类对各个行业的智能化需求越来越大，人工智能技术将与互联网一样，通过与实体经济的融合，利用各种技术、产品和工具融入各行各业中，并不断提升行业的发展水平，创造新的服务体系、价值体系和产业体系。（　　）

5. 目前应用人工智能技术的领域有商品零售、教育培训、医疗卫生、出版传媒、物流

管理等。( )

6. 具备推理，学习和解决问题的能力就是人工智能。( )

7. 人工智能技术可以不断提升行业的发展水平，创造新的服务体系、价值体系和产业体系。( )

8. 人工智能的核心应该是使计算机具有智能，使其能够在识别现有知识的基础上获取新知识和新技能，而不仅仅是演绎出已有的知识。( )

三、多选题

1. 人工智能共经历了（ ）等阶段。

A. 推理搜索 B. 知识库系统 C. 机器学习 D. 深度学习

2. 目前应用人工智能技术的领域有（ ）等领域。

A. 商品零售 B. 教育培训 C. 医疗卫生 D. 出版传媒

E. 物流管理

任务 3.3.2 构建工业大数据模型

任务引入

将工业大数据技术应用于制造业，不仅能进一步完善制造流程，优化运营与服务，还能够创新产品，推动我国制造业实现转型升级。本任务就智能制造背景下工业大数据的关键技术进行具体分析。

相关知识

一、工业大数据的概念

工业大数据泛指在工业领域中，围绕典型智能制造模式，从客户需求到销售，订单、计划、研发、设计、工艺、制造、采购、供应、库存、发货和交付、售后服务、运维、报废或回收再制造等整个产品全生命周期各个环节所产生的各类数据及相关技术和应用的总称。

二、工业大数据的来源

近年来，随着互联网、物联网、云计算等信息技术与通信技术的迅猛发展，数据量的暴涨成了许多行业共同面对的严峻挑战和宝贵机遇。随着制造技术的进步和现代化管理理念的普及，制造企业的运营越来越依赖信息技术。如今，制造业整个价值链、制造业产品的整个生命周期，都涉及诸多的数据。

数据是制造业提高核心能力、整合产业链的核心手段，也是实现从要素驱动向创新驱动转型的有力手段。数据所带来的核心价值在于可以真实地反映和描述生产制造过程，这为制造过程的分析和优化提供了全新的手段与方法。因此，数据驱动也可以说是实现智能制造的关键步骤。

传统的分析和优化过程基于模型，而数据分析可以弥补模型精度的不足。制造业数据的来源包括企业内部信息系统、物联网信息、企业外部信息。

1）企业内部信息系统是指企业运营管理相关的业务系统产生的数据，包括企业资源计划（ERP）、产品生命周期管理（PLM）、供应链管理（SCM）、客户关系管理（CRM）和能源管理系统（EMS）等。这些系统中包含企业生产、研发、物流、客户服务等数据，存在于企业或者产业链内部。

2）物联网信息包含制造过程中的数据，主要是指工业生产过程中装备、物料及产品加工过程的工况状态参数、环境参数等生产情况数据，通过制造执行系统（MES）实时传递。

3）企业外部信息则是指产品售出之后的使用、运营情况的数据，同时还包括大量客户名单、供应商名单、外部的互联网等数据。其中产品运营数据亦可来自物联网系统。

三、工业大数据的特点

随着传感器的普及，以及数据采集、存储技术的飞速发展，制造业数据同样呈现出了大数据的基本特性，已经具备了典型的“4V”特征（图 3-39），即规模性（Volume）、多样性（Variety）、高速性（Velocity）和价值密度低（Value）。

1）规模性是指制造业数据体量比较大，大量机器设备的高频数据和互联网数据持续涌入，大型工业企业的数据集将达到 PB 级甚至 EB 级别。以半导体制造为例，单片晶圆质量检测时，每个站点能生成几 MB 数据。一台快速自动检测设备每年就可以收集到将近 2TB 的数据。

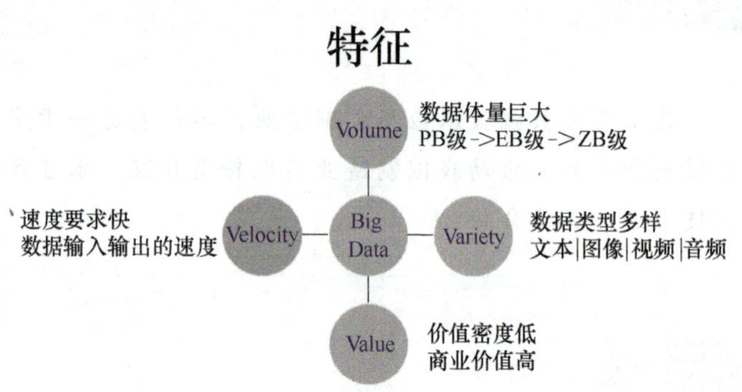

图 3-39 工业大数据的“4V”特征

2）多样性是指制造业数据类型多样和来源广泛。制造业数据分布广泛，数据来源于机器设备、工业产品、管理系统、互联网等各个环节，并且结构复杂，既有结构化和半结构化的传感数据，也有非结构化数据。例如，生产中涉及的产品 BOM 结构表、工艺文档、数控程序、三维模型、设备运行参数等制造数据往往来自不同的系统，具有完全不同的数据结构。

3）高速性是指生产过程中对数据的获取和处理实时性要求高，生产现场级要求时限时间分析达到毫秒（ms）级，从而为智能制造提供决策依据。

4）价值密度低是指在制造业的海量数据中，存在着大量重复的无价值的数据，包含大量有用信息的数据所占比重极低，导致整个制造业数据的价值密度低，想要从海量数据中挖掘有用的信息也就更加困难。

制造业数据除了具备传统的大数据“4V”共性特点以外，还兼具了体现制造业特点的“3M”特性，即多来源（Multi-Source）、多维度（Multi-Dimension）、多噪声（Much Noise）。

1）多来源是指制造业数据来源广泛。数据覆盖了整个产品全生命周期各个环节。同样以晶圆生产为例，晶圆制造车间的产品订单信息、产品工艺信息、制造过程信息、制造设备信息分别来源于排产与派工系统、产品数据管理系统、制造执行系统和制造数据采集系统、数据采集与监控系统和良品率管理系统等。

2）多维度是指同一个体具有多个维度的特征属性，不同属性直接存在复杂的关联或耦合关系，并共同影响当前个体状态。以数控机床为例，其状态数据包含电压、电流、主轴功率、切削速度、主轴温度等多个属性。

3）多噪声是指在数据的采集、存储、处理过程中，由于传感器老化、人为因素等原因，数据中存在缺失、空白、重复、干扰等影响因素，导致数据呈现出高噪声的特性。

四、工业大数据的类型

制造业数据类型繁多，根据不同的分类标准，数据的类型也不尽相同，如图3-40所示，涉及大量结构化数据和非结构化数据。

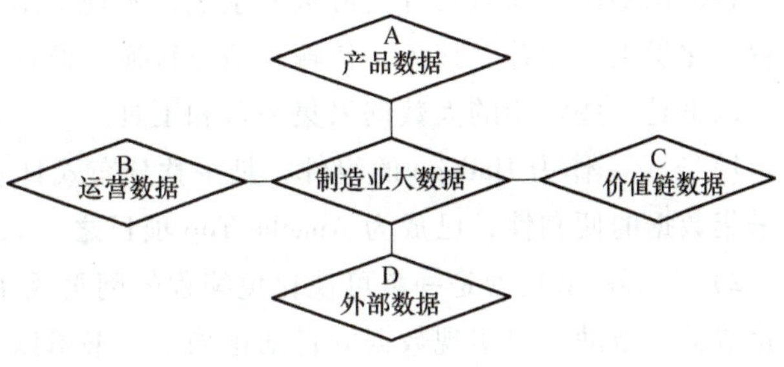

图3-40　工业大数据类型

1）产品数据包括设计、建模、工艺、加工、测试、维护数据、产品结构、零部件配置关系、变更记录等。

2）运营数据包括组织结构、业务管理、生产设备、市场营销、质量控制、生产、采购、库存、目标计划、电子商务等。

3）价值链数据包括客户、供应商、合作伙伴等。

4）外部数据包括经济运行数据、行业数据、市场数据、竞争对手数据等。

随着大规模定制和网络协同的发展，制造业企业还需要实时从网上接受众多消费者的个性化定制数据，并通过网络协同，配置各方资源、组织生产并管理更多各类有关数据。

五、工业大数据的价值

工业大数据是当前制造业转型升级的重要驱动力，其价值主要体现在以下几个方面。

1）提高生产率。通过工业大数据的分析和应用，企业可以实时监控生产过程，及时发现和解决问题，从而提高生产率。

2）改进产品质量。工业大数据可以帮助企业对产品进行全生命周期的管理和监控，从而提高产品质量。

3）节约资源消耗。通过对生产过程中的能耗、物耗等数据进行分析，企业可以优化生产流程，减少资源消耗。

4）保障生产安全。工业大数据可以帮助企业对生产过程中的安全隐患进行预警和控制，从而保障生产安全。

5）优化销售服务。通过对市场数据的分析，企业可以更好地了解客户需求，优化产品设计和销售服务。

工业大数据的特征在于互联与高度融合，包括设备与设备、设备与人、人与人、服务与服务的万物互联趋势，以及纵向、横向的“二维”战略。这些数据将原本孤立的系统相互连接，使设备之间可以通行交流，也使生产过程变得透明。此外，工业大数据的应用还可以帮助企业构建基于社区、以用户为核心的服务生态系统。

六、大数据处理关键技术

为了获取大数据中的有价值信息，必须选择一种有效的方式来处理它。大数据技术一般包括数据采集、数据预处理、数据存储和数据分析四个部分。

1. 大数据采集技术

数据可以是从传感器、RFID、条形扫描器、网络社交、论坛等渠道获得的信息，数据类型包括结构化、半结构化以及非结构化数据。大数据采集即是通过传感体系、网络通信体系、智能识别体系及软硬件资源接入系统，实现对结构化、半结构化、非结构化的海量数据的智能化识别、跟踪、接入、传输、信号转换、监控、初步处理和管理等。

以下是一些常用的大数据采集平台和工具。

1）Flume 作为 Hadoop 的组件，是一款分布式日志收集系统，提供了从控制台、RPC 等处采集数据的便利性，已成为 Apache Top 项目之一。

2）八爪鱼采集器是一款可视化免编程的网页采集软件，可以从不同网站中快速提取规范化数据，帮助用户实现数据的自动化采集、编辑以及规范化。

3）爬虫大数据采集与挖掘技术。通过网络爬虫程序自动抓取并解析互联网上的信息资源，进行深度分析、处理和挖掘的技术。

以上工具的选择应根据采集环境和数据类型进行选择，以实现高效的大数据采集。

2. 大数据预处理技术

大量数据采集完毕后，需要对多种结构的数据进行分类，将一些复杂的数据转化为单一的数据类型，并过滤掉错误及无用的信息。这种在主要的数据处理以前对数据进行的一些处理称为大数据预处理。大数据预处理有多种方法：数据清理、数据集成、数据变换和数据归约。这些大数据处理技术在数据挖掘之前使用，可以提高数据挖掘模式的质量，降低实际挖掘所需要的时间。

3. 大数据存储技术

面对如此巨大的数据量，能否建立相应的数据库并随时管理和调用其中数据，成为大数据存储技术的关键。这需要开发新型数据库技术，如键值数据库、列存数据库、图存数据库以及文档数据库等类型，以解决海量图文数据的存储及应用问题。

4. 大数据分析技术

大数据分析技术主要指能够处理多样化海量规模数据的技术，利用云平台等超强计算资源挖掘数据的内在联系。企业的每个运行时刻都在产生数据，包括财务、资产、人事、供应商信息等经营性数据，产品研发、生产制造、售后服务等生产性数据，设备诊断系统、车间监控系统、资源消耗等生产环境数据。对这些数据的有效利用是提高企业智能化的重要前提，大数据分析技术已在制造业中得到有效利用。

大数据技术分析包括可视化分析、数据挖掘、预测性分析、语义引擎。

1）可视化分析。不管对于数据分析专家还是普通用户，数据可视化都是数据分析工具最基本的功能。

2）数据挖掘。从大量的、不完全的、有噪声的、模糊的、随机的实际应用数据中，提取隐含在其中的、人们事先不知道的、但又是潜在有用的信息和知识的过程。

3）预测性分析。根据可视化分析和数据挖掘的结果做出一些预测性判断。

4）语义引擎。分析语义中隐含的消息，并主动地提取信息。

七、大数据与新一代智能工厂

消费需求的个性化，要求传统制造业突破现有的生产方式与制造模式，处理和挖掘消费需求所产生的海量数据与信息。同时，非标准化产品的生产过程中也会产生大量的生产信息与数据，需要及时收集、处理和分析，用来指导生产。这两方面的大数据信息流最终会通过互联网在智能设备之间传递，由智能设备来分析、判断、决策、调整、控制并继续开展智能生产，生产出高品质的个性化产品。可以说，大数据是构成新一代智能工厂的重要技术支撑。

智能工厂中的大数据，是“信息”与“物理”世界彼此交互与融合的产物。大数据应用将带来制造业企业创新和变革的新时代，在传统的制造业生产管理信息数据的基础上，结合物联网等感知的物理数据，形成智能制造时代的生产数据私有云，创新制造业企业的研发、生产、运营、营销和管理方式，带给企业更快的速度、更高的效率和更敏锐的洞察力。

任务实施——主题讨论

全班分为五组，每组至少完成一个问题。

1）工业大数据是怎么产生的？

2）工业大数据有什么作用？

3）工业大数据处理技术有哪些？

4）工业大数据分析技术包括哪些？

5）谈一谈工业大数据与新一代智能工厂的关系。

6）构建大数据应用模型。

工业大数据应用

任务评价

根据任务完成情况填写表3-11。

表3-11　构建工业大数据模型任务评价

评价内容及标准	自评分	互评分	教师评分
工业大数据的产生（5分）			
工业大数据的作用（5分）			
工业大数据的处理技术（5分）			
工业大数据分析技术（5分）			
工业大数据与新一代智能工厂的关系（20分）			
构建大数据应用模型（60分）			
总分（100分）			

思考与练习

一、填空题

1. 工业大数据泛指在工业领域中，围绕典型智能制造模式，从客户需求到销售等整个产品全生命周期各个环节所产生的各类（　　）及相关（　　）和应用的总称。

2. 制造业数据的来源主要包括三个方面：企业内部（　　　　），物联网信息，企业外部信息。

二、判断题

1. 数据分析是智能制造的核心技术之一，数据的获取与处理可以为准确、高速、可靠的数据分析提供保障。（　　）

2. 工业大数据泛指在工业领域中，围绕典型智能制造模式，从客户需求到销售，订单、计划、研发、设计、工艺、制造、采购、供应、库存、发货和交付、售后服务、运维、报废或回收再制造等整个产品全生命周期各个环节所产生的各类数据及相关技术和应用的总称。（　　）

3. 数据是制造业提高核心能力、整合产业链的核心手段，也是实现从要素驱动向创新驱动转型的有力手段。（　　）

4. 智能工厂中的大数据，是“信息”与“物理”世界彼此交互与融合的产物。（　　）

三、多选题

1. 工业大数据的来源主要有（　　）。

A. 企业内部信息系统　　B. 物联网信息　　C. 企业外部信息　　D. 物流信息

2. 工业大数据的特点主要有“4V”特点，即（　　），还兼具了体现制造业特点的“3M”特性，即（　　）。

A. 规模性　　B. 多维度　　C. 高速性　　D. 价值密度低

E. 多样性　　F. 多噪声　　G. 多来源

3. 制造业数据类型繁多，根据不同的分类标准，数据的类型也不尽相同。涉及大量结构化数据和非结构化数据，主要有（　　）。

A. 产品数据　　B. 运营数据

C. 价值链数据　　D. 外部数据

4. 工业大数据的价值具体体现在（　　）两个方面。

A. 实现智能生产　　B. 实现大规模定制

C. 优化资源配置　　D. 实现资源共享

5. 为了获取大数据中的有价值信息，必须选择一种有效的方式来处理它。大数据技术一般包括（　　）和数据分析四个部分。

A. 数据采集　　B. 数据预处理

C. 数据存储　　D. 数据共享

任务 3.3.3 构建云计算模型

任务引入

一个工作小组中的几个人要共同起草一份文件，传统方式是每个小组成员先在自己的计算机上处理信息，然后将每个人的文件通过邮件或U盘等形式与同事进行信息共享。如果小组中的某位成员要修改某些内容，则需要这样反复地和其他同事共享信息和商量问题。这种方式效率较低。

云计算技术的思路则截然不同。云计算技术把所有的任务都搬到了互联网上，小组中的每个人只需要通过浏览器就能访问共同起草的文件。如果A做了某个修改，B只需要刷新一下页面就能看到A修改后的文件。这样一来，信息的共享相对于传统模式显得非常便捷。

相关知识

一、云计算技术的概念

云计算，是利用互联网将庞大且可伸缩的IT运算能力集合起来，并作为服务提供给多个客户的技术。云计算是新一代的IT模式，它在后端庞大计算中心的支撑下，能为用户提供更方便的体验和更低廉的成本。如图3-41所示。

图3-41 云计算技术的概念

由于在后端有规模庞大、高自动化与高可靠性的云计算中心的存在，人们只要将设备接入互联网，就能非常方便地利用终端访问各种基于云的应用和信息，免去了安装和维护等烦琐操作。同时，企业和个人也能以低廉的价格使用这些由云计算中心提供的服务，或者在云中直接搭建其所需的信息服务。在收费模式上，云计算和水电等公用事业服务非常类似，用户只需为其所使用的部分付费。对云计算的使用者（主要是个人用户和企业）来讲，云计算提升了用户体验，并降低了成本。因此，云计算技术有超大规模、虚拟化、高可靠性、高可扩展性、极其廉价的特点。

二、云计算的架构

云计算分为服务和管理两大部分，如图3-42所示。

（1）服务方面　主要以向用户提供各种基于云的服务为主，共包含三个层次。

1）SaaS：软件即服务（Software as a Service），该层的作用是将应用以主要基于Web的方式提供给客户。

2）PaaS：平台即服务（Platform as a Service），该层的作用是将一个应用的开发和部署

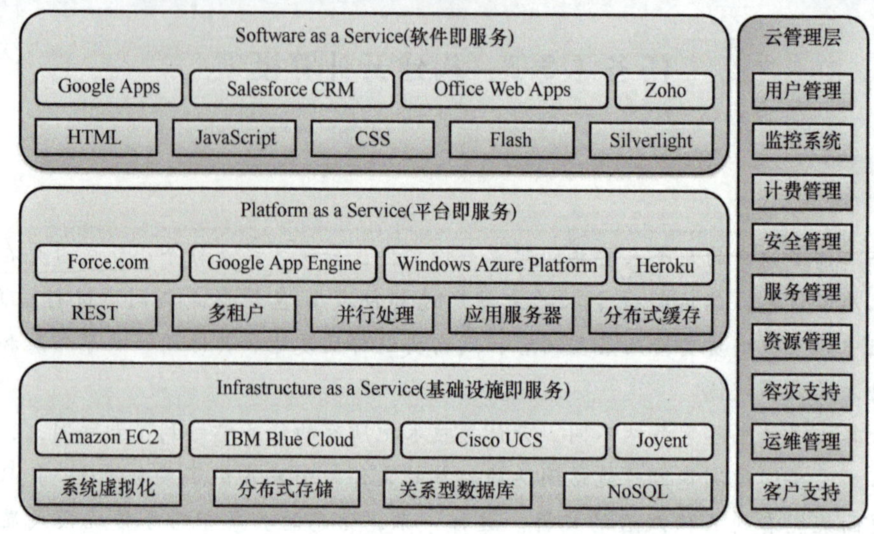

图 3-42　云计算的架构

平台作为服务提供给用户。

3）IaaS：基础设施即服务（Infrastructure as a Service），该层的作用是将各种底层的计算（比如虚拟机）和存储等资源作为服务提供给用户。

从用户角度而言，这三层服务之间的关系是独立的，因为它们提供的服务是完全不同的，而且面对的用户也不尽相同。但从技术角度而言，这三层云服务之间有一定的依赖关系的。比如一个 SaaS 层的产品和服务不仅需要用到 SaaS 层本身的技术，还依赖 PaaS 层所提供的开发和部署平台，或者直接部署于 IaaS 层所提供的计算资源上。此外，PaaS 层的产品和服务也很有可能构建于 IaaS 层服务之上。

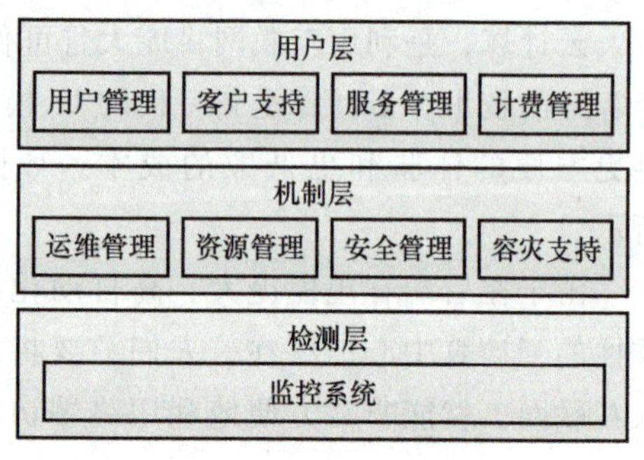

图 3-43　云管理层

（2）管理方面　主要以云的管理层为主，其功能是确保整个云计算中心能够安全和稳定的运行，并能被有效地管理。云管理层是云最核心的部分。云管理层也是前面三层云服务的基础，为它们提供多种管理和维护等方面的功能和技术。如图 3-43 所示，云管理层共有九个模块，这九个模块可分为三层，它们分别是用户层、机制层和检测层。

1）用户层。顾名思义，该层主要面向使用云的用户，并通过多种功能来更好地为用户服务，共包含四个模块：用户管理、客户支持、计费管理和服务管理。各模块的具体功能见表 3-12。

2）机制层。该层主要提供各种用于管理云的机制。通过这些机制，能让云计算中心内部的管理更自动化、更安全和更环保。和用户层一样，该层也包括四个模块：运维管理、资源管理、安全管理和容灾支持。各模块具体功能见表 3-13。

表 3-12 用户层模块功能介绍

用户层模块	功能说明
用户管理	云方面的用户管理主要有三种功能：其一是账号管理，包括对用户身份及其访问权限进行有效的管理，还包括对用户组的管理；其二是单点登录，在多个应用系统中，用户只需要登录一次就可以访问所有相互信任的应用系统，这个机制可以极大地方便用户在云服务之间进行切换；其三是配置管理，对与用户相关的配置信息进行记录、管理和跟踪，配置信息包括虚拟机的部署、配置和应用的设置信息等
客户支持	好的用户体验对于云而言也是非常关键的，因此帮助用户解决疑难问题的客户支持是必需的，并且需要建设一整套完善的客户支持系统，以确保问题能按照其严重程度或者优先级来依次进行解决，而不是一视同仁，这样能提升客户支持的效率和效果
计费管理	利用底层监控系统所采集的数据来对每个用户所使用的资源（比如所消耗中央处理器的时间和网络带宽等）和服务（比如调用某个付费 API 的次数）进行统计，来准确地向用户索取费用，并提供完善和详细的报表
服务管理	大多数云都在一定程度上遵守面向服务的架构（Service-Oriented Architecture，SOA）的设计规范。SOA 的意思是将应用的不同的功能拆分为多个服务，并通过定义良好的接口和契约将这些服务连接起来，这样做的好处是能使整个系统松耦合，从而使整个系统能够通过不断演化来更好地为客户服务。一个普通的云也同样由许多的服务组成，比如部署虚拟机的服务、启动或关闭虚拟机的服务等。管理好这些服务对于云而言是非常关键的

表 3-13 机制层模块功能介绍

机制层模块	功能说明
运维管理	云的运行是否出色，往往取决于其运维系统的强健和自动化程度。和运维管理相关的功能主要包括三个方面：首先是自动维护，运维操作应尽可能地专业和自动化，从而降低云计算中心的运维成本；其次是能源管理，它包括自动关闭闲置的资源，根据负载来调节中央处理器的频率，以降低功耗并提供关于数据中心整体功耗的统计图与机房温度的分布图等来提升能源的管理，以减少浪费；最后是事件监控，它是通过对在数据中心发生的各项事件进行监控，以确保在云中发生的任何异常事件都会被管理系统捕捉到
资源管理	资源管理模块和物理节点的管理相关，比如服务器、存储设备和网络设备等，它涉及三个功能：其一是资源池，通过使用资源池这种资源抽象方法，能将具有庞大数量的物理资源集中到一个虚拟池中，便于管理；其二是自动部署，将资源从创建到使用的整个流程自动化；其三是资源调度，它将不仅能更好地利用系统资源，还能自动调整云中资源来帮助运行于其上的应用更好地应对突发流量，起到均衡负载的作用
安全管理	安全管理是对数据、应用和账号等 IT 资源采取全面保护，使其免受犯罪分子和恶意程序的侵害，并保证云基础设施及其提供的资源能被合法地访问和使用
容灾支持	在容灾方面，主要涉及两个层面：其一是数据中心级别。如果数据中心的外部环境出现了类似断电、火灾、地震或网络中断等严重的事故，将导致整个数据中心不可用，这就需要在异地建立一个备份数据中心来保证整个云服务持续运行。这个备份数据中心会实时或异步与主数据中心进行同步，当主数据中心发生问题时，备份数据中心会自动接管在主数据中心中运行的服务。其二是物理节点级别。系统需要检测每个物理节点的运行情况，如果一个物理节点出现问题，系统会试图恢复它或将其屏蔽，以确保相关云服务正常运行

3）检测层。检测层主要监控云计算中心的各方面，并采集相关数据，以供用户层和机制层使用。全面监控云计算的运行主要涉及三个层面：一是物理资源层面，主要监控物理资源的运行状况，比如中央处理器使用率、内存利用率和网络带宽利用率等；二是虚拟资源层面，主要监控虚拟机的中央处理器使用率和内存利用率等；三是应用层面，主要记录应用每

次请求的响应时间（Response Time）和吞吐量（Throughput），以判断它们是否满足预先设定的服务级别协议（Service Level Agreement，SLA）。

三、云计算的模式

为适应用户不同的需求，云计算演变为不同的模式。在美国国家标准技术研究院（National Institute of Standards and Technology，NIST）的名为“The NIST Definition of Cloud Computing”的关于云计算概念的著名文档中，共定义了云的四种模式，分别是：公有云、私有云、混合云和行业云。

1. 公有云

公有云是目前最流行的云计算模式。它是一种对公众开放的云服务，能支持数目庞大的请求，而且成本较低。公有云由云供应商运行，为最终用户提供各种各样的 IT 资源。云供应商负责从应用程序、软件运行环境到物理基础设施等 IT 资源的安全、管理、部署和维护。

在使用 IT 资源时，用户只需为其所使用的资源付费，无须任何前期投入。但在公有云中，用户不清楚与其共享和使用资源的还有其他哪些用户，整个平台是如何实现的，甚至无法控制实际的物理设施，因此云服务提供商必须能保证其所提供的服务是安全可靠的。

许多 IT 巨头都推出了它们自己的公有云服务，包括 Amazon 的 AWS、微软的 Windows Azure Platform、Google 的 Google Apps 与 Google App Engine 等。一些著名的 VPS 和 IDC 厂商也推出了它们自己的公有云服务，比如 Rackspace 的 Rackspace Cloud 和国内世纪互联的 CloudEx 云快线等。

2. 私有云

对许多大中型企业而言，在短时间内很难大规模地采用公有云技术，因此引出了私有云这一模式。私有云主要为企业内部提供云服务，并不对外开放。它在企业的防火墙内工作，企业 IT 人员能对其数据、安全性和服务质量进行有效的控制。与传统的企业数据中心相比，私有云可以支持动态灵活的基础设施（可由企业 IT 机构，也可由云提供商进行构建），降低 IT 架构的复杂度，使各种 IT 资源得以整合和标准化。

在私有云界，主要有两大联盟：一是 IBM 与其合作伙伴，主要推广的解决方案有 IBM Blue Cloud 和 IBM CloudBurst；二是由 VMware、Cisco 和 EMC 组成的 VCE 联盟，它们主推的是 Cisco UCS 和 vBlock。在实际的应用方面，已经建设成功的私有云有采用 IBM Blue Cloud 技术的中化云计算中心和采用 Cisco UCS 技术的 Tutor Perini 云计算中心。

3. 混合云

混合云的应用没有公有云和私有云广泛。顾名思义，混合云是把公有云和私有云结合到一起的一种云，即它是让用户在私有云的私密性和公有云的灵活低廉之间做一定权衡的模式。比如，企业可以将非关键的应用部署到公有云上来降低成本，而将安全性要求很高、非常关键的核心应用部署到完全私密的私有云上。

现在混合云的例子非常少，最相关的就是 Amazon VPC（Virtual Private Cloud，虚拟私有云）和 VMware vCloud。

4. 行业云

行业云主要指专门为某个行业的业务设计的云，并且开放给多个同行业的企业。

行业云的概念虽然较少被提及，也没有较为成熟的例子，但仍有一定的潜力。比如盛大公司的开放平台就颇具行业云的潜质，它将其整个云平台与多个小型游戏开发团队共享，这些小型团队只需负责游戏的创意和开发，其他相关的烦琐的游戏的运维工作则交由盛大开放平台负责。

四、云计算的应用

从智能制造的角度看，云计算技术主要应用在数据存储、企业管理、信息交流、产品研发等方面。云计算是智能制造的重要领域，制造企业所管理的大量数据与云计算平台相结合，衍生出了另一个概念——云制造。

云制造是先进的信息技术、制造技术以及物联网技术等交叉融合的产物，是制造即服务理念的体现。云制造依据包括云计算在内的当代信息技术前沿理念，支持制造业利用当下环境中广泛存在的网络资源，为产品提供高附加值、低成本和全球化制造的服务。云制造将实现对产品开发、生产、销售、使用等全生命周期的相关资源的整合，提供标准、规范、可共享的制造服务模式。

云制造为制造业信息化提供了一种崭新的理念与模式，其应用是一个长期的阶段性渐进的过程。云制造的未来发展面临着众多关键技术的挑战，除了云计算、物联网、高性能计算、嵌入式系统等技术的综合集成，基于知识的制造资源云端化、制造云管理引擎、云制造的应用协同、云制造可视化技术与用户界面等技术均是未来需要攻克的重要技术。

任务实施——构建模型

全班分为五组，讨论下列问题。

1）你是怎么理解云计算技术的？

2）云计算技术主要应用在哪些领域？

3）云计算的模式有哪些？

4）请为某企业搭建一个云计算应用模型。

云计算技术的创新与实践应用

任务评价

根据任务完成情况填写表 3-14。

表 3-14 构建云计算模型任务评价

评价内容及标准	自评分	互评分	教师评分
云计算技术的概念(12分)			
云计算技术的主要应用(10分)			
云计算的模式(8分)			
搭建一个云计算应用模型(70分)			
总分(100分)			

思考与练习

一、填空题

1. 云计算，是利用互联网将庞大且可伸缩的（　　　）集合起来，并作为服务提供给多个客户的技术。

2. 云计算的架构分为（　　）和（　　）两大部分，

3. 云计算的四种模式分别是：（　　　）、（　　　）、（　　　）和（　　　）。

二、判断题

1. 云计算是在后端庞大计算中心的支撑下，能为用户提供更方便的体验和更低廉的成本。（　　）

2. 由于在后端有规模庞大、高自动化与高可靠性的云计算中心的存在，人们只要接入互联网，就能非常方便地访问各种基于云的应用和信息，免去了安装和维护等烦琐操作，同时，企业和个人也能以低廉的价格使用这些由云计算中心提供的服务，或者在云中直接搭建其所需的信息服务。（　　）

3. 在收费模式上，云计算和水电等公用事业服务非常类似，用户只需为其所使用的部分付费。（　　）

4. 从智能制造的角度看，云计算技术主要应用在数据存储、企业管理、信息交流、产品研发等方面。（　　）

5. 云制造依据包括云计算在内的当代信息技术前沿理念，支持制造业利用当下环境中广泛的网络资源，为产品提供高附加值、低成本和全球化制造的服务。（　　）

6. 云制造为制造业信息化提供了一种崭新的理念与模式，其应用是一个长期的阶段性渐进的过程。（　　）

7. 在使用IT资源时，用户只需为其所使用的资源付费，无须任何前期投入。（　　）

8. 私有云主要为企业内部提供云服务，并不对外开放。（　　）

9. 混合云是把公有云和私有云结合到一起的方式，即它是让用户在私有云的私密性和公有云的灵活低廉之间做一定权衡的模式。（　　）

10. 行业云主要指专门为某个行业的业务设计的云，并且开放给多个同行业的企业。（　　）

三、选择题

1. 云计算分为两大部分即（　　）和（　　）。

A、服务　　B. 管理　　C. 平台　　D. 用户

2. 为适应用户不同的需求，云计算演变为不同的模式，分别是（　　）。

A. 行业云　　B. 混合云　　C. 公有云　　D. 私有云

3. 从智能制造的角度看，云计算技术主要应用在（　　）等方面。

A. 数据存储　　B. 企业管理　　C. 信息交流　　D. 产品研发

任务3.3.4 认识数字孪生技术

任务引入

目前，我国制造行业各类不同规模的公司都采用了数字化技术来渲染零部件、装配体和夹具。然而企业内的设计、制造、生产规划和MRO（Maintenance，Repair&Operations，通常是指在实际的生产过程中不直接构成产品，只用于维护、维修、运行设备的物料和服务）等环节往往以彼此孤立的方式在组织运作。如果可以聚合和扩展这些数据，从而对实际生产流程进行整体化的过程仿真，结果会如何？显而易见的一点就是能洞察运营的情况，大型制造企业每天都在获享这样的优势，这就是我们要熟悉的数字孪生。

相关知识

一、数字孪生技术的概念

数字孪生（Digital Twin）是充分利用物理模型、传感器更新、运行历史等数据，集成多学科、多物理量、多尺度、多概率的仿真过程。

数字孪生主要包括三个部分：现实空间中的物理产品、虚拟空间中的虚拟模型、将虚拟模型和物理产品联系在一起的数据和信息过程的链接。

二、产品数字孪生体

产品数字孪生体是指产品物理实体的工作状态和工作进展在虚拟空间的全要素重建及数字化映射，是基于产品设计环节集成的多物理、多尺度、超写实动态概率仿真模型，如图3-44所示。它可以用来模拟、监控、诊断、预测、控制产品在现实环境中的形成过程、状态和行为，并与产品物理实体之间进行数据和信息交互，不断提高自身完整性和精确度，最终完成对产品物理实体的完整和精确描述。

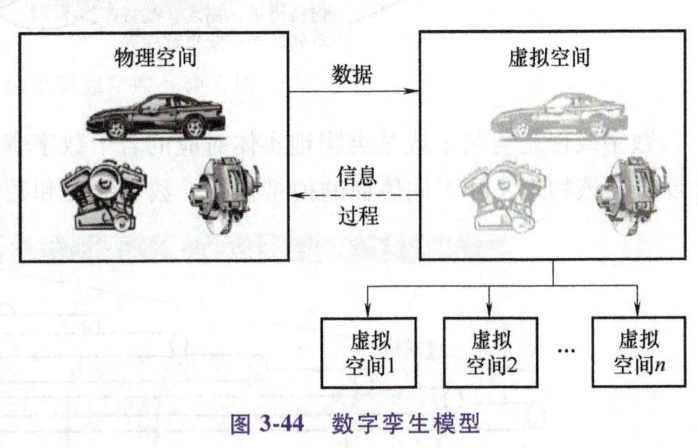

图3-44 数字孪生模型

产品数字孪生体具有多种特性，主要包括虚拟性、唯一性、多物理性、多尺度性、层次性、集成性、动态性（或过程性）、超写实性、可计算性、概率性和多学科性。

三、数字孪生的关键技术

从数字孪生的概念模型和数字孪生系统可以看出：建模、仿真和基于数据融合的数字线程是数字孪生的三项核心技术。建模与仿真技术在本模块项目 3.1 的任务 3.1.4 中进行了介绍，这里重点介绍数字线程技术。

一个与数字孪生紧密联系在一起的概念是数字线程（Digital Thread）。数字孪生应用的前提是各个环节的模型及大量的数据，那么类似于产品的设计、制造、运维等各方面的数据，如何产生、交换和流转？如何在一些相对独立的系统之间实现数据的无缝流动？如何在正确的时间把正确的信息用正确的方式连接到正确的地方？连接的过程如何可追溯？连接的效果还要可评估。这些正是数字线程要解决的问题。CIMdata 公司推荐的定义：“数字线程指一种信息交互的框架，能够打通原来多个竖井式的业务视角，连通设备全生命周期数据（也就是其数字孪生模型）的互联数据流和集成视图”。数字线程通过强大的端到端的互联系统模型和基于模型的系统工程流程来支撑和支持，如图 3-45 所示。

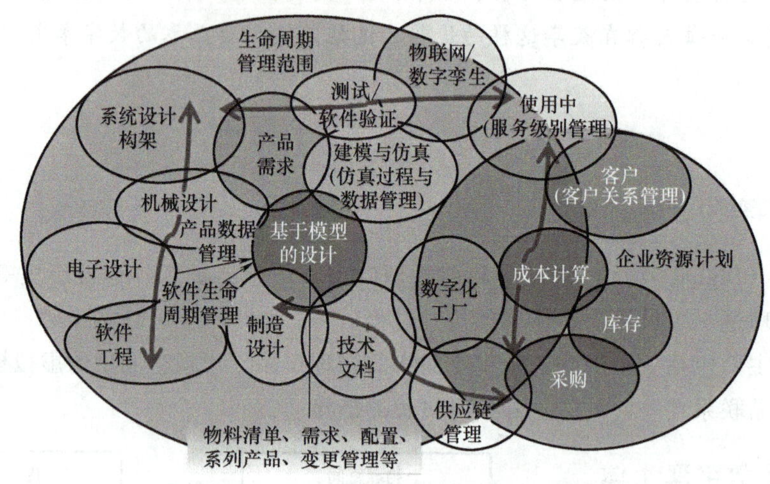

图 3-45　数字线程示意

数字线程是与某个或某类物理实体对应的若干数字孪生体之间的沟通桥梁，这些数字孪生体反映了该物理实体不同侧面的模型视图。数字线程和数字孪生体之间的关系如图 3-46 所示。

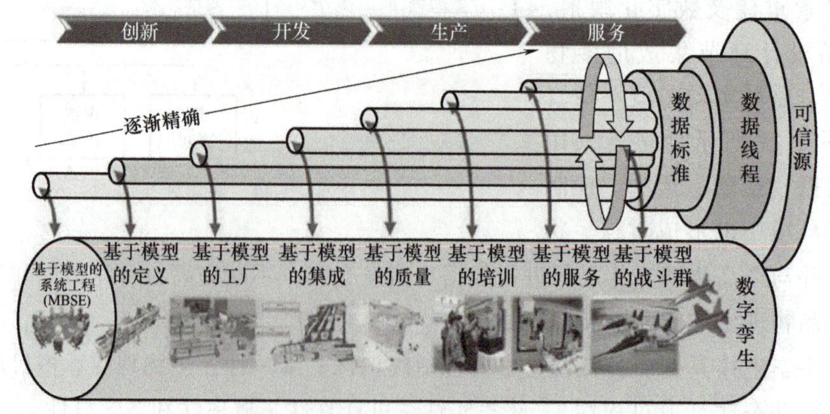

图 3-46　数字线程与数字孪生体的关系

数字孪生体是物理实体对象的数字模型，通过数字孪生体可以模拟和预测实体对象的行为和性能。而数字线程则是连接数字孪生体的纽带，它是一种可扩展、可配置的企业级分析框架，能够提供访问、整合以及将不同/分散数据转换为可操作信息的能力，以支持决策制定者做出更好的决策。

数字线程通过传递和追溯物理对象的全生命周期数据资产，实现数字孪生体之间的数据共享和协同，从而加速数字孪生系统的进化和优化。同时，数字线程也能够支持数字孪生体在云计算环境下的共享和协同，实现平庸基因的进化。因此，数字线程和数字孪生体之间具有密切的关系，它们共同构成了数字孪生系统的重要组成部分。

四、数字孪生在智能制造中的应用

在制造业的研发设计领域，数字化已经取得了长足进展。近年来，CAD/CAE/CAM/MBSE 等数字化技术的普遍应用表明，研发设计过程在很多方面已经离不开数字化。从产生的价值来看，在研发设计领域使用数字孪生技术，能够提高产品性能，缩短研发周期，为企业带来丰厚的回报。数字孪生驱动的生产制造，能控制机床等生产设备的自动运行，实现高精度的数控加工和精准装配；根据加工结果和装配结果，提前给出修改建议，实现自适应、自组织的动态响应；提前预估出故障发生的位置和时间进行维护，提高流程制造的安全性和可靠性，实现智能控制。下面列举几个数字孪生在智能制造中的典型应用案例。

应用案例

1. 数字孪生设计物料堆放场

在电厂、钢铁厂、矿场都有物料堆放场。以前设计这些堆放场时，设计需求是人为规划的。堆放场建设运行后，却常常发现当时的设计无法满足现场需求。这种差距有时会非常大，造成巨大浪费。

为了应对这一挑战，在设计新的物料堆放场时，ABB 公司使用了数字孪生技术。从设计需求开始，设计人员就利用从物联网获得的历史运行数据进行大数据分析，对需求进行优化。在设计过程中，ABB 公司借助 CAD/CAE/VR 等技术开发了物料堆放场的数字孪生（图 3-47）。该数字孪生实时反映了物料传输、存储、混合、质量等随环境变化的参数。针对该物料场的设计并不是一次完成的，而是经过多次优化才定型的。在优化阶段，在数字孪生中对物料场进行虚拟运行。通过运行反映出的动态变化，提前获得运行后可能会出现的问题，然后自动改进设计。通过多次迭代优化，形成最终的设计方案。

2. 数字孪生机床

机床是制造业中的重要设备。随着客户对产品质量要求的提高，机床也面临着提高加工精度，减少次品率、降低能耗等严苛的要求。

图 3-47 ABB 利用数字孪生设计物料堆放场

在欧洲研究和创新计划项目中，研究人员开发了机床的数字孪生体，以优化和控制机床的加工过程（图 3-48）。除了常规的基于模型的仿真和评估，研究人员使用开发的工具监控机床加工过程，并进行直接控制，采用基于模型的评估，结合监视数据，改进制造过程的性能。通过控制部件的优化来维护操作，提高能源效率、修改工艺参数，从而提高生产率，确保机床重要部件在下次维修之前都保持良好状态。

在建立机床的数字孪生体时，利用CAD和CAE技术建立机床液压控制系统模型（图3-49），加工过程模拟模型、能源效率模型和关键部件寿命模型。这些模型能够计算材料去除和飞边的厚度变化以及预测刀具破坏的情况。除了优化刀具加工过程中的切削力，还可以模拟刀具的稳定性，允许对加工过程进行优化。此外，模型还能预测表面粗糙度值和热误差。机床数字孪生体能把这些模型和测量数据实时连接起来，为控制机床的操作提供辅助决策。机床的监控系统部署在本地系统中，同时将数据上传至云端的数据管理平台，在云平台上管理并运行这些数据。

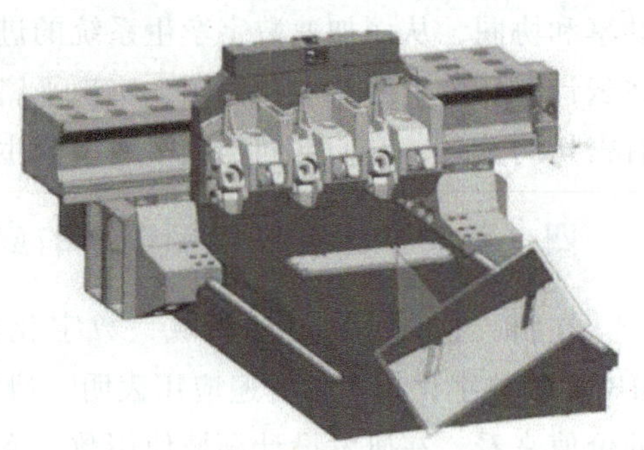

图 3-48　数字孪生机床

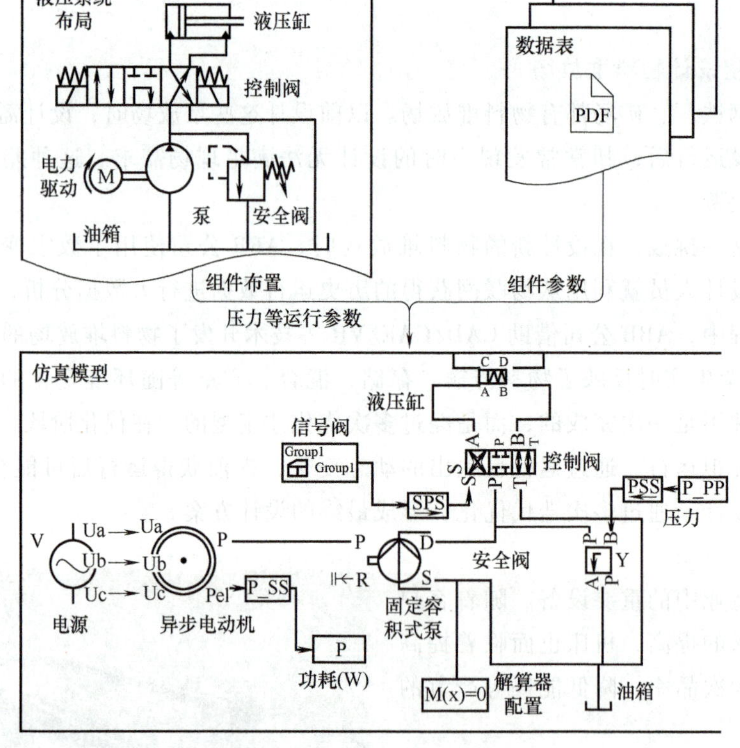

图 3-49　数字孪生机床的液压控制系统

3. 数字孪生在水泵运行中的应用

水泵在工业中的应用非常普遍。由于运行中水流条件的改变，水泵有可能发生气蚀现象，气蚀会导致水泵叶片损坏，从而过早报废。为应对这一挑战，PTC公司和ANSYS公司建立了水泵的数字孪生体（图 3-50），数字孪生体处理仪表化设备所生成的传感器数据，并利用仿真来预测故障和诊断低效率问题，使操作人员能立即采取行动，纠正问题并优化资产性能。

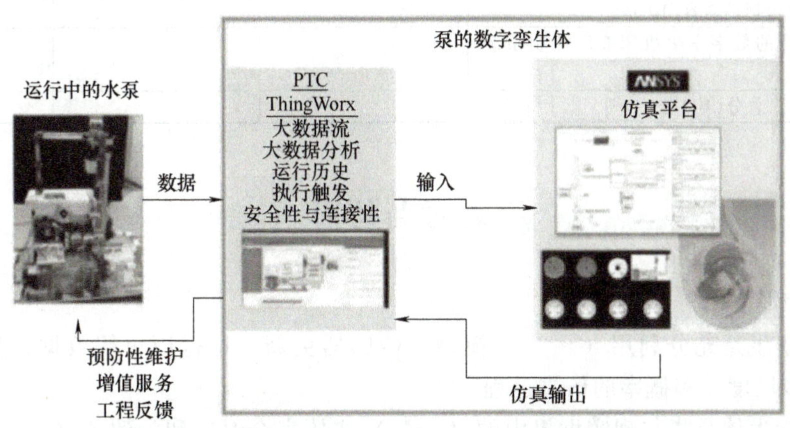

图 3-50 基于水泵的数字孪生体的服务模式

在水泵的入口和出口处配有压力传感器，水泵和轴承箱上配有测量振动的加速计，水泵的出口侧还配备有制动器、流量计，由制动器控制排出阀，进口侧的阀门是通过手动控制的。传感器和制动器被连接到数据采集设备，该设备能以 20kHz 的频率对数据进行采样，并将数据馈送至边缘计算系统，美国 PTC 公司旗下的物联云平台（ThingWorx）创建了一个可将设备和传感器连接到物联网的生态系统，该系统能充分释放物联网数据蕴藏的巨大价值。ThingWorx 可作为传感器与数字模型（包括泵的仿真模型）之间的网关。ThingWorx 的机器学习层可在 EL20 系统上运行，负责监控传感器和其他设备，能自动学习泵运行时的正常状态模式，鉴别异常运行状态，并生成有洞察力的信息和预测结果。

此外，ThingWorx 平台还可用来创建 Web 应用程序，以显示传感器和控制数据以及分析结果。例如，该应用程序显示了水泵入口和出口压力，并预测了轴承寿命。增强现实前端将传感器数据和分析结果以及部件列表、维修说明和其他基于部件的信息叠加到泵的图像上，用户可通过智能手机、平板电脑或 VR 眼镜查看。

任务实施——构建模型

全班分为五组，讨论下列问题。

1）数字孪生在智能制造中有什么作用？

2）数字孪生的关键技术主要有哪些？

3）数字孪生主要包括哪几个部分内容？

4）构建一个简易的数字孪生机床液压控制系统。

数字孪生体在风电场的应用

任务评价

根据任务完成情况填写表 3-15。

表 3-15 认识数字孪生技术任务评价

评价内容及标准	自评分	互评分	教师评分
数字孪生在智能制造中的作用(10分)			
数字孪生的关键技术(10分)			
数字孪生主要包括的内容(10分)			
构建一个简易的数字孪生机床液压控制系统(70分)			
总分(100分)			

思考与练习

一、填空题

1. 数字孪生是充分利用（　　）模型、传感器更新、运行历史等数据，集成多学科、多物理量、多尺度、多概率的仿真过程。

2. 数字孪生体是指与现实世界中的（　　）实体完全对应和一致的（　　）模型，可实时模拟其在现实环境中的行为和性能，又称数字孪生模型。

二、判断题

1. 数字孪生是充分利用物理模型、传感器更新、运行历史等数据，集成多学科、多物理量、多尺度、多概率的仿真过程。(　)

2. 数字孪生体是指与现实世界中的物理实体完全对应和一致的虚拟模型，可实时模拟其在现实环境中的行为和性能，又称数字孪生模型。(　)

3. 产品数字孪生体是指产品物理实体的工作状态和工作进展在虚拟空间的全要素重建及数字化映射。(　)

4. 产品数字孪生体具有多种特性，主要包括虚拟性、唯一性、多物理性、多尺度性、层次性、集成性、动态性（或过程性）、超写实性、可计算性、概率性和多学科性。(　　)

5. 从产生的价值来看，在研发设计领域使用数字孪生技术，能够提高产品性能，缩短研发周期，为企业带来丰厚的回报。(　　)

6. 数字孪生驱动的生产制造，能控制机床等生产设备的自动运行，实现高精度的数控加工和精准装配。(　　)

三、多选题

1. 数字孪生的关键技术有（　　）。

A. 建模　　B. 仿真　　C. 数字线程　　D. 数字设计

E. 数据管理

2. 数字孪生主要包括三个部分：现实空间中的（　　）、虚拟空间中的（　　）、将虚拟模型和物理产品联系在一起的（　　）过程的链接。

A. 物理产品　　B. 虚拟模型　　C. 数据和信息　　D. 数字设计

E. 数据管理

3. 针对数字孪生紧密相关的工业制造场景，梳理其中所涉及的仿真技术有（　　）。

A. 产品仿真　　B. 制造仿真　　C. 生产仿真　　D. 数字仿真

4

模块4 智能制造装备与服务

智能制造装备以智能生产设备（工业机器人、数控机床、3D 打印机）与工业物联网（IIoT）为核心支撑，通过高精度感知和柔性化控制系统实现高效生产。在技术迭代驱动下，AI 深度融入装备控制体系，如协作机器人动态避障系统可实时响应环境变化、数字孪生技术持续优化生产线运行参数。服务模式创新聚焦全生命周期管理，基于 AI 算法的预测性维护通过分析设备振动、温度等多维数据，使停机风险降低 30% 以上；区块链赋能的供应链协同平台实现需求预测、智能调度与零库存管理，推动整体能耗降低 25%。当前转型痛点集中于中小企业技术改造成本与数据安全防护，但随着政策补贴与标准体系完善，技术渗透率将持续上升。未来产业将向“制造即服务”（MaaS）模式延伸，企业通过设备租赁、算法订阅与运维托管相结合的一体化解决方案重构价值链。

知识目标

■ 掌握智能装备及相关技术的概念、分类和应用；

■ 掌握智能制造服务及相关技术的内涵和应用；

■ 掌握企业资源计划系统的概念和功能模块；

■ 掌握信息物理系统的概念和功能模块；

■ 了解产品全生命周期系统、制造执行系统、企业资源计划系统和信息物理系统的应用和软件。

能力目标

■ 能说明智能制造装备的内涵；

■ 能根据现有生产实际选择智能装备；

■ 能阐述智能制造的关键技术并应用；

■ 能理解智能制造服务的内涵及关键技术；

■ 能选择和运用智能制造服务内容。

素养目标

■ 提升资料检索和整理的能力；

■ 了解国家智能装备发展情况，与时俱进，树立正确的价值观；

■ 增强民族自信心和自豪感，树立为我国制造业的高质量发展而学习的目标。

项目 4.1 认识智能装备与技术

任务引入

2010 年，国务院下发的《国务院关于加快培育和发展战略性新兴产业的决定》中首次提出“智能制造装备”，当时它只是一个重点产业名称。2012 年，我国工业和信息化部出台的《智能制造装备产业“十二五”发展规划》，第一次明确了智能制造装备的定义。近年来，我国智能制造装备行业增长势头迅猛，初步形成一定的规模。那么，什么是智能制造装备呢？它的应用领域和发展前景又是怎样的呢？你了解智能制造装备技术吗？

相关知识

一、智能制造装备

1. 智能制造装备的定义

智能制造装备是具有感知、分析、推理、决策、控制等功能的制造装备。它是先进制造技术、信息技术和智能技术的集成和深度融合，能够自行感知、分析运行环境，自行规划、控制作业，自行诊断和修复故障，主动分析自身性能优劣、进行自我维护，并能够参与网络集成和网络协调。图 4-1 所示为智能装备的内涵。

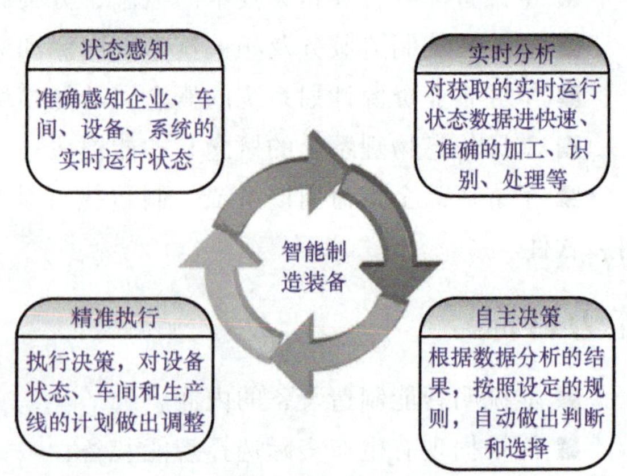

图 4-1 智能装备的内涵

2. 智能制造装备的分类

智能制造装备产业按产品大类可以划分为高档数控机床与基础制造装备、智能专用设备、智能仪器仪表与控制系统、关键基础零部件及通用部件四大领域，如图 4-2 所示。业界学者认为，智能制造装备泛指采用数字化、网络化、智能化技术的各类制造装备。因此，智能制造装备产业内涵丰富，几乎涵盖了装备制造业的所有领域。

1）高档数控机床与基础制造装备。如德玛吉森精机（DMG MORI）推出的复合加工中心 LaserTec65（图 4-3）、工业机器人等。

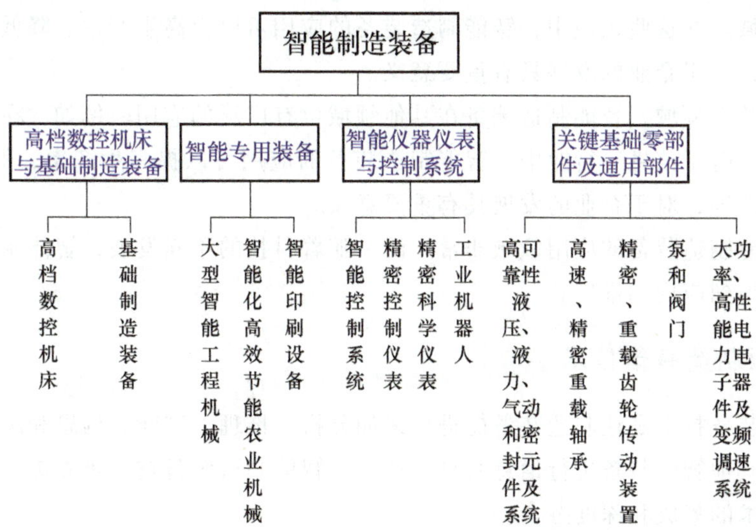

图 4-2　智能制造装备的分类

2）智能专用装备主要包括大型智能工程机械、高效农业机械、智能印刷机械、自动化纺织机械、环保机械、煤炭机械、冶金机械、大型电力和电网装备、盾构机（图 4-4）、快速集成柔性施工装备等各类专用装备。

3）智能仪器仪表与控制系统主要包括智能化压力、流量、物位、成分、材料、力学性能等精密仪器仪表和科学仪器，以及环境、安全和国防特种检测仪器。

4）关键基础零部件及通用部件主要包括高参数、高精密和高可靠性轴承，液压/气动/密封元件，齿轮传动装置，以及大型、精密、复杂、长寿命模具等。

5）其他高端装备。以大飞机、支线飞机及通用飞机为应用对象，采用飞机制造、机床制造和材料生产企业相结合，重点发展复合材料制备装备、自动铺带/铺丝设备、构件加工机床、超声加工/高压水切割设备等。

图 4-3　复合加工中心

图 4-4　盾构机

智能制造核心装备

高端装备发展历程

3. 智能制造装备的应用

智能制造装备的应用领域非常广泛，涉及多个行业和领域。其中，白色家电、汽车及零部件、智能装备制造、节能环保装备、农业机械装备、金属制品装备等领域是智能制造装备的主要应用领域。在这些领域中，智能制造装备的应用可以提高生产率、降低生产成本、提高产品质量等，对于企业的发展具有重要意义。

除了以上几个领域，智能制造装备在其他领域也有广泛的应用。例如，在航空航天、军工、医疗器械、电子信息等行业中，智能制造装备的应用可以提高生产率、保证产品质量、提高产品可靠性等，对于企业的发展具有重要意义。

总之，智能制造装备的应用领域非常广泛，随着科技的不断发展，智能制造装备将会在更多的领域中得到应用和推广。

二、智能制造装备技术

智能制造装备技术是让制造装备能进行诸如分析、推理、判断、构思和决策等多种智能活动，并可与其他智能装备进行信息共享的技术。智能制造装备技术是先进制造技术、信息技术和智能技术的集成和深度融合。

从功能上讲，智能制造装备技术包括装备运行与环境感知、识别技术，性能预测与智能维护技术，智能工艺规划与编程技术，智能数控技术，如图 4-5 所示。下面分别对智能装备技术进行介绍。

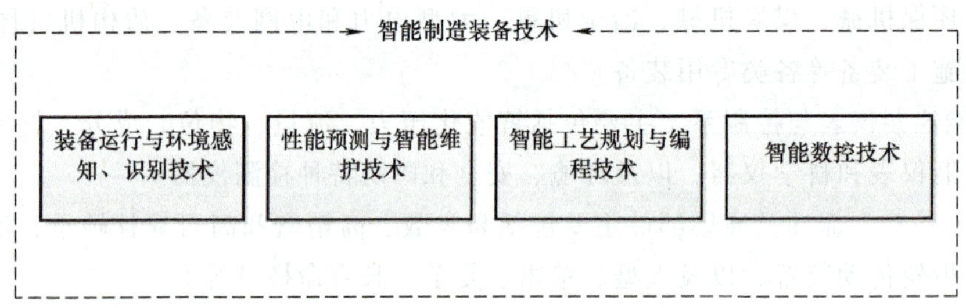

图 4-5　智能制造装备技术

1. 装备运行与环境感知、识别技术

(1) 感知设备　传感器是智能制造装备中的基础部件，可以感知或采集环境中的图形、声音、光线，以及生产节点上的流量、位置、温度、压力等数据。传感器是测量仪器走向模块化的结果，虽然技术含量很高，但一般售价较低，需要和其他部件配套使用。

(2) 感知系统　智能制造装备在作业时，离不开由相应传感器组成的，或者由多种传感器结合而成的感知系统。感知系统主要由环境感知模块、分析模块、控制模块等部分组成，将先进的通信技术、信息传感技术、计算机控制技术相结合来分析处理数据。环境感知模块可以是机器视觉识别系统、雷达系统、超声波传感器或红外线传感器等，也可以是几者的组合。随着新材料的运用和制造成本的降低，传感器在电气、机械和物理方面的性能越发突出，灵敏性也变得更好。未来随着制造工艺的提高，传感器会朝着小型化、集成化、网络化和智能化方向进一步发展。

智能制造装备运用传感器技术识别周边环境（如加工精度、温度、切削力、热变形、应力应变、图像信息）的功能，能够大幅改善其对周围环境的适应能力，降低能源消耗，提高作业效率，传感器技术是智能制造装备的主要发展方向。

(3) 典型的传感技术 传感技术被广泛应用于多种物理量的测量。典型的传感技术包括电阻式传感技术、电容式传感技术、电感式传感技术、压变式传感技术、磁电式传感技术、热电式传感技术、热阻式传感技术、光电式传感技术、半导体传感技术、超声波传感技术、数字传感技术，智能传感技术等。

因为智能传感器是传感器与微处理器相结合的产物，所以其具备微处理器的运算、控制、存储的功能。它可以在通电时进行自诊断，找出发生故障的器件；可以通过反馈回路对传感器的非线性、温度漂移、时间漂移等进行实时反馈和自动补偿；可以利用微处理器自带的 A/D 转换模块将模拟信号转换为数字信号；可以利用微处理器中植入的软件实现传感数据的分析、预处理和存储；可以配合无线接口或以太网接口，完成与远程控制中心在传感器网络中的双向通信，这不仅能够实现传感器的远程控制和传感数据的远程接收，还能够进行在线校准等。

因此，智能传感器不仅能在物理层面上检测信号，而且能在逻辑层面上对信号进行分析、处理和存储，相当于具备了人类分析、思考、记忆和交流的能力，即具备了人类的智能。

2. 性能预测与智能维护技术

(1) 性能预测 对设备性能的预测分析以及对故障时间的估算，如对设备实际健康状况的评估、对设备的表现或衰退轨迹的描述、对设备或任何组件何时失效及怎样失效的预测等，能够减少不确定性的影响并为用户提供预先的缓和措施及解决对策，减少生产运营中产能与效率的损失，具备可进行上述预测建模工作的智能软件的制造系统，称为预测制造系统。

一个精心设计开发的预测制造系统的优点如图 4-6 所示。

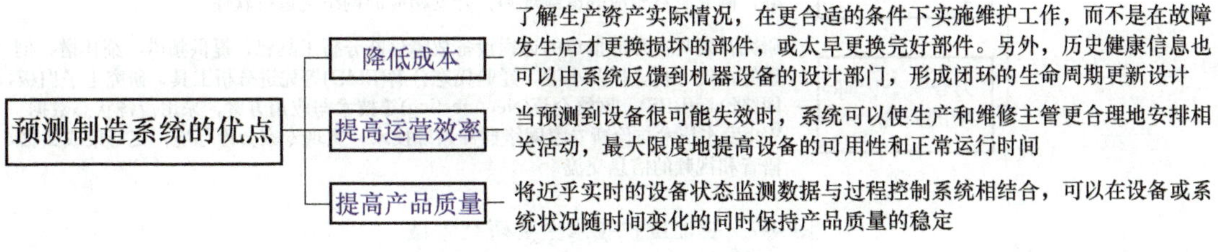

图 4-6 预测制造系统的优点

(2) 智能维护技术 智能维护是采用性能衰退分析和预测方法，结合现代电子信息技术，使设备达到近乎零故障性能的一种新型维护技术。智能维护技术是设备状态监测与诊断维护技术、计算机网络技术、信息处理技术、嵌入式计算机技术、数据库技术和人工智能技术的有机结合，其主要研究领域如图 4-7 所示。

3. 智能工艺规划与编程技术

(1) 智能工艺的概念 智能工艺是将产品设计数据转换为产品制造数据的一种技术，也是对零件从毛坯到成品的制造方法进行规划的技术。智能工艺以计算机软硬件技术为环境

智能维护技术主要研究领域

研究领域	内容
1)远程维护系统架构和网络技术研究	利用网络技术，实现信息(包括数据、语音和图像)的多向畅通传输，根据远程诊断数据，保证网络各节点(诊断维护中心、用户、制造厂和诊断专家)正常进行信息传输，综合考虑网络设备的价格和保障信息传输的带宽等因素，从硬件、软件和集成等方面研究系统的实现及应用方案，这是实现远程维护的基础
2)网络诊断维护标准、规范的研究	网络诊断维护的核心是技术资源的共享，要实现这一目的，必须研究制定通用的标准和规范，并与国际标准和规范接轨，包括监测方案、监测输出参数的定义、有关参数的赋值、测试数据存储格式、数据表达形式、传输协议、诊断维护分析方法等
3)多通道同步高速信号采集技术与高可靠性监测技术的研究	包括如何针对设备不同的工作状态和不同的监测信号，采用数字信号处理(DSP)实现多种方式的多通道同步高速信号采集、处理与故障特征提取的研究；基于VXI总线(一种VXIbus器件之间的开放通信标准)的数据采集监测系统的研究，以提高可靠性、实时性和多功能为目标，提高现有系统的性能和技术水平
4)嵌入式网络接入技术的研究	以高性能嵌入式微处理器和嵌入式操作系统(EOS)为核心，对10M/100M内置以太网接口、可监测设备状态、嵌入式数据网络化传输终端进行开发研究，以此为基础，建设嵌入式网页服务器(Web Server)并实现其基于网络的系统维护功能，让用户可通过网页(Web)形式查看设备状态数据
5)基于图形化编程语言的远程监测软件研究	研究开发能够支持网络化数据通信接口、快速描述监测系统环境、定义数据传输及处理过程的图形化编程软件工具，以便根据不同监测对象快速构建监测诊断软件平台
6)智能分析诊断技术的研究	主要包括基于神经网络、模糊理论等智能信息处理方法和基因算法，对设备故障的智能诊断技术及多种智能诊断方法相融合技术的研究；对基于模糊的和确定性的知识进行综合推理的专家系统的研究；对基于小波分析、分形理论等方法的信号分析、故障特征提取技术的研究
7)基于Web的网络诊断知识库、数据库和案例库的研究	针对不同应用对象，研究制订故障诊断规则，筛选监测诊断数据和故障案例，建立基于Web的网络诊断知识库、数据库和案例库
8)多参数综合诊断技术的研究	采用多参数信息融合技术，研究故障对设备有关状态参数(振动、油液和热力参数)影响的机理、特征和规律；以信息融合的多参数设备故障综合诊断技术为基础，研究制订相应的诊断规则，开发相应的网络化运行软件
9)专家会诊环境的研究	研究开发具有开放接口的远程设备故障诊断分析工具包，提供频谱、细化谱、倒谱等常规分析，以及小波、经验模态分解(EMD)等先进分析工具；研究电子白板、网络论坛(BBS)、网络会议(Net meeting)等技术与应用方案，采用设备状态数据Web发布技术与诊断专家网络群件系统技术，实现专家会诊环境，支持集成数据、语音和视频的信息交流

图 4-7　智能维护技术主要研究领域

支撑，借助计算机的数值计算、逻辑判断和推理功能，确定零件机械加工的工艺过程。智能工艺是连接设计与制造之间的桥梁，它的质量和效率直接影响企业制造资源的配置与优化、产品质量与成本、生产组织效率等，因而对实现智能生产起着重要的作用。

智能工艺就是计算机辅助工艺（Computer Aided Process Planning，CAPP），是指在人和计算机组成的系统中，根据产品设计阶段给出的信息，通过人机交互或自动的方式，确定产品的加工方法和工艺过程。智能工艺计算机程序界面（人机界面）如图 4-8 所示。

（2）智能工艺组成　智能工艺由加工过程动态仿真、工艺过程设计模块、零件信息输入模块、控制模块、输出模块、工序决策模块、工步设计决策模块和 NC 加工指令生成模块构成，如图 4-9 所示。

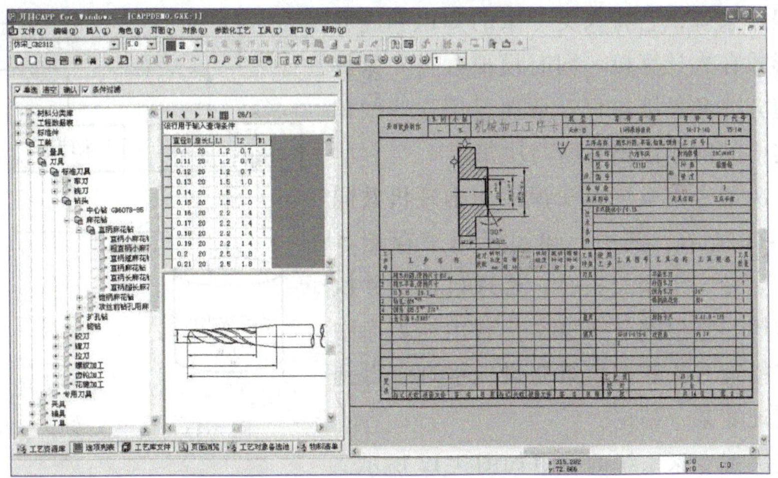

图 4-8　智能工艺计算机程序界面

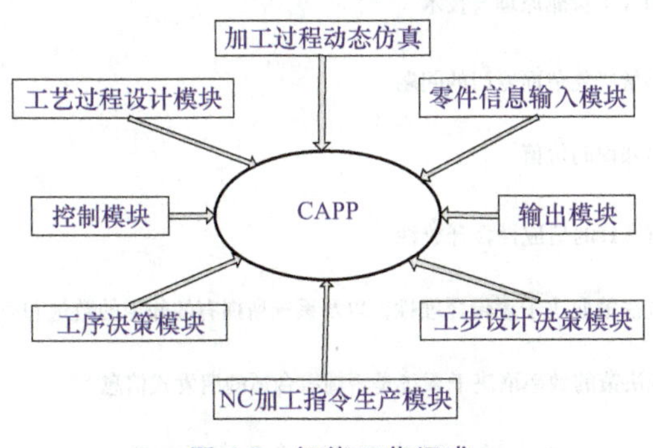

图 4-9　智能工艺组成

CAPP 各模块的功能如图 4-10 所示。

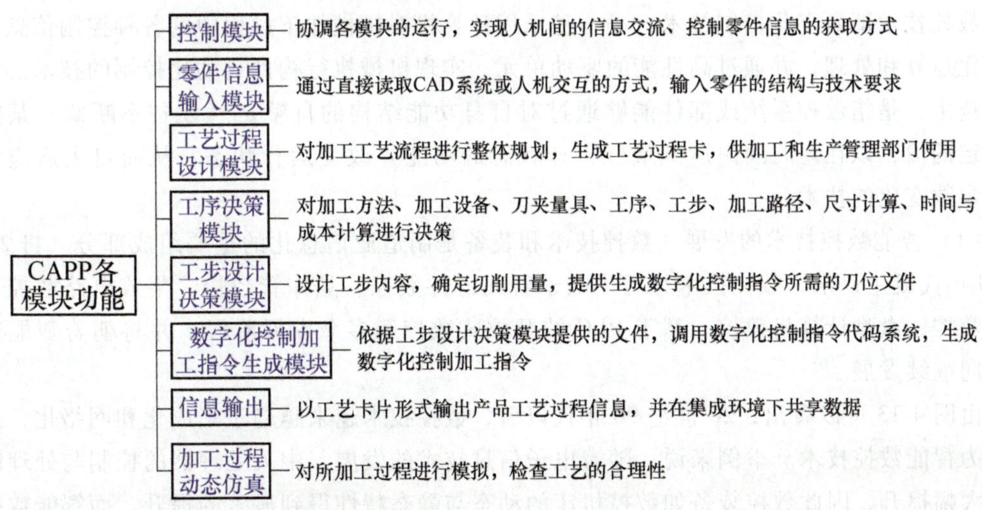

图 4-10　CAPP 各模块的功能

（3）智能工艺决策专家系统　智能工艺决策专家系统是一种在特定领域内具有专家水平的计算机程序系统，它将人类专家的知识和经验以知识库的形式存入计算机，同时模拟人类专家解决问题的推理方式和思维过程，从而运用这些知识和经验对现实中的问题做出判断与决策。

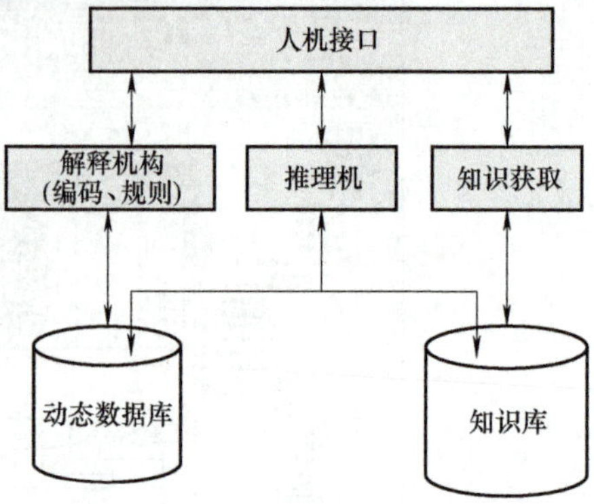

智能工艺决策专家系统由知识库和推理机共同组成，如图 4-11 所示。其中，知识库用来存储各领域的知识，是专家系统的核心；推理机控制并执行对问题的求解，它根据已知事实，利用知识库中的知识按一定推理方法和搜索策略进行推理，得到问题的答案或证实某一结论。

图 4-11　智能工艺决策专家系统

智能工艺决策专家系统的特点如图 4-12 所示。

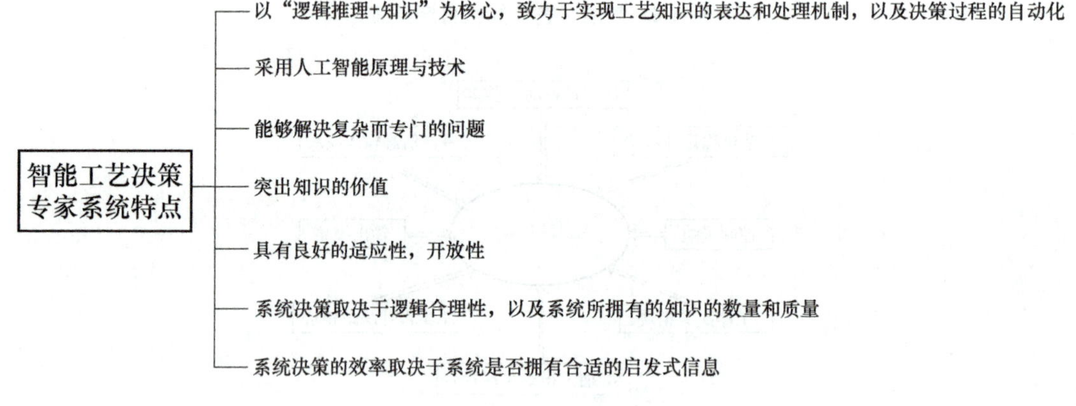

图 4-12　智能工艺决策专家系统特点

4. 智能数控技术

数控技术即数字化控制技术，是一种采用计算机对机械加工过程中的各种控制信息进行数字化运算和处理，并通过高性能的驱动单元，实现机械执行构件自动化控制的技术。智能数控技术，是指数控系统或部件能够通过对自身功能结构的自整定（设备不断修正某些预先设定的值，以在短时间内达到最佳工作状态的功能）改变运行状态，从而自主适应外界环境参数变化的技术。

（1）智能数控技术的发展　数控技术和装备是制造业信息化的重要组成部分。自 20 世纪 50 年代诞生以来，数控技术经历了电子管元器件数控、晶体管数控、集成电路数控、计算机数控、微型计算机数控、基于 PLC 的开放式数控等多个发展阶段，并将朝着智能数控的方向继续发展。

由图 4-13 可以看出，20 世纪 90 年代以后，数控技术越来越趋于集成化和网络化，逐渐发展为智能数控技术。举例来说，随着电子信息技术的发展，中央处理器的控制与处理能力得到大幅提升，因此数控装备如数控机床的动态与静态特性得到显著的提升，而智能数控加工技术也向高性能、柔性化和实时性方向发展。

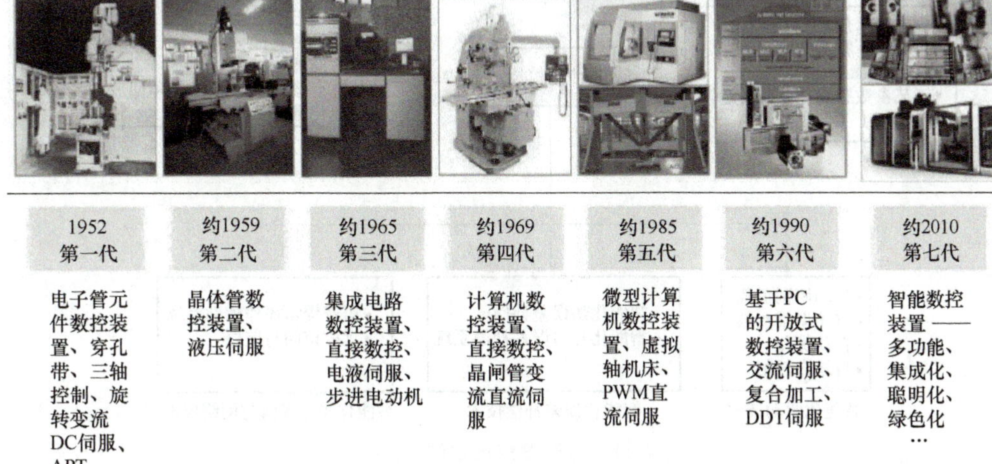

图 4-13　智能数控技术的发展

智能制造时代层出不穷的新情况，诸如加工新型材料、越来越复杂的机器零部件结构、越来越高的工艺质量标准以及绿色制造的要求等，都使智能数控技术面临着全新的挑战。

（2）智能数控技术的组成　智能数控技术是智能数控装备、智能数控加工技术以及智能数控系统的统称。

1）智能数控机床。智能数控机床是最具代表性的智能数控装备之一。智能数控机床技术包括智能主轴单元技术、智能进给驱动单元技术以及智能机床结构设计技术。

2）智能数控加工技术。智能数控加工技术包括自动化编程软件与技术，数控加工工艺分析技术以及加工过程及参数优化技术。

3）智能数控系统。智能数控系统是实现智能制造系统的重要基础单元，由各种功能模块构成。智能数控系统包括硬件平台、软件技术和伺服协议等。智能数控系统具有多功能化、集成化、智能化和绿色化等特征。

（3）智能数控技术的特点　智能数控技术集合了智能化加工技术、智能化状态监控与维护技术、智能化驱动技术、智能化误差补偿技术、智能化操作界面与网络技术等若干关键技术，具备多功能化、集成化、智能化、环保化的优势特征，必将成为智能制造不可或缺的左膀右臂。以智能数控机床为例，智能数控技术的特点如图 4-14 所示。

任务实施——主题讨论

全班分为五组，每组至少完成一个问题。

1）举例说明什么样的装备是智能装备？

2）智能装备应具备什么样的功能？

3）不具备智能功能的装备就不是智能装备吗？

4）智能装备技术有哪些？

5）搜索我国智能制造装备的发展成就。

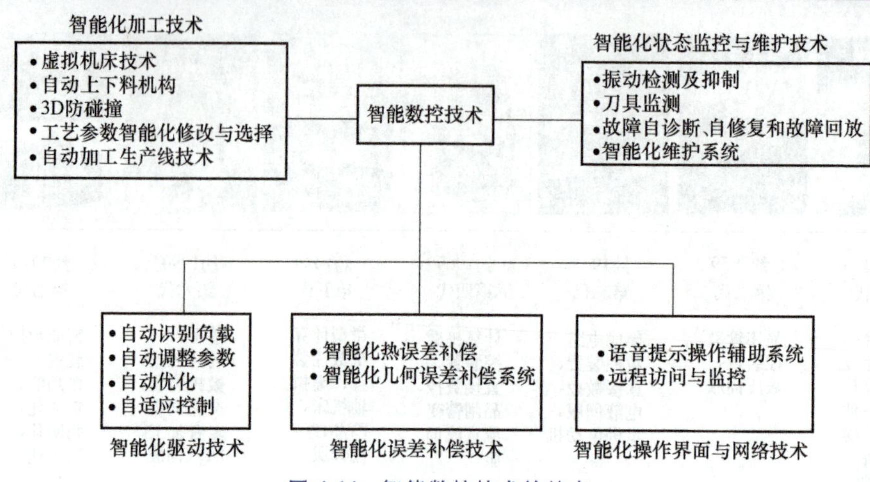

图 4-14 智能数控技术的特点

任务评价

根据任务完成情况填写表 4-1。

表 4-1 认识智能装备与技术任务评价

评价内容及标准	自评分	互评分	教师评分
智能装备案例(50 分)			
智能装备应具备的功能(10 分)			
智能装备必须具有智能功能(10 分)			
智能装备技术种类(10 分)			
我国智能制造装备的发展成就(20 分)			
总分(100 分)			

思考与练习

一、填空题

1. 智能制造装备是具有感知、(　　)、推理、(　　)、(　　) 等功能的制造装备。

2. 智能制造装备是先进制造技术、信息技术和 (　　) 技术的集成和深度融合，能够自行感知、分析运行环境，自行规划、控制作业，自行诊断和修复故障，主动分析自身性能优劣、进行自我维护，并能够参与网络集成和网络协调。

3. 智能制造装备技术是让制造装备能进行诸如 (　　)、(　　)、判断、构思和决策等多种智能活动，并可与其他智能装备进行 (　　) 共享的技术。

4. 智能制造装备技术包括装备运行技术与环境感知、(　　)，性能预测与智能维护技术，智能工艺规划与编程技术，智能数控技术。

二、判断题

1. 智能制造装备能够自行感知、分析运行环境，自行规划、控制作业，自行诊断和修复故障，主动分析自身性能优劣、进行自我维护，并能够参与网络集成和网络协调。(　　)

2. 智能制造装备包括高档数控机床与基础制造装备，自动化成套生产线，智能控制系统，精密和智能仪器仪表与试验设备，关键基础零部件、元器件及通用部件，智能专用装备的发展。( )

3. 智能制造装备技术是让制造装备能进行诸如分析、推理、判断、构思和决策等多种智能活动，并可与其他智能装备进行信息共享的技术。( )

4. 智能制造装备技术是先进制造技术、信息技术和智能技术的集成和深度融合。( )

5. 传感器是智能制造装备中的基础部件，可以感知或采集环境中的图形、声音、光线以及生产节点上的流量、位置、温度、压力等数据。( )

6. 性能预测技术是对设备性能的预测分析以及对故障时间的估算。( )

7. 智能维护是采用性能衰退分析和预测方法，结合现代电子信息技术，使设备达到近乎零故障性能的一种新型维护技术。( )

8. 智能工艺是将产品设计数据转换为产品制造数据的一种技术，也是对零件从毛坯到成品的制造方法进行规划的技术。( )

9. 智能制造装备运用传感器技术识别周边环境（如加工精度、温度、切削力、热变形、应力应变、图像信息）的功能，能够大幅改善其对周围环境的适应能力，降低能源消耗，提高作业效率，是智能制造装备的主要发展方向。( )

三、多选题

1. 下列装备属于智能制造装备的有（ ）。

A. 工业机器人 B. 高可靠性轴承 C. 飞机制造 D. 超声加工 E. 高档数控机床

2. 智能制造装备是具有（ ）等功能的制造装备。

A. 感知 B. 分析 C. 推理 D. 决策 E. 控制

3. 从功能上讲，智能制造装备技术包括（ ）与（ ）、（ ），（ ）与智能维护技术，（ ）与编程技术，智能数控技术。

A. 装备运行技术 B. 环境感知 C. 识别技术 D. 性能预测 E. 智能工艺规划

4. 智能数控技术是（ ）、（ ）以及（ ）的统称。

A. 智能数控装备 B. 智能数控加工技术 C. 智能数控系统

D. 性能预测 E. 智能工艺规划

项目 4.2 认识智能制造服务与技术

任务引入

除专卖店外，电子产品的线下体验店与客户服务中心也很多。体验店能让客户进行买前体验，以了解其电子产品；客户服务中心能为客户提供各类售前、售后服务。无论是体验店还是客户服务中心，都是以服务用户为目标。那么，这些服务是智能制造服务吗？智能制造服务有哪些特点呢？

相关知识

随着计算机和通信技术的迅猛发展，制造业也由传统的手工制造，逐渐迈入了以新型传感器、智能控制系统、工业机器人、自动化成套设备为代表的智能制造时代，智能制造服务因而越发受到重视。

近年来，随着人工成本的提高及科技的快速发展，产品服务所产生的利润已经远远超过了制造产品本身，产品非实体部分的价值已经远超产品本身。通过融合产品和服务，引导客户全程参与产品研发等方式，智能制造服务能够实现制造价值链的价值增值，并对分散的制造资源进行整合，提高企业的核心竞争力。

一、智能制造服务

智能制造服务是指面向产品的全生命周期，依托于产品创造高附加值的服务。比如智能物流、产品跟踪追溯、远程服务管理、预测性维护等都是智能制造服务的具体表现。

智能制造服务是智能制造的核心内容之一，越来越多的制造企业已经意识到从生产型制造向生产服务型制造转型的重要性。服务的智能化既体现在企业如何高效、准确、及时地挖掘客户潜在需求并实时响应，也体现为产品交付后，企业怎样对产品实施线上、线下服务，并实现产品的全生命周期管理。

对传统制造企业来说，实现智能制造服务可从三方面入手：一是依托制造业拓展生产型服务业，并整合原有业务，形成新的业务增长点；二是从销售产品向提供服务及成套解决方案发展；三是创建公共服务平台、企业间协作平台和供应链管理平台等，为制造业专业服务的发展提供支撑。

智能制造服务通常包含以下几类。

1）产品个性化定制、全生命周期管理、网络精准营销与在线支持服务等。

2）系统集成总承包服务与整体解决方案等。

3）面向行业的社会化和专业化服务。

4）具有金融机构形式的相关服务。

5）大型制造设备和生产线等融资租赁服务。

6）数据评估、分析与预测服务。

近些年来，智能产品如智能手机、智能手表、智能眼镜，以及物联网下的智能家居等丰富了我们的生活。智能制造的巨大浪潮与产业互联网的融合正在酝酿着崭新的商业模式，以期带来用户需求的颠覆与生活方式的变革。在未来，智能制造服务等新型行业必将得到广泛关注与发展。

美国 GE 公司在 2012 年 11 月发布了《工业互联网：打破智慧与机器的边界》的报告，确定了未来装备制造业智能制造服务转型的路线图，将“智能化设备”“基于大数据的智能分析”“人工智能的智能决策”作为工业互联网的关键要素，并将为工业设备提供面向全生命周期的产业链信息管理服务，帮助用户更高效、更节能、更持久地使用这些设备。装备制造业服务系统的设计构架如图 4-15 所示。

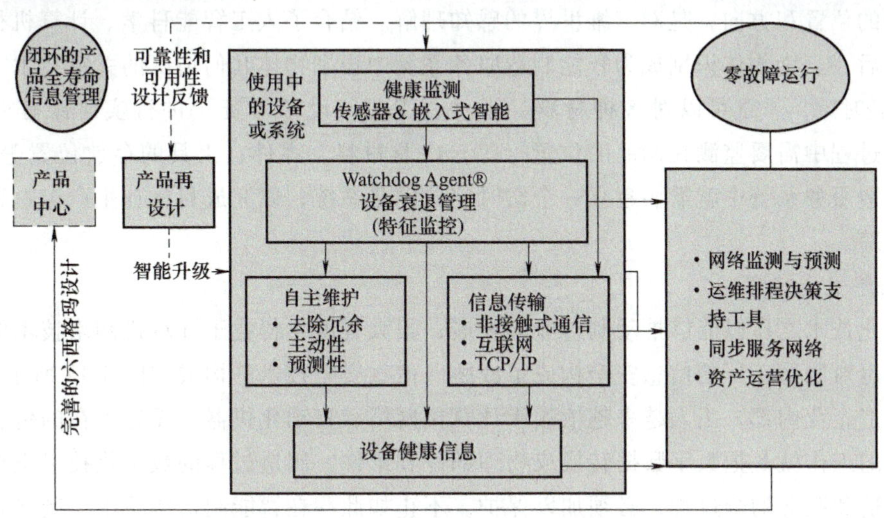

图 4-15　装备制造业服务系统的设计构架

二、智能制造服务技术

要实现完整的生产系统智能制造服务，关键是要突破智能制造服务的基础共性技术，主要包括云服务平台技术、服务状态感知技术、信息安全技术、协同服务技术、个性化生产服务技术以及增值服务技术。

1. 云服务平台技术

云服务平台技术是实现智能服务的重要保障，是实现用户与制造商信息交互的核心技术。云服务平台具有多通道的并行接入能力，如图 4-16 所示。

云服务平台技术可以通过传感器等对产品的制造过程、装备的运行状态、用户的使用习惯、需求信息等数据进行采集和处理。一方面，通过用户需求分析引导制造商生产满足用户需求的个性化产品；另一方面，通过对装备运行状态、用户使用习惯进行分析，从而为用户提供有效的增值服务，进而提升产品附加值和企业收益。

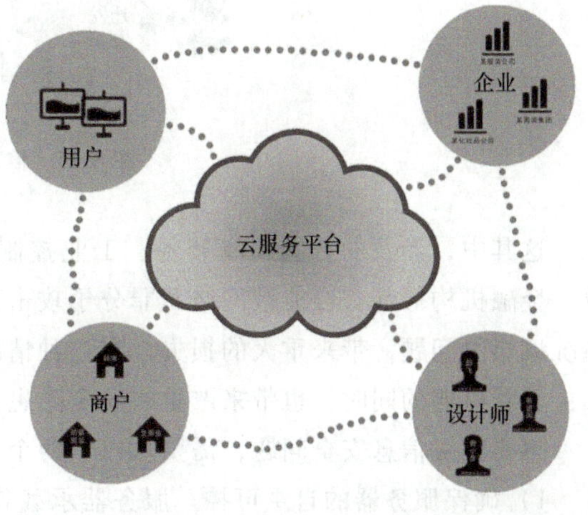

图 4-16　云服务平台

2. 服务状态感知技术

服务状态感知技术是智能制造服务的关键环节，产品追溯管理、预测性维护等服务都是以产品的状态感知为基础的。服务状态感知技术包括识别技术和实时定位系统。

1）识别技术主要包括射频识别技术、基于深度三维图像识别技术，以及物体缺陷自动识别技术。基于三维图像物体识别可以识别出图像中有什么类型的物体，并给出物体在图像中所反映的位置和方向，是对三维世界的感知理解。结合了人工智能科学、计算机科学和信息科学之后，三维物体识别成为智能制造服务系统中识别物体几何情况的关键技术。

2）实时定位系统可以对多种材料、零件、工具、设备等资产进行实时跟踪管理，例如，生产过程中需要监测在制品的位置行踪，以及材料、零件、工具的存放位置等。这样，在智能制造服务系统中就需要建立一个实时定位网络系统，以完成目标在生产全过程中的实时位置跟踪。

3. 信息安全技术

数字化技术之所以能够推动制造业的发展，很大程度上得益于计算机网络技术的广泛应用，但这也对制造工厂的信息安全构成了威胁。信息安全技术的构成如图 4-17 所示。

在制造企业内部，工人越来越依赖于计算机网络、自动化机器和无处不在的传感器，而技术人员的工作就是把数字数据转换成物理部件和组件。制造过程的数字化技术支撑着产品设计、制造和服务的全过程，必须加以保护。不止如此，在智能制造体系中，制造企业从顾客需求开始，到接受产品订单、寻求合作生产、采购原材料或零部件、产品协同设计到生产组装，整个流程都通过互联网连接起来，信息安全问题将更加突出。

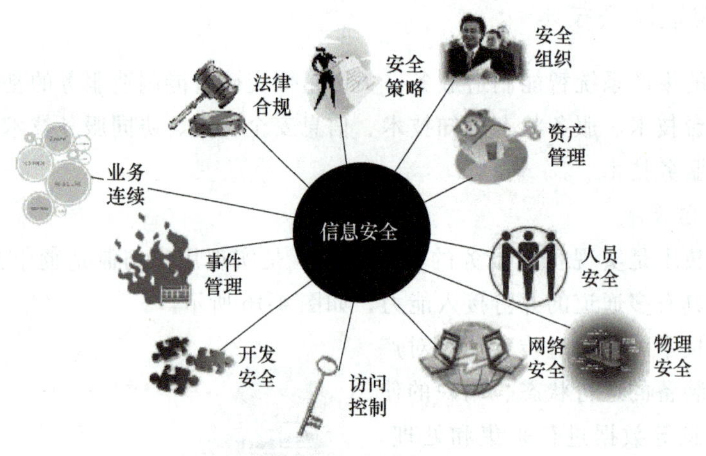

图 4-17　信息安全技术

这其中，涉及的智能互联装备、工业控制系统、移动应用服务商、政府机构、零售企业、金融机构等都有可能被网络犯罪分子攻击，从而造成个人隐私泄露、支付信息泄露或者系统瘫痪等问题，带来重大的损失。在这种情况下，互联网应用于制造业等传统行业，在产生更多新机遇的同时，也带来严重的安全隐患。

想要解决信息安全问题，需要从以下两个方面入手：

1）确保服务器的自主可控。服务器承载着国家信息安全，其自主化是确保行业信息化应用安全的关键，也是构筑我国信息安全长城不可或缺的基石。

只有确保服务器的自主可控，满足金融、电信、能源等对服务器安全性、可扩展性及可靠性有严苛标准的行业的数据中心和远程企业环境的应用要求，才能建立安全可靠的信息产业体系。

2）确保 IT 核心设备安全可靠。目前，我国 IT 核心产品仍严重依赖国外企业，信息化核心技术和设备受制于人。只有实现核心电子器件、高端通用芯片及基础软件产品的国产化，确保核心设备安全可靠，才能不断把 IT 安全保障体系做大做强。

4. 协同服务技术

在模块 1 中已经了解了什么是协同制造。按协同制造的内容分，协同制造又可分为协同设计、协同供应链、协同生产和协同服务，这里着重介绍协同服务技术。

协同服务技术（Cooperative Service Technology，CST）是一种利用网络技术实现多个服务之间相互协作的技术。它通过将不同的服务组合在一起，以提供更强大、更高效的功能。协同服务技术可以应用于各种领域，如电子商务、金融服务、医疗保健等。

协同服务技术的主要特点，如图 4-18 所示。

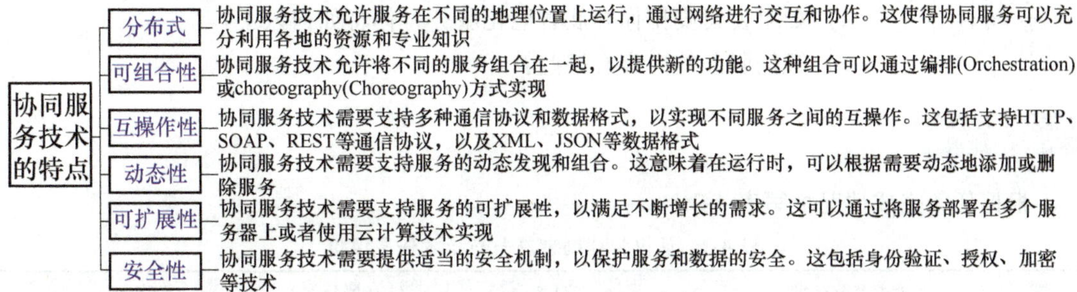

图 4-18　协同服务技术的主要特点

协同服务技术的应用场景包括以下几种。

1）供应链管理。通过协同服务技术，可以将供应商、制造商、分销商等各个环节的服务连接在一起，实现高效的供应链管理。

2）金融服务。银行、保险公司等金融机构可以利用协同服务技术提供更高效、个性化的服务，如贷款审批、保险理赔等。

3）医疗保健。医疗机构可以通过协同服务技术共享患者数据，实现远程诊断、联合治疗等功能。

4）电子商务。在线零售商可以利用协同服务技术将不同的服务（如支付、物流、客服等）集成在一起，提供一站式的购物体验。

5. 个性化生产服务技术

如何开展预测性维护

个性化生产服务是智能制造的未来发展方向之一。通过将个性化的服务融入产品，提升产品附加值，可以为企业创造新的价值。个性化生产服务通过云服务平台收集客户个性化需求，按照顾客需求进行生产，以满足顾客的个性化需求。由于消费者的个性化需求差异性大，加上消费者的需求量又少，因此企业实行定制化生产必须在管理、供应、生产和配送各个环节上，都适应这种多品种、小批量、多式样和多规格产品的生产和销售变化。

6. 增值服务技术

增值服务技术主要体现在产品销售后，以服务应用软件为创新载体，通过大数据分析、人工智能等新兴技术，结合最新的 5G 通信手段，自动生成产品运行与应用状态报告，并发送至用户端，从而为用户提供在线监测、故障预测与诊断、健康状态评估等增值服务。与此同时，利用云服务平台收集用户在产品使用过程中的行为信息等数据，针对不同客户的习惯提供个性化的升级服务，从而有效地增加产品附加值，为企业创造新的价值。

任务实施——主题讨论

轨道交通装备制造业中推行服务制造

全班分为五组，每组至少完成一个问题。

1）举例说明什么样的服务是智能制造服务？

2）智能制造服务应具备什么样的功能？

3）智能制造服务创造的价值会远远大于产品价值本身吗？

4）如果公司安排你开展智能化服务，你将如何入手？

5）智能服务的内容有哪些？

任务评价

根据任务完成情况填写表 4-2。

表 4-2　认识智能制造服务与技术任务评价

评价内容及标准	自评分	互评分	教师评分
智能制造服务的定义（50 分）			
智能制造服务的功能（10 分）			
智能制造服务创造的价值会远远大于产品价值本身吗（10 分）			
开展智能化服务方案（10 分）			
智能制造服务的内容（20 分）			
总分（100 分）			

思考与练习

一、填空题

1. 智能制造服务是指面向（　　　　　），依托于产品创造高附加值的服务。举例来说，智能物流、产品跟踪追溯、远程服务管理、预测性维护等都是智能制造服务的具体表现。

2. 智能制造服务结合（　　）技术，能够从根本上改变传统制造业产品研发、制造、运输、销售和售后服务等环节的运营模式。

3. 要实现完整的生产系统智能制造服务，关键是突破智能制造服务的基础共性技术，主要包括（　　）技术、信息安全技术和协同服务技术。

4. 服务状态感知技术包括识别技术和（　　）系统。

5. 在智能制造体系中，制造企业从顾客需求开始，到接受产品订单、寻求合作生产、采购原材料或零部件、产品协同设计到生产组装，整个流程都通过互联网连接起来，（　）安全问题将更加突出。

二、判断题

1. 智能制造服务是指面向产品的全生命周期，依托于产品创造高附加值的服务。(　　)

2. 智能制造服务结合信息技术，能够从根本上改变传统制造业产品研发、制造、运输、销售和售后服务等环节的运营模式。(　　)

3. 服务的智能化既体现在企业如何高效、准确、及时地挖掘客户潜在需求并实时响应，也体现为产品交付后，企业怎样对产品实施线上、线下服务，并实现产品的全生命周期管理。(　　)

4. 未来，产品价值会被服务价值所代替。(　　)

5. 服务状态感知技术是智能制造服务的关键环节，产品追溯管理、预测性维护等服务都是以产品的状态感知为基础的。(　　)

6. 三维物体识别成为智能制造服务系统中识别物体几何情况的关键技术。(　　)

7. 实时定位系统可以对多种材料、零件、工具、设备等资产进行实时跟踪管理，例如，生产过程中需要监视在制品的位置行踪，以及材料、零件、工具的存放位置等。(　　)

8. 数字化技术之所以能够推动制造业的发展，很大程度上得益于计算机网络技术的广泛应用，但这也对制造工厂的信息安全构成了威胁。(　　)

9. 协同服务包括设备协作、资源共享、技术转移、成果推广和委托加工等模式的协作交互，通过调动不同企业的人才、技术、设备、信息和成果等优势资源，实现集群内企业的协同创新、技术交流和资源共享。(　　)

10. 协同服务最大限度地减少了地域对智能制造服务的影响，通过企业内和企业间的协同服务，使顾客、供应商和企业都参与到产品设计中，大大提高产品的设计水平和可制造性，有利于降低生产经营成本，提高质量和客户满意度。(　　)

11. 只有确保服务器的自主可控，满足金融、电信、能源等对服务器安全性、可扩展性及可靠性有严苛标准行业的数据中心和远程企业环境的应用要求，才能建立安全可靠的信息产业体系。(　　)

三、多选题

1. 对传统制造企业来说，实现智能制造服务可从（　　）方向入手。

A. 依托制造业拓展生产性服务业，并整合原有业务，形成新的业务增长点

B. 从销售产品向提供服务及成套解决方案发展

C. 创建公共服务平台、企业间协作平台和供应链管理平台等，为制造业专业服务的发展提供支撑

D. 构置新的智能装备

2. 下列选项中（　　）都是智能制造服务的具体表现。

A. 智能物流　　B. 产品跟踪追溯　　C. 远程服务管理　　D. 预测性维护

3. 要实现完整的生产系统智能制造服务，关键是突破智能制造服务的基础共性技术，主要包括（　　）等技术。

A. 服务状态感知技术　　B. 信息安全技术

C. 协同服务技术　　D. 预测性维护技术

4. 服务状态感知技术包括（　　）技术。

A. 识别技术　　B. 实时定位系统　　C. 协同服务技术　　D. 预测性维护技术

模块5　新一代智能制造

随着人工智能、5G、大数据、云计算、物联网等技术的进一步发展，以及在新基建推动数字化转型的背景下，在下一代智能制造中，工业机器人与人的关系将由协作转向共融，云工业机器人会借助云上“大脑”达到感知智能层级，数字工程师将处理某些专业领域的工作并与人进行交流，商业智能也会应用得更加广泛。

知识目标

- 了解人机共融的概念与特点；
- 熟悉人机共融的技术及应用；
- 了解云工业机器人的概念与特点；
- 熟悉云工业机器人关键技术及应用；
- 了解数字工程师；
- 熟悉数字工程师的关键技术及应用；
- 了解商业智能的概念与特点；
- 熟悉商业智能与商业思维应用的关键技术。

能力目标

- 能举例说明新一代智能制造的内涵与特点；
- 能根据现有生产案例判断其是否具备智能制造的特点。

素养目标

- 提升资料检索和整理的能力；
- 了解国家新一代制造制造发展情况，与时俱进，树立正确的价值观；
- 增强民族自信心和自豪感，树立为我国制造业的高质量发展而学习的目标。

项目 5.1 走进新一代智能制造技术

知识目标：能说出人机共融、云工业机器人的定义、特征及应用。

技能目标：能设计并构建人机共融、云工业机器人系统的模型。

素养目标：形成创新思维，提升分析问题与解决问题的能力。

任务 5.1.1 认识人机共融技术

任务引入

当下人工智能、大数据、5G 等新技术与工业机器人的融合，加上政策的引导和支持，我国工业机器人正迎来加速发展的机遇期。随着人工智能技术的突破升级，工业机器人的感知能力和交互沟通能力越来越强，服务工业机器人和协作工业机器人的市场呈现明显增长态势，“人机共融”成为重要发展趋势，也是世界工业机器人领域研发创新的主要方向。

相关知识

一、人机共融技术

“工业 4.0”之父沃尔夫冈 · 瓦尔斯特曾指出，人工智能是“工业 4.0”的驱动力，很多人认为“工业 4.0”就是无人化生产，事实是即使在未来十年里，其要实现的也不是无人生产，而是组合性的生产。

由此可见，此前业界的“人机协作”概念正是这种理解下的产物，而随着人工智能技术的提升，人与工业机器人之间将不再只是单纯的“协作”，一种新的关系也应运而生——人机共融。

人机共融就是人与工业机器人从单一的人类控制工业机器人，转变为人类与工业机器人在同一空间共存，既能紧密协调工作、自主实现自身技能又能保证安全而不至于担心工业机器人失控，这是一种更加自然的作业状态。所谓人机共融是人与工业机器人关系的一种抽象概念，其内涵如图 5-1 所示。

1. 人机共融的特点

人机共融的特点包括人机个体间的融合、人机群体间的融合、人机融合后的共同演进三方面，如图 5-2 所示。

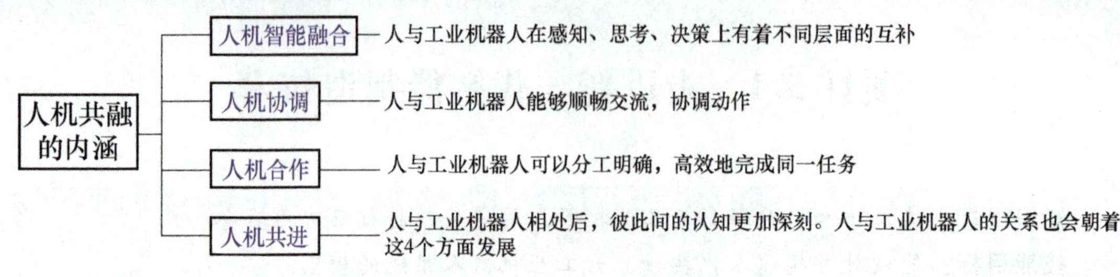

图 5-1　人机共融的内涵

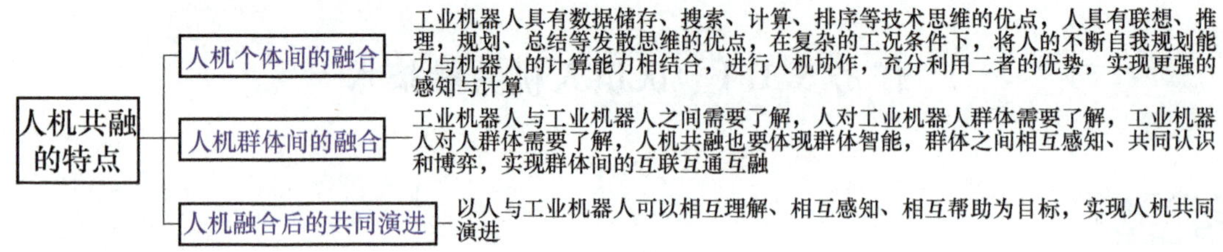

图 5-2　人机共融的特点

工业机器人可以将人的知识不断输入，自主学习，变得更加智能与高效；工业机器人也可以与工业机器人之间进行信息共享，相互博弈，不断进化。人应主动了解工业机器人，通过工业机器人的反馈，提升人的认知能力。

2. 人机共融的关键技术

人机共融的关键技术包括结构设计与动力学设计、共融工业机器人的环境主动感知与自然交互、智能控制和决策方法、体系构建和操作系统完善等方面。具体来看，要想实现人机共融，离不开人工智能、人机交互及传感器技术等三大关键技术。

(1) 传感器技术　传感器技术是智能制造的重要组成部分，智能传感器促使工业机器人模仿人类的感觉系统来感知环境，推动人机共融的发展。例如，智能设备和工业机器人结合相关的软件，可以实现“看”“听”“闻”“感觉”，“直观”地了解其所处环境，做出相应的响应。传感器在工业机器人本体的应用会更加全面，能推动人机共融的发展。

应用案例一： 双足工业机器人。如图 5-3 所示，双足工业机器人的部分关节用电动机作为驱动元件，通过谐波减速器减速输出，精准的位置控制需要角度位移传感器测量电动机和谐波减速器的转动角度；动力学分析是工业机器人稳定、快速行走必不可少的环节，通过六轴力矩传感器测量脚踝处的力和力矩来推算脚底压力中心点的位置，从而判断工业机器人是否稳定并对其进行步态控制；激光雷达是工业机器人的眼睛，具有测量精度高、测量距离远、稳定且对周围环境适应性强的特点，用其感知外界环境可为工业机器人的路径规划提供依据；碰撞检测传感器可以让工业机器人与外界进行交互，理解环境，判断是否继续运动，保证工业机器人与人的安全。

应用案例二： 智能穿戴设备如图 5-4 所示。六种惯性传感器通过测量设备的加速度和方向来判断人的运动状态，从而计算出运动消耗的卡路里，为人的运动提供数据，实现智能穿戴最基本的功能。光学心率传感器应用于智能手环中，由于血液是红色的，吸收绿光，反射红光，心脏跳动瞬间吸收的绿光多，心跳间隙吸收的绿光少，当电容灯光射向皮肤时，反射回来的光被光敏传感器接收，从而依据血液的吸光率来测算人的心率。环境光传感器是智能手表的标配，它可以感知周围光线情况，并告知处理芯片自动调节显示器背光亮度，降低产品的功耗，提高其续航能力。智能手表中的微电子机械系统（Micro-Electro-Mechanical Systems，MEMS）传声器可以消除外界噪声，识别人的语音，有助于人与智能手表间的通信。

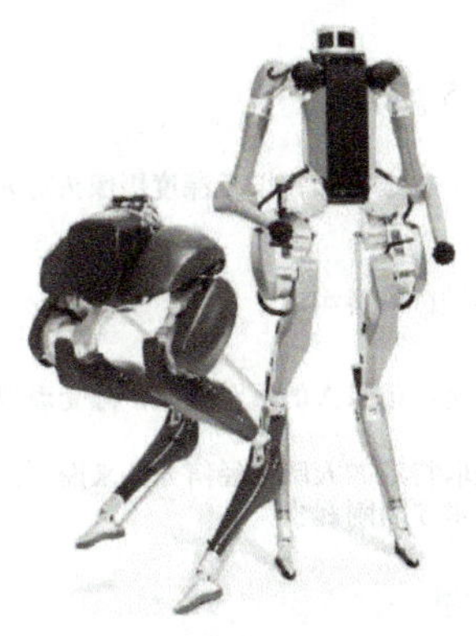

图 5-3　双足工业机器人

图 5-4　智能穿戴设备

（2）人工智能技术　人工智能是研究用计算机来模拟人的某些思维过程和智能行为（如学习、推理、思考、规划等）的学科，主要包括计算机实现智能的原理、制造类似于人脑智能的计算机，使计算机能实现更高层次的应用。人工智能技术主要包括深度学习、强化学习和对抗神经网络。

1）深度学习：利用多层神经网络，对大数据进行分析处理，模仿人脑机制对数据进行解释。

深度学习被广泛应用在人验识别中，由于光线、姿态、表情和年龄等因素引起的类内变化和由个体的不同产生的类间变化是非线性的，并且十分复杂，用传统的方法很难解决，通过深度学习可以尽可能保留类间变化，去除类内变化。在语音识别中，由于深度学习能够从大量的数据中提取所需要的特征，而不像高斯混合模型需要人工提取特征，这样就大大降低了语音识别的错误率。深度学习应用于无人驾驶，在进行物体识别时，可以提高物体识别的准确率；在进行可行域检测（做场景理解）时，能够精准检测可行驶区域的边界；在进行行驶路径检测（做路径规划）时，能解决没有车辆线和车辆线模糊的情况。同时，深度学习也应用在了文字识别、医疗、金融等领域。

2）强化学习：在未知的情况下，以“试错”的方式进行自主学习。

应用案例：谷歌 DeepMind 人工智能团队成功掌握了高难度的 Atari 游戏，激发了人们对强化学习的热情。AlphaGo 击败了世界围棋冠军，为强化学习的研究树立起一座里程碑。DeepStack 作为世界第一个在“一对一无限注德州扑克”上击败了职业扑克玩家的 AI（Artificial Intelligenee）和 Libratus 作为在双人无限注德扑中击败人类顶级选手的 AI，其背后的强化学习技术同样具有里程碑意义。强化学习也应用于产品和服务，如 AutoML 尝试降低 AI

门槛，Google Cloud AutoML 提供神经网络架构、设备摆放和数据增强的自动化服务，亚马逊推出了实体强化学习测试平台——AWS DeepRacer。同时，强化学习在工业机器人教育培训、医疗健康等领域也得到了应用。

3）对抗神经网络：两个人工智能系统以对抗的形式创造逼真的声音和图像，使得机器拥有创造力和想象力，并减少对数据的依赖。

人工智能是工业机器人的大脑，也是人机共融的核心，目前，人工智能中的深度学习与强化学习得到了很好的应用。

（3）人机交互技术　人机交互技术的实现方式如图 5-5 所示。

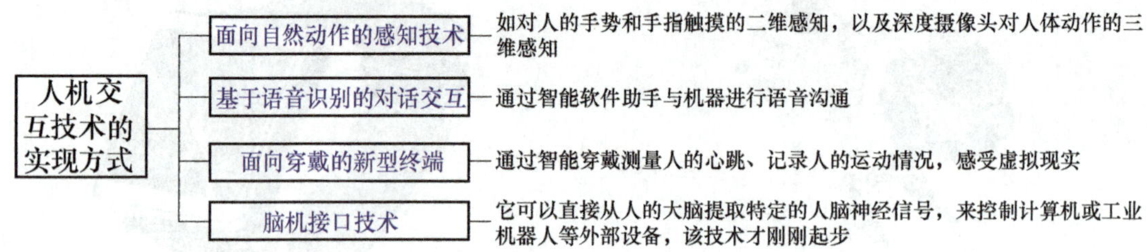

图 5-5　人机交互技术的实现方式

人机交互的发展是实现人机共融的必经之路。

应用案例：百度 AI 平台中的手势识别能识别图 5-6 所示的多种常见手势，可应用于智能家电、家用机器人、可穿戴、儿童教具等硬件设备；Siri 软件是 iPhone、iPad、Apple Watch 等产品的语音助手，利用图 5-7 所示技术，可以执行读短信、介绍餐厅、询问天气、语音设置闹钟等命令，也能自我学习，主观回答“生命的意义是什么”“能给我的生活提点建议吗”等问题；宝马 X5 iDrive 7.0 构建了触控、旋钮、视觉、语音、手势为一体的“五

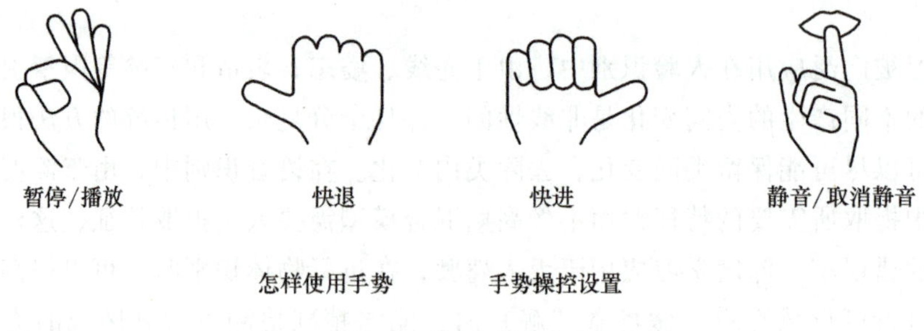

图 5-6　手势识别能识别的多种常见手势

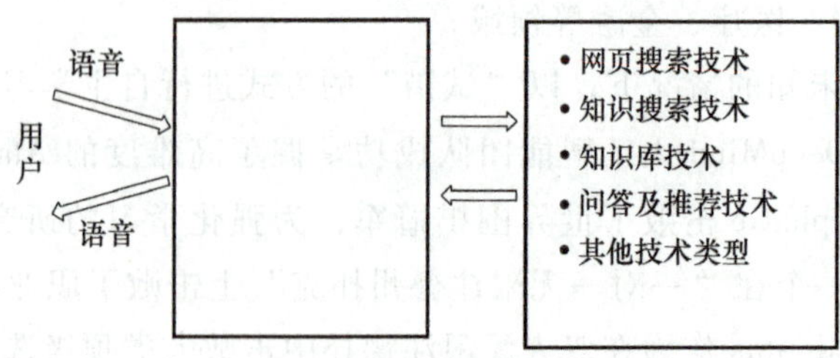

图 5-7　Siri 的语音功能

维人机交互”，可以用七种手势控制电话接听、音量增减、视角切换等自定义功能，其智能化程度高，用户体验效果好。智能穿戴测量人的心电图、手机的指纹解锁、虚拟现实等一系列的人机交互方式也都应用于生活中。

3. 人机共融在智能制造中的应用

（1）人机共融在工业生产中的应用

应用案例一：ABB YuMi 工业机器人与人协同作业。图 5-8 所示的 ABB YuMi 工业机器人与人协同作业使风险处于可接受的安全水平，它适用于小配件装配，比如对手机和平板计算机的操作，甚至穿针引线。图 5-9 所示为 ABB YuMi 工业机器人和人一起生产插座。

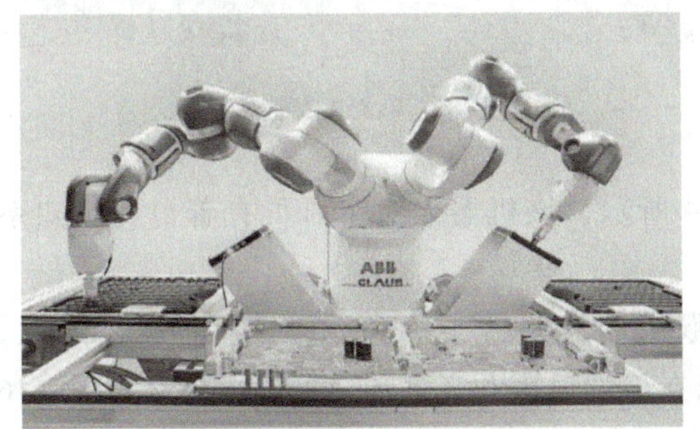

图 5-8 ABB YuMi 工业机器人

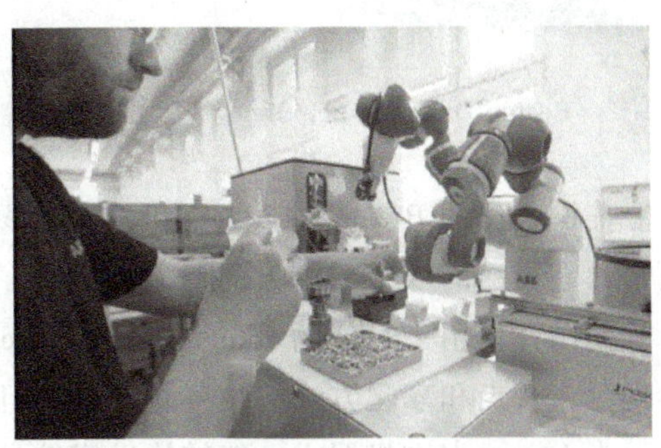

图 5-9 ABB YuMi 工业机器人生产插座

应用案例二：FANUC CRX-10iA 工业机器人与人协同作业。人的轻微触碰会使工业机器人自动停止。图 5-10 所示的 FANUC CRX-10iA 机器人具有高安全性、高可靠性、便捷实用的特点，可以完成小型部件的搬运、装配等应用需求，为用户提供精准、灵活、安全的人机协作解决方案。图 5-11 所示的 KUKA LBRii 工业机器人拥有七个自由度，适用于涂抹、喷漆、黏接、安装、卸码垛、包装、搬运等。

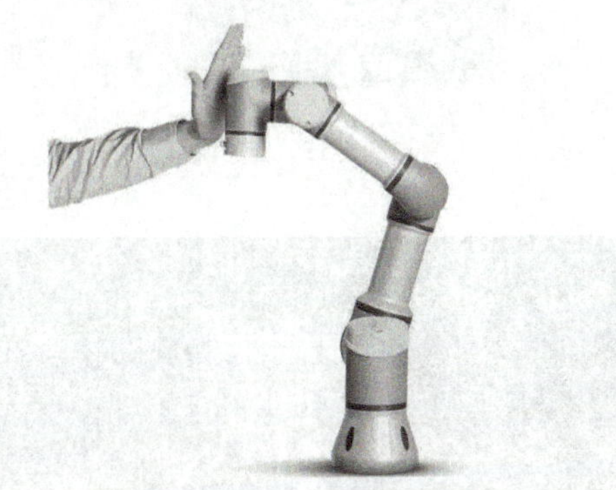

图 5-10 FANUC CRX-10iA 工业机器人

图 5-11 KUKA LBRii 工业机器人

图 5-12 所示的 Boston Dynamic Handle 是款先进的搬运轮式工业机器人，有着精准的视觉感知能力、高效的深度学习能力以及强大的灵敏度与平衡性，可以进行物流搬运，是一款真正意义上的融入生活的工业机器人。

（2）人机共融在航天航空中的应用　俄罗斯推出的 F-850 太空机器人如图 5-13 所示，它用坚固的材料打造，可防止太空振动。飞船飞行时，该机器人坐在指挥官的位置，掌握并报道飞船的运行情况和动力情况，还可以完成步行、掌握转向盘、开门和使用灭火器等动作。

图 5-12 Boston Dynamic Handle 搬运轮式工业机器人

图 5-13 F-850 太空机器人

美国推出的 Robonaut 2 太空机器人如图 5-14 所示，该机器人对宇航员有着自动感知系统，具有灵活的双手和惊人的臂力。

德国计划用于月球的 iStuct Demonstrator 猿猴机器人如图 5-15 所示，该机器人能站立、会爬行，行走和攀爬方式与猿猴相似，并且可以在极端温度和真空环境下进行探索。图 5-16 所示为 Lemur 太空机器人，能够协助宇航员在太空中检修和建设较大的建筑物。

图 5-14 Robonaut 2 太空机器人

图 5-15 猿猴机器人

（3）人机共融在医疗健康领域的应用

达·芬奇 Xi 机器人如图 5-17 所示，其设计理念是通过使用微创的方法，实施复杂的外科手术，它是目前最先进的微创外科技术平台，由外科医生控制台、床旁机械臂系统和成像系统组成。机器人将病人的状态通过成像系统展现给医生，医生操控机器人来给病人做手术，形成了机器人与医生和病人间的交互。

图 5-16 Lemur 太空机器人

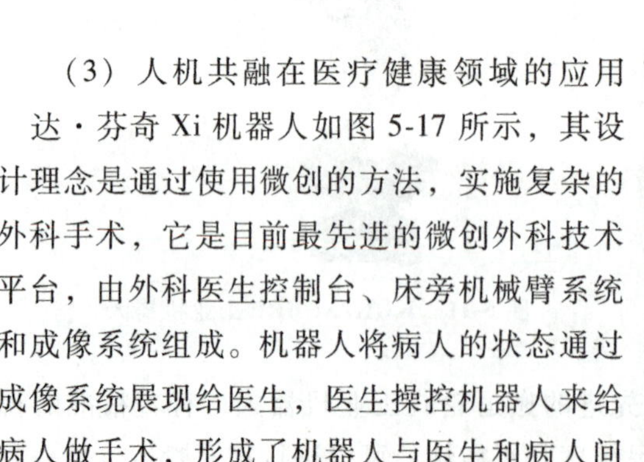

SL-HCR1 物品配送机器人如图 5-18 所

示，它具有驻行走、自主避障、防跌落、自主语音提示、自主充电等功能。图 5-19 所示为并联机器人，它能够利用智能视觉系统对杂乱无章的药品进行识别、定位、动态跟随和抓取，然后将来料分拣至规则的料盒中，图 5-20 所示为 Guardian XO 外骨骼工业机器人，该工业机器人拥有 24 个自由度，具有承重大、续航能力强的优点，能很好地协助人行走和搬运。

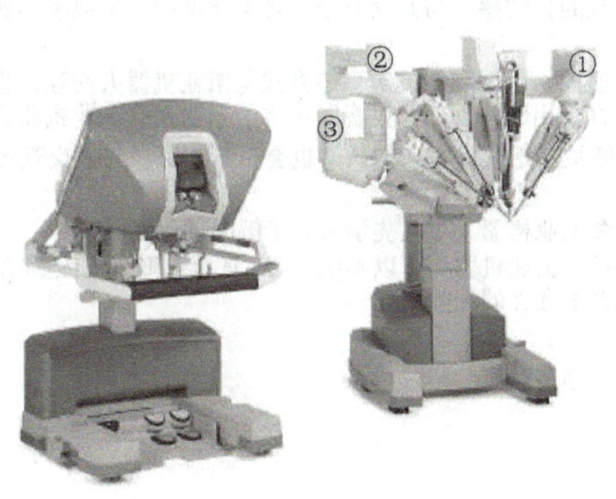

图 5-17 达 · 芬奇 Xi 机器人

图 5-18 SL-HCR1 物品配送机器人

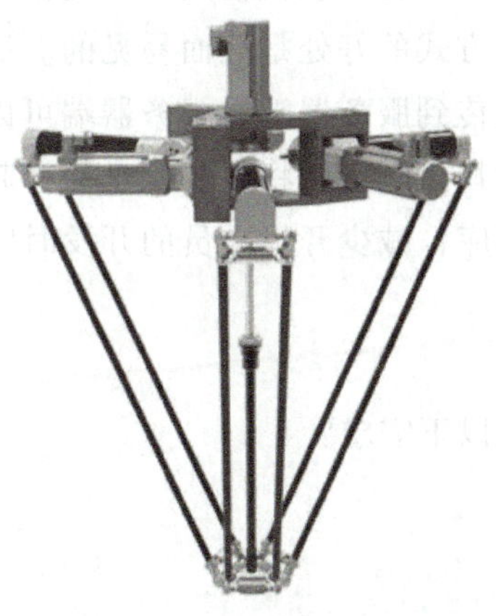

图 5-19 并联机器人

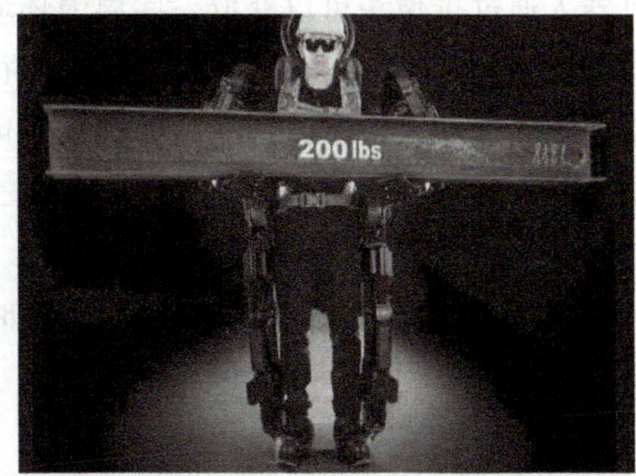

图 5-20 Guardian XO 外骨骼工业机器人

人机共融能够激发中小企业的创造力与活力，生产出个性化和智能化的产品；能够提升大型企业的生产率，保证产品的产量和质量；能够积极推动智能制造，加快我国实现制造业转型升级。

4. 人机共融的发展趋势

人机共融面对的挑战如图 5-21 所示。

人机共融的挑战

- 智能感知——工业机器人需要通过自带的传感器获取外部信息，并对数据进行存储、分析、推理、判断，任何一个环节出问题，工业机器人都无法作出正确的决策
- 安全交互——由于出现工业机器人故障，人操作失误和其他设备故障在所难免，并且人和工业机器人在同一个自然空间内频繁接触。为了保护人的安全，对工业机器人设计、控制和传感等技术提出了较高的要求
- 数据处理——大多数人机共融数据都可放到互联网上共享，但由于应用场景、工业机器人本体、人机交互方式存在差异，如何处理好这些数据将是一个难题

图 5-21 人机共融面对的挑战

人机共融的发展方向如图 5-22 所示。

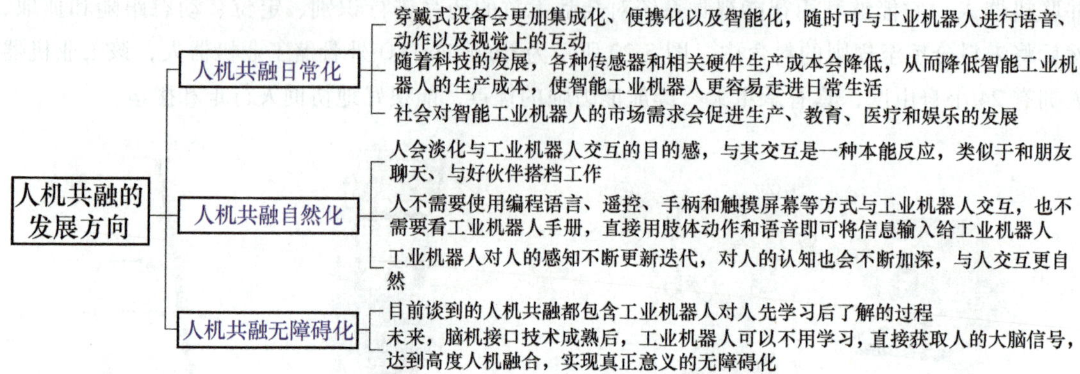

图 5-22　人机共融的发展方向

二、云工业机器人技术

云工业机器人并不是指某一个工业机器人，也不是某一类工业机器人，而是指工业机器人信息存储和获取方式的一个学术概念。这种信息存取方式的好处是显而易见的。比如，工业机器人通过摄像头可以获取一些周围环境的照片并上传到服务器端，服务器端可以检索出类似的照片并计算出工业机器人的行进路径来避开障碍物，还可以将这些信息储存起来，方便其他工业机器人检索。所有工业机器人可以共享数据库，减少开发人员的开发时间。这就是要了解的云工业机器人。

1. 云工业机器人的概念

传统工业机器人在面对复杂生产环境时该如何解决以下需求？

1）大量数据存储与处理。

2）高计算能力。

3）强学习能力。

传统工业机器人借助机载计算机，具备一定的计算和数据存储能力，达到计算智能层级。能根据编写的程序完成特定任务，借助于人类发出的命令，完成精确指令和任务，在没有对应程序支持的情况下，工业机器人通常无法对外界突发扰动做出合理反应。传统工业机器人在执行即时定位和地图构建、物品抓取、定位导航等复杂任务时，大量数据的获取和处理会给工业机器人本身带来巨大的储存和计算压力，即使能够完成任务，实时性也并不理想。

云工业机器人就是云计算与机器人学的结合，并借助于 5G 网络与人工智能技术，达到感知智能层级的工业机器人。就像其他网络终端一样，工业机器人本身不需要存储所有资料信息或具备超强的计算能力，只需要对于云端提出需求，云端进行相应响应并满足需求。

其基本特征是由云上的“大脑”进行控制。位于云端的数据中心，是具有强大存储能力和运算能力的“大脑”，利用人工智能算法和其他先进的软件技术，通过 5G 通信网络来控制本地工业机器人，使云工业机器人能全面感知环境、相互学习、共享知识，不仅能够降低成本，还会帮助工业机器人提高自学能力、适应能力，推动其更快更大规模普及。云工业机器人的这些能力提高了其对复杂环境的适应性，云工业机器人也必将成为工业机器人未来的发展趋势。与传统工业机器人相比，云工业机器人将带来技术、社会、工业各个层面的变化，包括新的价值链、新的技术、新的体系结构、新的体验和新的商业模式等。

云工业机器人是工业机器人借助云计算而发展起来的一种新兴技术，整体处于初级发展阶段，但很多国家和地区已对云工业机器人开展相关研究并取得了一定成果。

2. 云工业机器人的特点

云工业机器人在云端管理与多工业机器人协作、自主运行能力、数据共享与分析方面有极大优势。

1）云端管理与多工业机器人协作。在工厂或仓库中使用大量工业机器人时，需要工业机器人具有多种拓展功能。为保障整个现场各种设备的协同运行，需要利用统一的软件平台进行管理，需要与各种自动化设备通信，例如输送带、机床和扫描仪等。

采用本地方式管理工业机器人和自动化设备可能需要更多的服务器，云端技术能够提供更强大的处理能力而不需要在本地部署成本高昂的服务器。在云端面对海量工业机器人，云端技术都能实现数据的处理和调度管理。在工厂生产线上，工业机器人将与许多自动化设备协同工作，那么信息交互和共享将变得极为重要。不同的工业机器人与云端软件进行通信，云端“大脑”对环境信息进行分析，以便更好地将任务分配给正确类型的工业机器人，系统实时掌握每一个工业机器人的工作状态，指定距离最近的工业机器人去执行任务。管理者不需要到现场进行监控，通过云端就可以在远方进行操作和管理，提升了工作效率。

2）自主运行的能力。传统的工业机器人都是由管理者进行示教后，根据程序完成指定的任务，但其在面对具有高数据密度的场景，如语音视觉识别、环境感知与运动规划时，由于搭载的处理器性能较低，无法有效应对复杂任务，因此在工作过程中可能会因遇到障碍而停机，甚至发生事故，破坏生产计划。

结合云端计算能力，工业机器人将可以在拥有智能性和自主性的同时有效降低工业机器人的功耗与硬件要求，使云工业机器人更轻巧、更便宜。例如工业机器人的导航能力，移动工业机器人在仓库、物流中心和工厂生产线之间运输货物时，可以避开人员、叉车和其他设备。通过安装在工业机器人上的激光雷达，可以对周围环境进行扫描，并将大量数据推送到云端进行处理和构建地图，规划线路，然后向下传输给本地工业机器人进行导航。同时这些地图和信息可以传输给其他工业机器人，实现多工业机器人之间的协作，提高货物的搬运效率。

3）数据共享和分析。工业机器人每天可能产生几十 GB 的数据，这些数据需要在云端进行存储和管理。工业机器人产生的数据存放在云端将非常有价值，因为通过历史数据的分析，系统可以预先判断下一步会发生什么，并做出相应的处理。

云端的数据服务可以连接到每一个工业机器人和自动化设备，数据共享令机器之间更有默契。系统可以掌握机器设备的状态，给每个工业机器人下达不同的任务指令，让机器之间互相协作，高效地完成生产任务。

总的来说，云端技术将让工业机器人效率更高、性能更好，人与机器之间的交互会更轻松。

3. 云工业机器人在智能制造中的应用

如图 5-23 所示，云工业机器人作为智能工厂中的感知与执行层，直接关系到智能制造的高效率、高品质、低能耗和安全性。云工业机器人在智能制造中有如下应用。

图 5-23　云工业机器人在汽车工厂的应用

1）通过敏捷物联网网管与周边各种自动化设备以及其他工业机器人互联协同。

2）通过 IoT 平台以及多种传感器完成数据收集，上传云端平台。

3）在后台云计算的支持下，适应复杂环境，支持复杂行为，完成作业任务的敏捷性与管控。

4）借助云平台的大数据分析功能，实现智能维护与故障预诊断功能，同时具备进化功能。

目前云工业机器人已经开始逐步应用于智能工厂，尤其是汽车制造领域。如宝马公司基于微软的 Azure 云计算服务研发的物联网平台，目前连接了 3000 多台机器、云工业机器人和自动传输系统。云工业机器人通过云计算平台与各类设备深度协同，提高工厂生产率与产品品质。大众汽车（Volkswagen）也表示，它将利用亚马逊网络服务（AWS）的计算机和 IoT 技术采集与分析大量云工业机器人数据，来高效管理其制造工厂中的各类工业机器人，甚至优化整个产品供应链。

4. 云工业机器人的发展趋势

通过关键技术的不断迭代，提升云工业机器人的智能化、信息化水平，使云工业机器人接近认知智能层级。不断增强工业机器人的拟人化和交互沟通能力，学会推理决策，最终实现人机共融。扩大云工业机器人应用范围是未来重要的发展趋势。总体来看，在第四次工业革命浪潮的推动下，人机共融将成为新一代工业机器人的发力点，也是世界工业机器人领域研发创新的主要方向。

一方面，云工业机器人必须具备内部进化能力，而单一的计算平台是不可能实现的，需要工业机器人在云端的计算平台交互。云工业机器人上传采集的环境信息，由云端“大脑”进行存储和分析，借助新一代移动通信网络和云计算技术，实现工业机器人间的相互学习与知识共享。另一方面，云工业机器人还要具备外部进化的交互能力。在智能制造中，需要机器助人、智能学人。人同时操控多个工业机器人协同工作，可以提高效率、增加灵活性。人与工业机器人协调互动，不仅能提高工业机器人的工作效率和质量，还能增强工业机器人的自学习功能，提升认知能力，逐步实现人机共融。云工业机器人的大规模应用，最终会实现人与工业机器人的关系从“主仆关系”到“伙伴关系”的转换。

任务实施——主题讨论

全班分为五组讨论以下问题。

1）你是怎么理解人机共融和云工业机器人的？

2）人机共融面临什么挑战？

3）人机共融的发展方向是什么？

4）云工业机器人是指某一个工业机器人或某一类工业机器人吗？

5）云工业机器人有什么特点？

任务评价

根据任务完成情况填写表 5-1。

表 5-1 认识人机共融技术任务评价

评价内容及标准	自评分	互评分	教师评分
人机共融的定义（50 分）			
人机共融面临的挑战（10 分）			
人机共融的发展方向（10 分）			
云工业机器人是指某一个工业机器人或某一类工业机器人吗（10 分）			
云工业机器人的特点（20 分）			
总分（100 分）			

思考与练习

一、填空题

1. 随着人工智能技术的提升，人与机器人之间将不再只是单纯的“协作”，而是一种“（　　　　）”。

2. 人机共融就是人与工业机器人从单一的人类控制机器人，转变为人类与（　　　　）在同一空间共存。

3. 云工业机器人就是（　　　　）与工业机器人学的结合，并借助于 5G 网络与人工智能技术，达到感知智能层级的机器人。

4. 云工业机器人就是工业机器人本身不需要存储所有资料信息或具备超强的计算能力，只需要对于（　　　　）提出需求，云端进行相应响应并满足。

二、判断题

1. 人机共融就是人与机器人从单一的人类控制机器人，转变为人类与机器人在同一空间共存，既能紧密协调工作、自主实现自身技能，又能保证安全而不至于担心机器人失控，这是一种更加自然的作业状态。（　　）

2. 随着人工智能技术的提升，人与机器人之间将不再只是单纯的“协作”，一种新的关系也应运而生——“人机共融”。（　　）

3. 在工业界，人提供应用场景、设计需求、评价指标，机器人进行产品设计，最后共同完成产品制造。（　　）

4. 在服务行业，机器人提供研究、文娱和新闻资料，人对信息进行提炼、处理和反馈。

(   )

5. 在特殊环境中，机器人做到相对自主，与人协作，进行装配工作。(   )

6. 要想实现人机共融，离不开人工智能、人机交互及传感器技术等关键技术。(   )

7. 穿戴式设备会更加集成化、便携化以及智能化，人人都可以随身携带小机器人，与其进行语音、动作以及视觉上的互动。(   )

8. 人会淡化与机器人交互的目的感，与其交互是一种本能反应，类似于和朋友聊天、与同事搭档工作。(   )

9. 未来，脑机接口技术成熟后，机器可以不用学习，直接获取人的大脑信号，达到高度人机融合，实现真正意义的无障碍化。(   )

10. 人机共融的目标是：人与机器人可以相互理解、相互感知、相互帮助，实现人机共同演进。(   )

11. 传统机器人在没有对应程序支持的情况下，机器人通常无法对外界突发扰动做出合理反应。(   )

12. 传统机器人具备一定的计算和数据存储能力，达到计算智能层级，但必须根据编写的程序完成特定任务，借助于人类发出的命令，才完成精确指令和任务。(   )

13. 传统机器人在执行即时定位和地图构建、物品抓取、定位导航等复杂任务时，大量数据的获取和处理会给机器人本身带来巨大的储存和计算压力，即使能够完成任务，实时性也并不理想。(   )

14. 云工业机器人就是云计算与工业机器人学的结合，并借助于5G网络与人工智能技术，达到感知智能层级的机器人。(   )

15. 云工业机器人本身不需要存储所有资料信息，或具备超强的计算能力，只需要对于云端提出需求，云端进行相应响应并满足。(   )

16. 云工业机器人是由云上的“大脑”进行控制。(   )

17. 位于云端数据中心具有强大存储能力和运算能力的“大脑”，利用人工智能算法和其他先进的软件技术，通过5G通信网络来控制本地机器人，使云工业机器人能全面感知环境、相互学习、共享知识，不仅能够降低成本，还会帮助工业机器人提高自学能力、适应能力，推动其更快更大规模普及。(   )

18. 云工业机器人是指某一个工业机器人或某一类工业机器人。(   )

19. 云工业机器人在云端管理与多工业机器人协作，自主运行能力，数据共享与分析方面有极大优势。(   )

20. 云工业机器人不同于传统的机器人，其通过网络连接到云端的控制核心，获取人工智能、大数据和超高计算能力的支持，从而降低工业机器人本身的成本和功耗。(   )

三、多选题

1. 人机共融关键技术包括结构设计与动力学设计、共融机器人的环境主动感知与自然交互、智能控制和决策方法、体系构建和操作系统完善等方面。要想实现人机共融，离不开(   )等关键技术。

A. 人工智能　B. 人机交互　C. 传感器技术　D. 虚拟现实技术

2. 人机共融具有三个特点，即（　　）。

A. 人机个体间的融合　　B. 人机群体间的融合

C. 人机融合后的共同演进　　D. 人与人的融合

3. 所谓人机共融是人与机器人关系的一种抽象概念，它有（　　）几个方面的内涵。

A. 人机智能融合　B. 人机协调　C. 人机合作　D. 人机共进

4. 云机器人的特点主要有（　　）。

A. 人机智能融合　　B. 云端管理与多机器人协作

C. 自主运行能力　　D. 数据共享和分析

5. 云机器人的关键技术有（　　）等。

A. 5G 通信技术　B. 云计算技术　C. 人工智能技术　D. 数据共享和分析

任务 5.1.2　构建数字工程师应用模型

任务引入

数字工程师为制造系统的新一代智能化发展提供重要的知识支撑，将会在智能制造领域发挥重要作用。那么数字工程师是一种什么职业？是从事数字工作的工程师吗？与通常的工程师是一样的职业吗？让我们开启数字工程师的学习吧！

相关知识

一、数字工程师的概念

传统制造系统包含人和物理系统两大部分，完全通过人对物理系统（即机器）的操作和控制来完成各种工作或任务。传统制造系统中，信息感知、分析决策、操作控制以及认知学习等多方面的任务都依赖于人的能力，对人自身的技能要求较高。从而造成系统的工作率低下，限制了系统完成复杂工作任务的能力。

新一代智能制造系统进一步完善了信息系统的功能，使信息系统具备了认知和学习的能力，形成新一代“人-信息系统-物理系统”。信息系统能够代替人完成部分的认知和学习等脑力劳动，促使人和信息系统的关系发生了根本性的变化。未来的智能制造系统将会逐步摆脱对人的依赖，其信息系统具有更强的知识获取和知识发现的能力，能够代替人管理整个或部分制造领域中的知识。这种具有高度自主决策能力的智能化系统称为数字工程师。

数字工程师是具有知识获取、知识管理、知识分析能力的智能系统，能够处理某些专业领域工程师的工作，并能与人类工程师沟通交流，提供专业咨询等服务。其内涵如图 5-24 所示。

数字工程师的关键支撑技术是大数据、物联网、云计算、人工智能等。

数字工程师的内涵	
	数字工程师能在新一代智能制造信息系统中发挥自身独特优势，具有强大的感知、计算分析与推理能力，同时具有学习提升、自主决策、产生知识的能力
	数字工程师是人机协作时代的一个典型产物，是能够自我学习成长的具有灵敏情感反应的人类工作伙伴
	数字工程师是大数据时代的新型智能系统，其内涵随着人工智能技术的进步不断丰富。智能制造的快速发展离不开对领域知识的获取和利用。数字工程师为制造系统的新一代智能化发展提供重要的知识支撑，将会在智能制造领域发挥重要作用

图 5-24 数字工程师的内涵

二、数字工程师的特点

数字工程师是具有较高知识操作能力的智能系统，属于新一代人工智能的产物。将其应用于智能制造中，能增强企业对市场的反应速度，提高企业的生产率。智能制造领域的数字工程师应具有以下三个方面的特点和作用。

1. 知识获取

数字工程师能够从外部获取专业知识，扩充自己的知识库。例如，传统的数字化设计过程需要工程人员利用计算机辅助设计（CAD）、计算机辅助工程（CAE）、计算机辅助工艺规划（CAPP）、计算机辅助制造（CAM）等工程软件完成产品的设计。数字工程师可以将制造、检测、装配、工艺、管理、成本核算等专家经验数字化，并扩充到自己的知识库，为人类工程师提供技术咨询、知识管理等服务。另外，数字工程师还能利用网络技术和信息技术，将不同平台、不同区域的知识集成，利用大数据、云平台实现知识同步或异步共享，为人类工程师的设计、创新等提供全面的知识体系支撑，提升团队的创造力与企业的竞争力。

2. 知识管理

制造系统每时每刻都会产生大量的数据和知识经验，这些知识可能是无序的、重复的、模糊的。数字工程师利用人工智能的原理、方法和技术，设计、构造和维护自身的知识库系统，能够过滤、筛选各种重复的信息，得到最能反映事物本质及自然规律的知识，并以人类工程师可认知、计算机可理解的方式描述事物之间的规律，重新组织相关数据以实现无序知识有序化、隐性知识显性化、泛化知识本体化，使自身知识库向着表达清晰化，数据组织化、内容存储本体化的方向发展。数字工程师强大的知识管理能力为自身的知识存储和知识更新提供了有利条件，也为人类工程师使用相关知识提供了方便。

3. 知识分析

海量的制造数据背后蕴涵着广泛的制造规律，这些规律往往能反映问题的本质。数字工程师不仅能够获取数据、管理数据，更重要的是能从原始数据中提炼出有效的、新颖的、潜在的有用知识，挖掘数据背后隐藏的规律和关联关系。其主要内容包括知识的分类和聚类、知识的关联规则分析、知识的顺序发现、知识的辨别以及时间序列分析等。数字工程师对数据的分析过程体现了自身的智能化程度，决定了它不仅能够为人类提供简单的查询、存储等服务，更重要的是能和人类工程师深入交流、提供决策咨询，甚至在某些专业领域完全可以取代人类工程师完成工作。

数字工程师在智能制造中的作用，取决于对知识的挖掘利用程度。

三、数字工程师在智能制造中的应用

数字工程师是新一代的智能系统和智能制造发展的有力助推器，它拥有超精准的记忆能力和超强的信息处理能力，能够高效率、低失误率地处理海量数据和复杂问题。在企业应用中，数字工程师的一切决策建议和沟通交流均基于数据知识，不存在任何偏见，而且具有更宽广的视野、更深厚的知识储备。

然而，并不是所有的企业都能引入数字工程师，只有智能自动化程度较高的企业，才有条件考虑雇用“数字工程师”这种智能系统。对于制造业来讲，制造企业需要进入新一代智能制造阶段，完成自身的数字化、网络化和智能化进程，这是制造行业引入数字工程师的前提条件。

数字工程师应用前提：企业的数字化、网络化、智能化等。

虽然数字工程师在制造领域的应用还面临着很多困难，但是已有企业迈出了第一步。半导体巨头英飞凌科技在德国“工业 4.0”的实践中，使用协作工业机器人代替传统工业机器人，通过多样的人机界面，实现了人和机器的顺畅沟通，极大提高了员工的工作效率。生产工艺的智能控制缩短了产品的生产周期，优化算法的使用提高了公司的生产率。当前，英飞凌科技已经具有了80%的自动化程度，并且高度的自动化也降低了对能源的消耗。

值得注意的是，在一些数据完善、规则清晰的其他企业已经开始使用这种智能系统了，它们称之为“数字员工”。目前比较有代表性的已经上班的数字员工是 Sarah、IBM 沃森、Cora。

Sarah 是梅赛德奔驰公司的一个销售代表。Sarah 会为客户计算性价比，挑选最满足客户需求的选装套件；Sarah 还可以根据客户的财务状况，帮助客户确定是买车还是租车，并量身定制租赁方案。IBM 沃森提供的肿瘤诊断准确率已经超过最好的医生，沃森能够根据患者情况查找相关文献，筛选信息，只需要约 15min 就能提供一份针对患者的深度分析报告，而同样内容的报告人类需要大约两个月时间。Cora 是苏格兰皇家银行的一位数字银行家，Cora 能准确识别出客户的验，叫得出客户的名字，并且知道客户的个性和喜好以及上次的谈话内容。

四、数字工程师的发展趋势

调查发现，汽车、银行、保险、零售、物流等行业的高管对数字工程师这种高级的智能系统认可度较高，他们能够看到新型智能系统在效率、创新和洞察方面带来的积极价值。随着新一代智能制造的快速发展，普通的人类员工已经不能满足制造业的要求。可以想象，在不久的将来，新型智能系统的代表——数字工程师也会在制造行业中扮演重要角色。

1）数字工程师可以提高制造业对知识的利用能力。数字工程师的应用，将使制造系统具备认知和学习的能力，具备生成知识和运用知识的能力，从根本上加快工业知识产生的速度，提高知识利用率，将人从体力和脑力劳动中极大地解放出来，为人提供更广阔的创新空间。

2）数字工程师可以促进制造业生产方式的改变。在数字工程师的帮助下，智能制造产品具有高度智能化、宜人化的特点，生产制造过程呈现高质、柔性、高效、绿色等特征，产业模式向服务型制造业与生产型服务业转变，形成协同优化和高度集成的新型制造大系统。制造业创新力得到全面释放，价值链发生革命性变化，极大提升制造业的市场竞争力。

五、构建数字工程师模型的步骤

数字工程师模型是指通过计算机技术将实际工程系统或过程数字化、模型化，并进行仿真、分析和优化的过程。构建数字工程师模型需要遵循以下几个步骤：

1）确定目标。明确希望数字工程师模型实现的功能和目标。例如，希望建立一个能够自动回答用户问题、提供技术支持或优化代码的模型。

2）数据收集。收集与数字工程相关的大量文本数据。这可能包括技术文档、编程教程、代码注释等。数据应涵盖多种编程语言、技术栈和领域，以便训练出一个全面的数字工程师模型。

3）数据预处理。对收集到的数据进行清洗和格式化，删除无关的信息，将文本转换为适合模型训练的格式。例如，使用自然语言处理（NLP）技术来分词、去除停用词和词干提取等。

4）模型选择。选择一个适合期望目标的预训练语言模型。例如，可以使用 360 智脑、GPT-3 或 BERT 等大型预训练模型。这些模型已经在大量文本数据上进行过训练，可以很好地理解和生成自然语言。

5）模型微调。使用数据集对选定的预训练模型进行微调。这通常涉及将预训练模型与数据集一起训练，以便模型可以更好地适应数字工程领域的知识和任务。可以使用深度学习框架（如 PyTorch 或 TensorFlow）来实现这一步。

6）评估和优化。在独立的测试集上评估模型的性能，并根据评估结果，对模型进行调整和优化，以提高其在数字工程任务上的准确性和效果。这可能包括调整模型参数、改进数据集或修改训练策略等。

7）部署和监控。将优化后的模型部署到生产环境中，持续监控模型的性能，及时发现和解决问题，确保模型能够为用户提供高质量的支持。

8）模型更新。随着时间的推移，不断更新模型以适应新的技术和趋势。定期收集新的数据，对模型进行再训练，以保持其在数字工程领域的领先地位。

通过以上步骤，就可以构建一个数字工程师模型，为用户提供有价值的技术支持和帮助。

六、构建数字工程师模型的常用软件

在构建数字工程师模型的过程中，常用的软件有以下几种。

1）CAD 软件。计算机辅助设计（CAD）软件是数字工程师模型构建的基础工具，用于创建和编辑三维模型、二维图样和工程图。常用的 CAD 软件包括 AutoCAD、SolidWorks、UG、Creo 等。

2）CAE 软件。计算机辅助工程（CAE）软件用于对工程系统或过程进行仿真、分析和优化。常用的 CAE 软件包括 ANSYS、ABAQUS、NASTRAN、Altair 等。

3）CAM 软件。计算机辅助制造（CAM）软件用于生成数控机床的加工程序，实现自动化制造。常用的 CAM 软件包括 Mastercam、PowerMill、UG、SolidCAM 等。

4）PLM 软件。产品生命周期管理（PLM）软件用于管理产品从设计到报废的全生命周期过程，包括产品数据管理、工艺流程管理、项目管理等功能。常用的 PLM 软件包括 PTC Windchill、Siemens Teamcenter、Oracle Agile 等。

5）BIM 软件。建筑信息模型（BIM）软件用于建筑和基础设施的设计、施工和运营维护管理。常用的 BIM 软件包括 Revit、Archicad、Bentley 等。

以上软件在数字工程师模型构建过程中具有重要的作用，可以根据实际需要选择合适的软件进行应用。

任务实施——模型构建

全班分为五组，每组至少完成一个问题。

1）你是怎么理解数字工程师的？

2）数字工程师有哪些特点？

3）数字工程师在智能制造中有什么作用？

4）制造企业智能化达到何种程度才能开始应用数字工程师？

5）为一家智能化企业构建数字工程师模型。（一般情况下用笔构画一个方块模型并标注，有条件、有兴趣的同学可用软件构建。）

任务评价

根据任务完成情况填入表 5-2。

表 5-2 构建数字工程师应用模型任务评价

评价内容及标准	自评分	互评分	教师评分
数字工程师的概念(10 分)			
数字工程师的特点(10 分)			
数字工程师在智能制造中的作用(10 分)			
制造企业数字工程师应用条件(10 分)			
智能化企业构建数字工程师模型(60 分)			
总分(100 分)			

思考与练习

一、填空题

1. 数字工程师是具有知识（ ）、知识（ ）、知识（ ）能力的智能系统，能够处理某些专业领域工程师的工作，并能与人类工程师沟通交流，提供专业咨询等服务。

2. 数字工程师是（　　）时代的一个典型产物，是能够自我学习成长的具有灵敏情感反应的人类工作伙伴。

3. 数字工程师能够从外部获取专业（　　），扩充自己的（　　）。

二、判断题

1. 传统制造系统包含人和物理系统两大部分，完全通过人对物理系统（即机器）的操作和控制来完成各种工作或任务。（　　）

2. 传统制造系统中，信息感知、分析决策、操作控制以及认知学习等多方面的任务都依赖于人的能力，对人自身的技能要求较高。从而造成系统的工作效率较低，限制了系统完成复杂工作任务的能力。（　　）

3. 新一代智能制造系统进一步完善了信息系统的功能，使信息系统具备了认知和学习的能力，形成新一代“人-信息系统-物理系统”。（　　）

4. 信息系统能够代替人完成部分的认知和学习等脑力劳动，促使人和信息系统的关系发生了根本性的变化。（　　）

5. 未来的智能制造系统将会步摆脱对人的依赖，其信息系统具有更强的知识获取和知识发现的能力，能够代替人管理整个或部分制造领域中的知识。（　　）

6. 具有知识获取、知识管理、知识分析能力的智能系统，能够处理某些专业领域工程师的工作，并能与人类工程师沟通交流，提供专业咨询等服务，这就是数字工程师。（　　）

7. 数字工程师能在新一代智能制造的信息系统中发挥自身独特优势，具有强大的感知，计算分析与推理能力，同时具有学习提升、百主决策、产生知识的能力。（　　）

8. 数字工程师是大数据时代的新型智能系统，其内涵随着人工智能技术的进步不断丰富智能制造的快速发展离不开对领域知识的获取和利用。（　　）

9. 在企业应用中，数字工程师的一切决策建议和沟通交流均基于数据知识，不存在任何偏见，而且具有更宽广的视野、更深厚的知识储备。（　　）

10. 数字工程师必须依赖网络技术和信息处理技术，构建广泛的工业互联互通，从多维度捕获制造系统数据，为知识管理和知识分析提供信息来源，为人类工程师提供更加丰富的咨询服务和更加深入的亚交流，为在某些领域完成人类员工工作提供坚实的知识支撑。（　　）

11. 只有智能自动化程度较高的企业，才有条件考虑雇用“数字工程师”这种智能系统，对于制造业来讲，制造企业需要进入新一代智能制造造阶段，完成自身的数字化、网络化和智能化进程，这是制造行业引入数字工程师的前提条件。（　　）

三、多选题

1. 智能制造领域的数字工程师应具有（　　）三个方面的特点和作用。

A. 知识获取　　B. 知识管理　　C. 知识分析　　D. 数据共享和分析

2. 数字工程师的关键技术主要有（　　）。

A. 大数据分析技术　B. 物联网技术　　C. 计算技术　　D. 共享技术

3. 制造行业引入数字工程师的前提条件是（　　）。

A. 企业的数字化　　B. 企业的网络化　C. 企业的智能化　D. 企业的数据共享

任务 5.1.3 搭建智能工厂模型

任务引入

通过前面任务的学习，你对智能工厂、智能车间、智能生产线是如何理解的？它们有什么特点？有什么关联？如果你是公司负责人或技术人员，必须进一步了解智能工厂、车间和生产线。

相关知识

一、智能工厂

1. 智能工厂的概念

智能工厂又称智慧工厂、无人工厂，在了解智能工厂之前先了解数字化工厂。

（1）数字化工厂 数字化工厂是指在计算机虚拟的环境中，对整个生产过程进行仿真、评估及优化，并进一步扩展到整个产品的生命周期的新型生产组织方式，是现代工业化与信息化技术融合的一种应用体现，也是实现智能制造的必经之路。数字化工厂借助于信息化和数字化的技术，运用集成、仿真、分析、控制等手段，可为制造工厂生产的全过程提供一种全面管控的整体解决方案，是现代数字制造技术与计算机仿真技术相结合的产物，主要作为沟通产品设计和产品制造之间的桥梁，如图 5-25 所示。

图 5-25 数字化工厂模型

（2）智能工厂　智能工厂是在数字化工厂的基础上，利用物联网技术和监控技术加强信息管理服务，提高生产过程可控性、减少生产线人工干预，以及合理计划排程。同时，集初步智能手段和智能系统等新兴技术于一体，构建高效、节能、绿色、环保、舒适的人性化工厂。智能工厂的基本架构如图 5-26 所示。典型运作场景如图 5-27 所示。

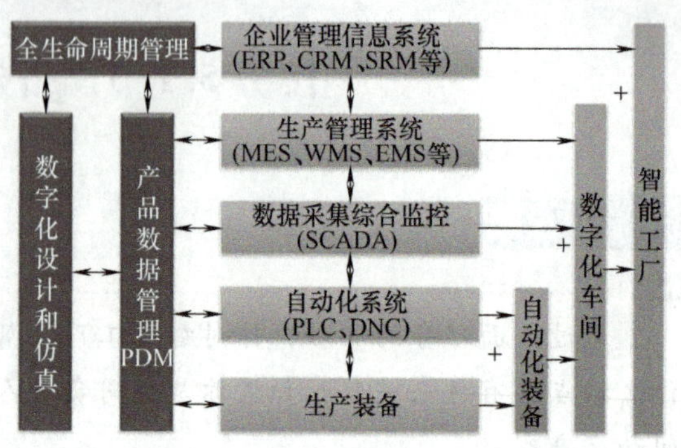

图 5-26　智能工厂的基本架构

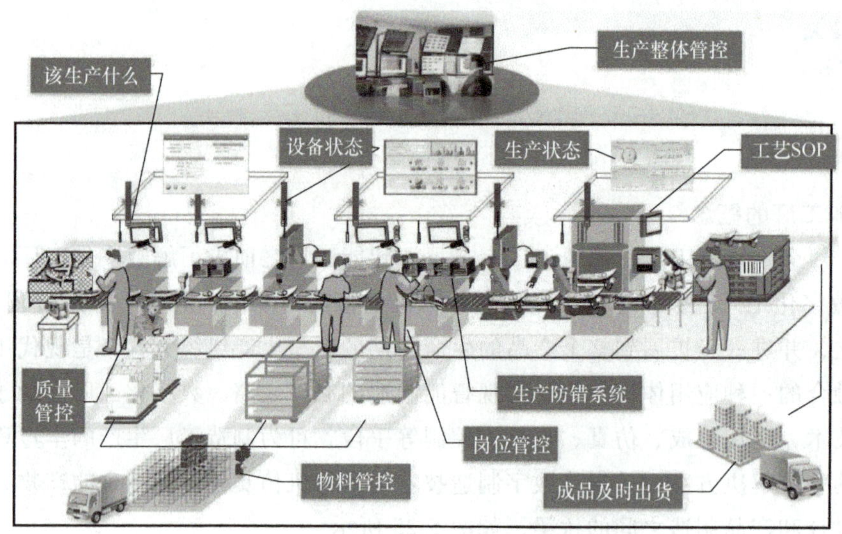

图 5-27　智能工厂典型运作场景

智能工厂具有自主能力，可采集、分析、判断、规划，通过整体可视技术进行推理预测，利用仿真及多媒体技术，将实境扩增至展示设计与制造过程。系统中各组成部分可自行组成最佳系统结构，具备协调、重组及扩充特性。该系统具备自我学习、自行维护能力。因此，智能工厂实现了人与机器的相互协调合作，其本质是人机交互。

仅有自动化生产线和工业机器人的工厂，还不能称为智能工厂。智能工厂不仅生产过程应实现自动化、透明化、可视化、精益化，而且在产品检测、质量检验和分析、生产物流等环节也应当与生产过程实现闭环集成。一个工厂的多个车间之间也要实现信息共享、准时配送和协同作业。智能工厂的建设充分融合了信息技术、先进制造技术、自动化技术、通信技术和人工智能技术。每个企业在建设智能工厂时，都应该考虑如何能够有效融合五大领域的新兴技术，与企业的产品特点和制造工艺紧密结合，确定自身的智能工厂推进方案。

2. 智能工厂的体系架构

智能工厂的体系架构可以分为基础设施层、智能装备层、智能生产线层、智能车间层和智能管控层五个层级，如图 5-28 所示。

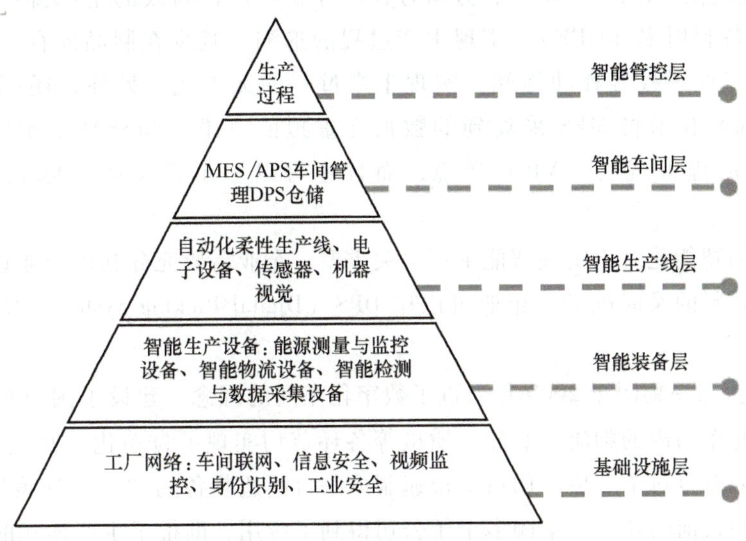

图 5-28 智能工厂五级金字塔

3. 智能车间

一个工厂通常由多个车间组成，智能车间是智能工厂的基本组成单元。智能车间是通过网络及软件管理系统把数控自动化设备（含生产设备、检测设备、运输设备、机器人等所有设备）实现互联互通，达到感知状态（客户需求、生产状况、原材料、人员、设备、生产工艺、环境安全等信息），实时数据分析，从而实现自动决策和精确执行命令的自组织生产的精益管理车间。智能制造车间基本构成如图 5-29 所示。

智能车间要实现对生产过程进行有效管控，需要在设备联网的基础上，利用制造执行系

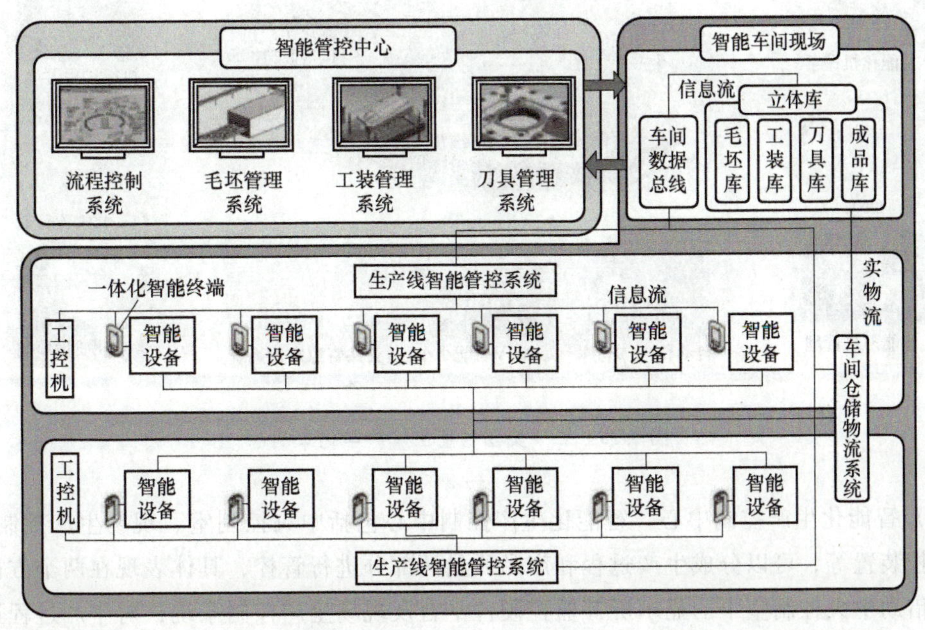

图 5-29 智能制造车间基本构成

统（MES）、先进生产排产（APS）、劳动力管理等软件进行高效的生产排产和合理的人员排班，提高设备利用率（OEE），实现生产过程的追溯，减少在制品库存，应用人机界面（HMI），以及工业平板等移动终端，实现生产过程的无纸化。另外，还可以利用数字映射（DigitalTwin）技术将 MES 采集到的数据在虚拟的三维车间模型中实时地展现出来，不仅提供车间的虚拟现实（VR）环境，而且还可以显示设备的实际状态，实现虚实融合。

车间物流的智能化对于实现智能工厂至关重要。企业需要充分利用智能物流装备实现生产过程中所需物料的及时配送。企业可以用 DPS（Digital Picking System）实现物料拣选的自动化。

应用案例：三一集团于 2009 年引进了数字化车间的理念，建设了国内领先的智能工厂数字化车间。此车间内的物流、装配、质检等各环节均实现了自动化，并且可将订单逐级、快速、精准地分解至每个工位，创造了快速制成一台制造装备的“三一速度”。这样的智能工厂数字化车间目前已在三一集团多个子公司得到了应用，助推了生产模式的变革。

三一集团智能工厂数字化车间打通了产品设计—工艺—工厂规划—生产—交付的核心流程，包括智能化生产控制中心、智能化生产执行过程管控，智能化仓储、运输与物流，智能化加工中心与生产线四部分，如图 5-30 所示。

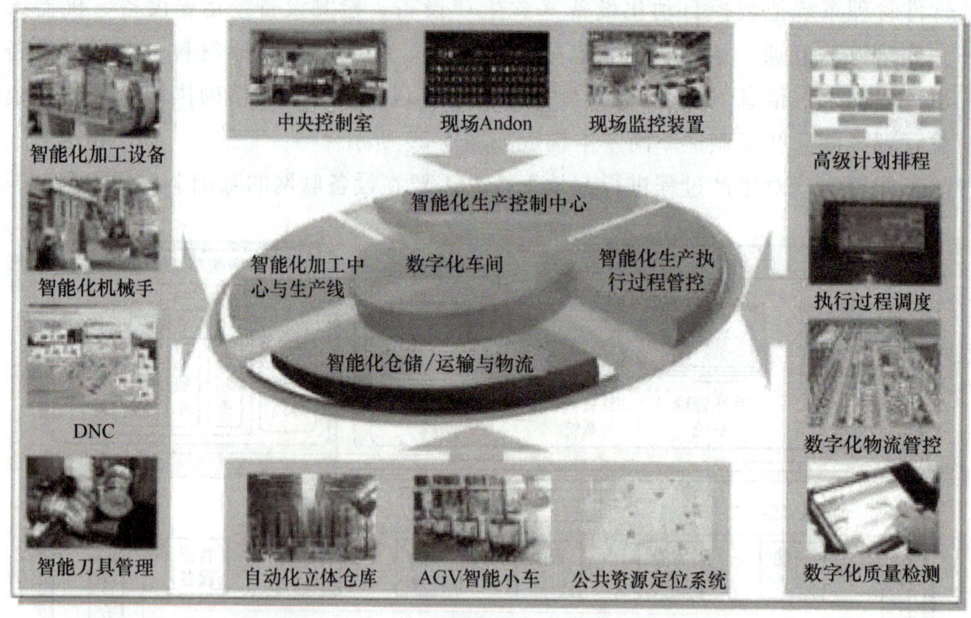

图 5-30　三一集团智能工厂数字化车间

（1）智能化生产控制中心　智能化生产控制中心包括中央控制室、现场生产控制系统、现场监控装置等，可以分成生产过程和产品质量两部分进行管控，具体表现在两个方面：一方面，借助中央控制室中的显示屏等监控硬件平台及现场生产控制系统，对生产过程进行集中管理与调度；另一方面，利用现场监控装置，提升对产品质量的监控。

（2）智能化生产执行过程管控 智能化生产执行过程管控采用了 MES，它是智能工厂的核心，其结构如图 5-31 所示。它记录了产品制造过程中的全部信息，具有生产管控、质量管控、物流管控等功能，实现了人员和资源的实时调度、生产制造现场与生产管控中心的实时交互。

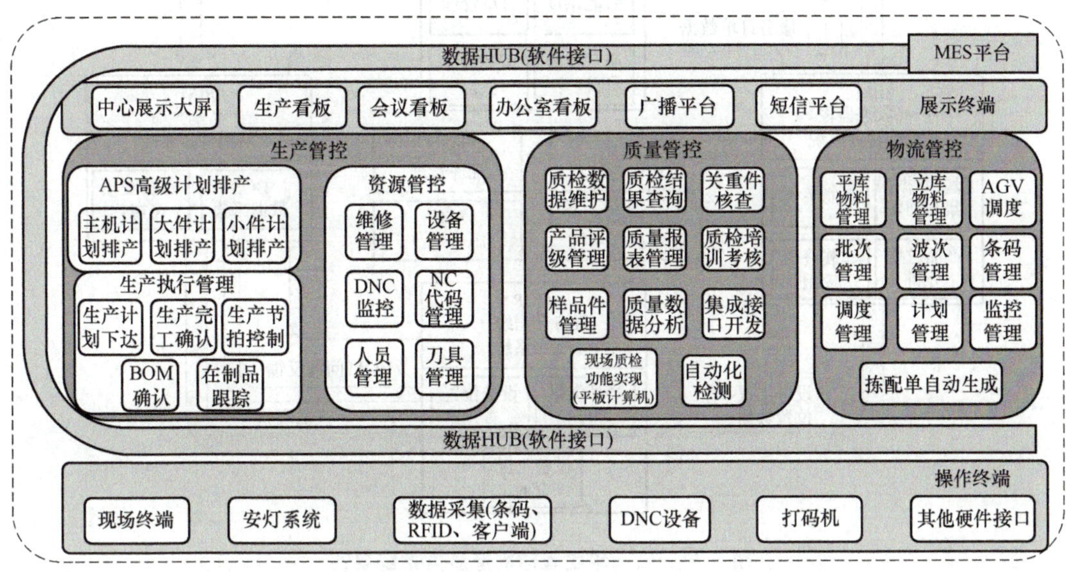

图 5-31 三一集团 MES 结构

（3）智能化仓储、运输与物流 智能化仓储、运输与物流包括智能立体仓库、AGV 小车和公共资源定位系统三部分。

智能立体仓库能够根据生产过程监控及排产计划自动提前下库和依次下架物料，并能够依据先进先出原则防止产生滞留物料等；AGV 小车能进行智能化的分拣、智能引导产品准时配送、供应链物料园区疏导等；公共资源定位系统能实现在制品资源跟踪定位、叉车定位、人员定位、设备资源定位、数据采集等。

（4）智能化加工中心与生产线 智能化加工中心与生产线包括智能化加工设备、智能化生产线、分布式数控系统和智能刀具管理系统。

1）智能化加工设备和智能化生产线实现了生产过程的自动化，提高了生产率。

2）分布式数控系统应用物联网技术进行数据采集，实现了支持数字化车间全面集成的工业互联网络，推动了部门业务协同和各应用的深度集成。

3）智能刀具管理系统能对生产过程中的刀具、夹具和量具进行整体的流程化管理，并通过实时跟踪刀具的采购、出入库、修磨、校准、报废等过程，帮助工作人员更有效地改善刀具管理过程，降低管理成本。

（5）智能制造服务系统 三一集团智能制造服务系统又称智能制造服务管理云平台，是以大数据技术为基础搭建的面向产品全生命周期的工程机械运维服务支持系统，其架构如图 5-32 所示。

三一集团智能制造服务系统包括服务模式与核心服务业务管理系统、产品状态监控与故

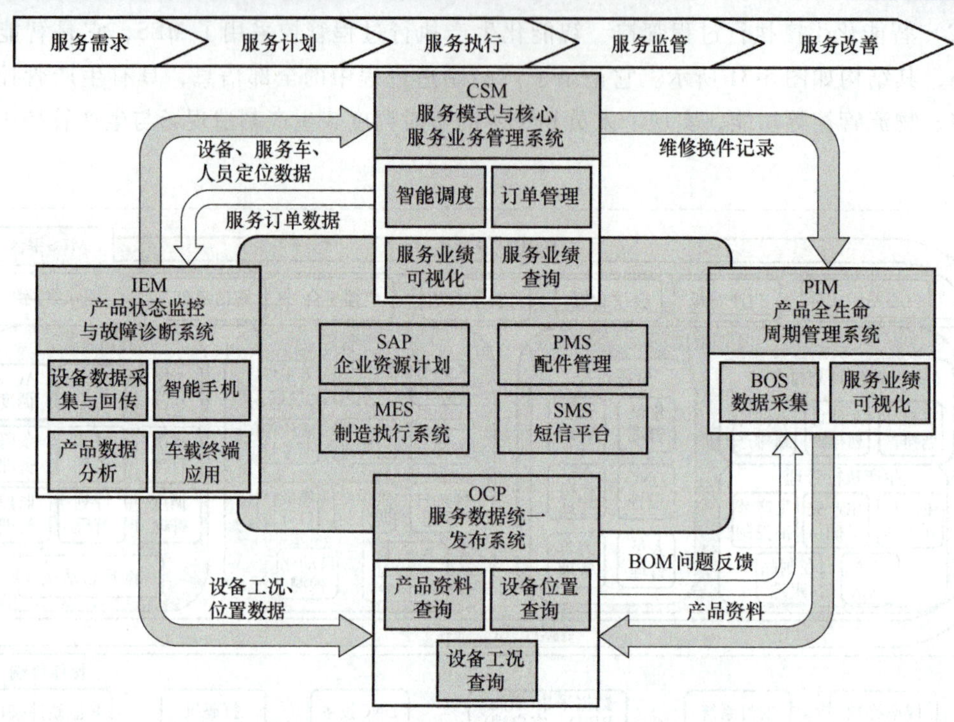

图 5-32　三一集团智能制造服务系统架构

障诊断系统、产品全生命周期管理系统、服务数据统一发布系统四个子系统，通过四个子系统的协同合作，智能制造服务系统能在汇集、存储、监控和分析大量数据的基础上智能调度内外部资源，智能预测设备故障、服务、配件需求等，为主动服务提供了技术支持，从而延长了设备的使用寿命，降低了故障率。

4. 智能生产线

一个车间通常有多条生产线，这些生产线要么生产相似零件或产品，要么有上下游的装配关系，如图 5-33 所示。智能生产线的特点是：在生产和装配的过程中，能够通过传感器、数控系统或 RFID 自动进行生产、质量、能耗、设备绩效（OEE）等数据采集，并通过电子看板显示实时生产状态；通过安全系统实现工序之间的协作；生产线能够实现快速换模，实现柔性自动化；能够支持多种相似产品的混线生产和装配，灵活调整工艺，适应小批量、多品种的生产模式；具有一定冗余，如果生产线上有设备出现故障，能够调整到其他设备生产；针对人工操作的工位，能够给予智能的提示。

图 5-33　生产线示意图

应用案例：双星集团的智能制造主要体现在智能制造生产线、智能服务平台和物联网生态圈三个方面。智能制造生产线实现了全流程的智能制造，建立了轮胎及轮胎智能制造装备、方案和标准的制造生态圈；智能制造服务平台即远程运维服务系统，其通过智能服务思维建立了智能服务生态圈；物联网生态圈是以上两者融合而成的，其推动了互联网、大数据、人工智能与轮胎产业的深度融合，促进了轮胎产业智能制造的发展。

双星集团的智能制造生产线（图 5-34）对原有的轮胎工艺流程进行了创新，对密炼工序、压延工序、成型工序、硫化工序等进行了升级，实现了智能排产、智能送料、智能检测、智能仓储。此外，智能制造生产线还实现了轮胎生产和管理信息的全程可视化，提高了工艺数据自动采集效率和劳动生产率，提升了良品率和企业的智能化水平。

图 5-34　双星集团的智能制造生产线

（1）智能排产　用户下达的订单到达中央控制系统后，高级排产系统将根据用户订单进行智能排产。

（2）智能送料　智能送料主要由 AGV 小车、智能堆垛机器人、智能桁架机器人、输送线等装备（图 5-35）合作完成，主要过程如下。

a) AGV小车

b) 智能堆垛机器人

图 5-35　双星集团的智能输送设备

1）根据智能排产排出的订单生产计划，AGV 小车将原材料分别输送到密炼工序、压延工序等相关生产工序，原材料开始被加工。

2）AGV 小车将密炼工序生产的胶片运送到指定位置存放，并根据排产计划，将胶片分别输送到多复合生产工序、内衬层生产工序、钢丝圈生产工序等相关生产工序，分别生产成型所需的半成品。

3）AGV 小车将半成品输送至成型暂存区域，半成品准备进入成型工序。成型工序是轮胎生产的核心，采用双星自主研发、具有国际领先技术的智能化成型机，保证了胎坯质量和成型的生产率。

4）半成品经过成型工序后成为坯，智能关节工业机器人自动将坯取出、称重，再由智能桁架工业机器人将坯输送至集中外检工序，坯经外观检查后，通过立体扫描，存储在智能立体仓库。

5）坯由智能堆垛工业机器人从智能立体仓库中取出，由智能桁架工业机器人输送至硫化工位，准备进入硫化工序。硫化工序采用双星研发的智能化液压硫化机。

6）硫化后的成品胎，由输送线自动输送至智能检测位置。

（3）智能检测　成品胎到达智能检测位置后，将进行X射线检测、外观检测、动平衡均匀性检测、全息气泡检测等。检测数据直接传输至中央控制系统后，由该系统对检测数据进行智能分析。

（4）智能仓储　智能桁架工业机器人对电子扫描后的成品胎按规格和等级进行分类、整理、堆垛后，智能关节工业机器人对其进行立体装笼，AGV小车再将其送到成品立体库存储。发货时，根据订单系统的配送计划，将按单生产的轮胎通过智能堆垛工业机器人取出，输送到发货区域进行装箱发货。

二、智能工厂的工业流程

1. 智能工厂的流程工业

（1）流程工业的概念　流程工业也称过程工业，是指生产连续不断或半连续批量生产的工业过程，包括从原材料采购到产品输出与服务的全过程。典型的流程工业有石油、化工、冶金、电力和造纸等行业。

在流程工业的连续生产过程中，单一产品的生产持续进行，机器设备一直运转；连续生产的产品一般是作为企业内部或其他公司的原材料；产品基本没有客户化。此类产品主要有石化产品、钢铁、初始纸制品。流程工业的产品以流水生产线方式组织，连续的生产方式对应连续的工艺流程。

连续生产工艺技术过程的连续程度高，不允许有任何间断出现，如发电、化工、冶炼生产等，一般没有离散工业典型的产品、半成品和其他中间产品。流程工业的生产加工如图5-36所示。

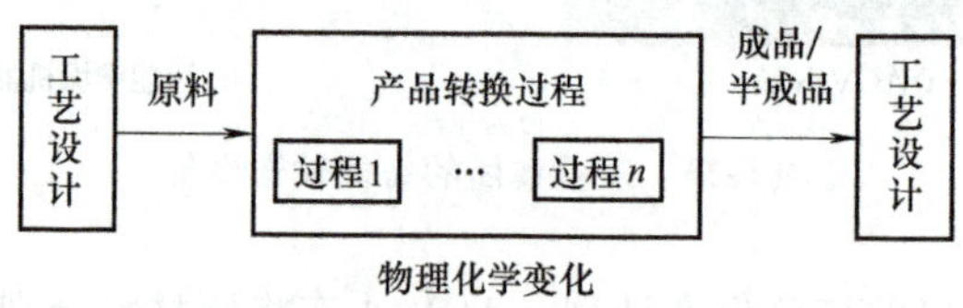

图5-36　流程工业的生产加工

（2）流程工业的特点　流程工业生产连续化、设备多、变量间耦合严重、产品品种稳定、产量大，产品主要以质量和价格取胜。流程工业的主要特点如图5-37所示。

2. 智能工厂的离散工业

（1）离散工业的概念　离散工业指生产中物料处于离散状态，主要通过物理加工和组装实现产品的一种工业生产方式，例如，机械制造、仪器仪表、电子等工业的主要生产流程，如图5-38所示。

离散制造的产品往往由多个零件经过一系列不连续的工序加工、装配而成，产品的生产过程通常被分解成多项加工任务，每项任务仅需要企业的一小部分资源。在每个部门，工件从一个工作中心到另外一个工作中心进行不同类型的工序加工。企业常按照主要的工艺流程

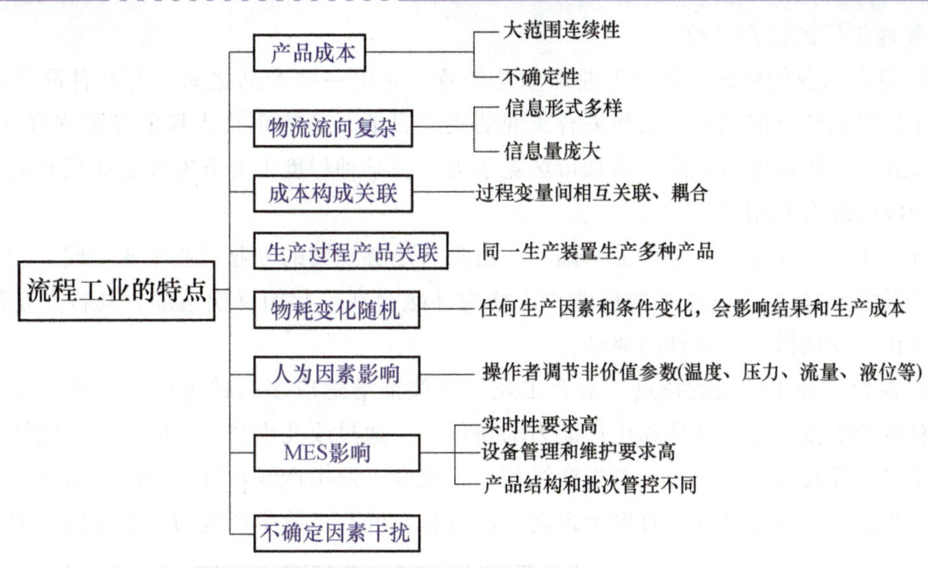

图 5-37 流程工业的主要特点

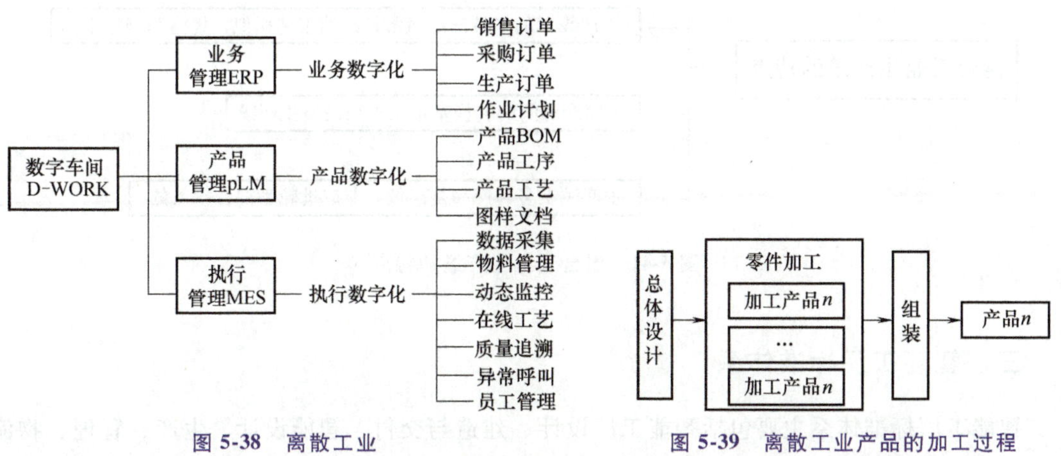

图 5-38 离散工业　　图 5-39 离散工业产品的加工过程

安排生产设备的位置，以使物料的传输距离最小。离散工业产品的加工过程如图 5-39 所示。

（2）离散工业生产过程的主要特点　离散工业的生产过程中，同一生产车间的设备参数配置可能会因为产品所需工艺的不同而改变。离散工业生产过程的特征如图 5-40 所示。

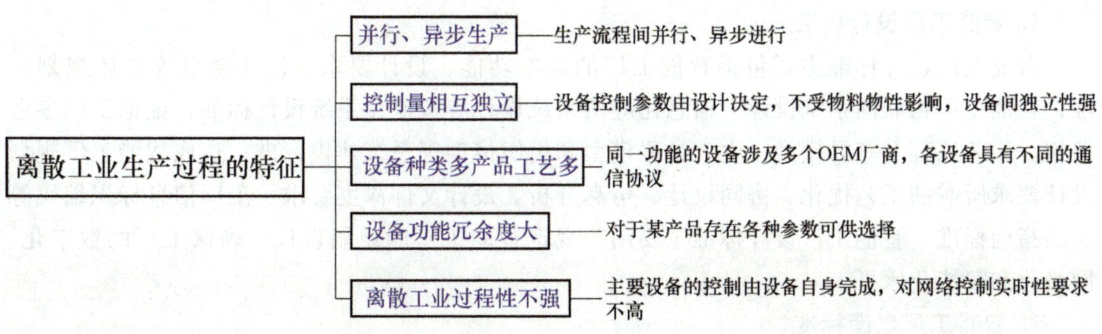

图 5-40 离散工业生产过程的特征

3. 智能工厂的混合工业

（1）混合工业的概念　混合工业即多角经营，是由一些产品之间具有某种联系或毫无联系的工厂发展建立起来的。组建混合工业的主要目的是适应现代市场的品种多样化要求，平衡企业收入，扩散经营风险，增加市场竞争力，在某种程度上充分发挥企业现有的各种潜力进行资源的综合利用等。

混合工业建立在专业化生产的基础上，由具有足够规模的专业工业企业组成。

混合系统（HS）是一种离散构件和连续构件融合在一起的反应系统。其特点是随时间而连续变化，受离散突变事件的驱动。

（2）混合工业生产线的特点　混合工业生产线能够适应多品种生产的需要，在基本不改变现有生产手段、生产条件和生产能力的条件下，通过改变生产组织的方法，能够满足用户对产品的多样化需求。与单一型生产线相比，混合工业生产线具有更高的灵活性，线上工作站的可变性大、适应性强，有助于提高产品质量。混合工业生产线的特点如图 5-41 所示。

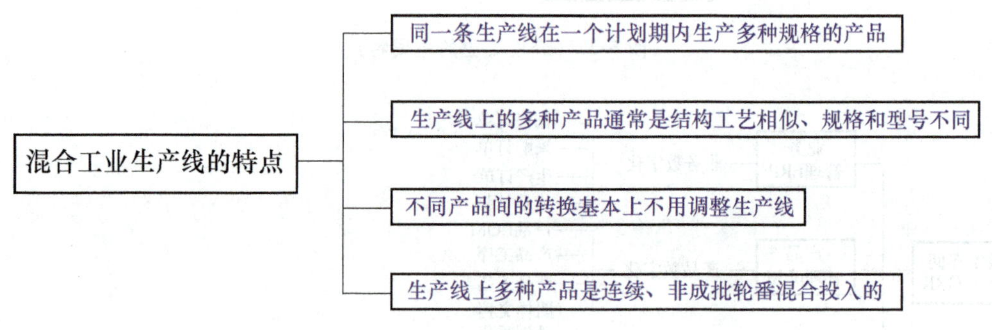

图 5-41　混合工业生产线的特点

三、智能工厂标准体系

智能工厂标准体系主要包括智能工厂设计、建造与交付，智能设计、生产、管理、物流和集成优化等部分，如图 5-42 所示。其中的重点是智能工厂设计、智能工厂交付、智能生产和集成优化等标准，主要用于规定智能工厂设计、建造和交付等建设过程和工厂内设计、生产、管理、物流及其系统集成等业务活动。针对流程、工具、系统、接口等应满足的要求，确保智能工厂建设过程规范化、系统集成规范化、产品制造过程智能化。

1. 智能工厂设计标准

智能工厂设计标准主要包括智能工厂的基本功能、设计要求、设计模型等总体规划标准；智能工厂物联网系统设计、信息化应用系统设计等智能化系统设计标准；虚拟工厂参考架构、工艺流程及布局模型、生产过程模型和组织模型等系统建模标准；达成智能工厂规划设计要求所需的工艺优化、协同设计、仿真分析、设计文件深度要求、工厂信息标识编码等实施指南标准。智能工厂设计标准主要用于规定智能工厂的规划设计，确保工厂的数字化、网络化和智能化水平。

2. 智能工厂建造标准

智能工厂建造标准主要包括建造过程数据采集范围、流程、信息载体、系统平台要求等

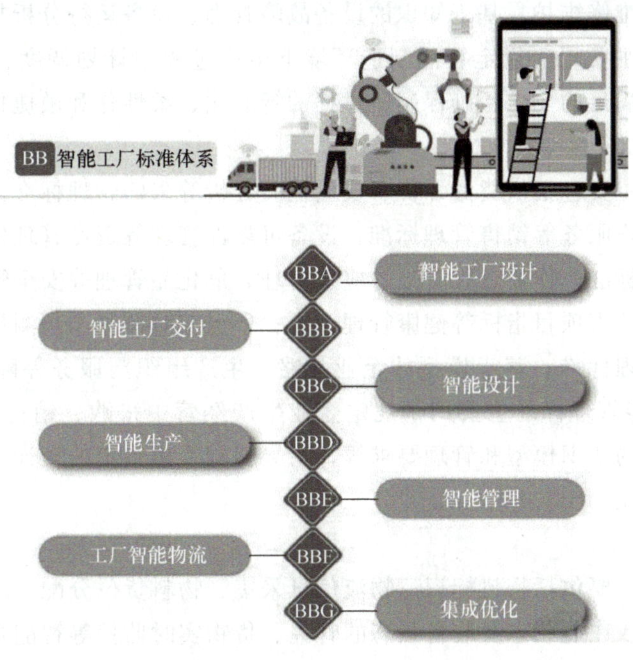

图 5-42 智能工厂标准体系

建造过程数据采集标准；满足集成性、创新性要求，促进智能工厂建设项目管理科学化、规范化的建造过程项目管理标准。智能工厂建造标准主要用于规定智能工厂建设和技术改造过程，通过智能工厂建造过程的控制与约束，确保智能工厂建设质量、建设周期、建设成本等预定目标的实现。

3. 智能工厂交付标准

智能工厂交付标准主要包括交付内容、深度要求、流程要求等数字化交付标准；智能工厂各环节、各系统及系统集成等竣工验收标准。智能工厂交付标准主要用于规定智能工厂建设完成后的验收与交付，确保建成的智能工厂达到预定建设目标，交付数据资料满足智能工厂运营维护要求。

4. 智能设计标准

智能设计标准主要包括基于数据驱动的参数化设计、专业化并行/协同设计、基于模型的产品生命周期标准，以及产品设计全过程的标准化管理；试验方法设计、试验数据与流程的管理、试验结果的分析与验证、试验结果反馈等试验仿真标准。智能设计标准主要用于规定产品的数字化设计和仿真，以及产品试验验证过程仿真的方法和要求，确保产品的功能、性能、易装配性和易维修性，缩短新产品研制和制造周期，降低成本。

5. 智能生产标准

智能生产标准主要包括计划仿真、多级计划协同、可视化排产、动态优化调度等计划调度标准；作业文件自动下发与执行、设计与制造协同、制造资源动态组织、生产过程管理与优化、生产过程可视化监控与反馈、生产绩效分析、异常管理等生产执行标准；质量数据采集、在线质量监测和预警、质量档案及质量追溯、质量分析与改进等质量管控标准；设备运行状态监控、设备维修维护、基于知识的设备故障管理、设备运行分析与优化等设备运维标准。智能生产标准主要用于规定智能制造环境下生产过程中计划调度、生产执行、质量管控、设备运维等应满足的要求，确保制造过程的智能化、柔性化和敏捷化。

6. 智能管理标准

智能管理标准主要包括供货商评价、质量检验分析等采购管理标准；销售预测、客户关系管理、个性化客户服务等销售管理标准；设备可靠性管理等资产管理标准；能流管理、能效评估等能源管理标准；作业过程管控、应急管理、危化品管理等安全管理标准；职业病危害因素监测、职业危害项目指标等健康管理标准；环保实时监测和预测预警能力描述、环保闭环管理等环保管理标准；基于模型的企业战略、生产组织与服务保障等基于模型的企业（MBE）标准。智能管理标准主要用于规定企业生产经营中采购、销售、能源、工厂安全、环保和健康等方面的知识模型和管理要求等，指导智能管理系统的设计与开发，确保管理过程的规范化和精益化。

7. 智能物流标准

智能物流标准主要包括物料标识、物流信息采集、物料货位分配、出入库输送系统、作业调度、信息处理、作业状态及装备状态的管控、货物实时监控等智能仓储标准；物料智能分拣系统、配送路径规划、配送状态跟踪等智能配送标准。智能物流标准主要用于规定智能制造环境下厂内物流关键技术应满足的要求，指导智能物流系统的设计与开发，确保物料仓储配送准确高效和运输精益化管控。

8. 集成优化标准

集成优化标准主要包括虚拟工厂与物理工厂的集成、业务间集成架构与功能、集成的活动模型和工作流、信息交互、集成接口和性能、现场设备与系统集成、系统之间集成、系统互操作等集成与互操作标准；各业务流程的优化、操作与控制的优化、销售与生产协同优化、设计与制造协同优化、生产管控协同优化、供应链协同优化等系统与业务优化标准。集成优化标准主要用于规定一致的语法和语义，满足应用程序中通用接口特定的功能要求，协调使能技术和业务应用之间的关系，确保信息的共享和交换。

四、工厂模型搭建常用软件

目前有几个比较知名的软件，它们可以帮助设计者创建和模拟工厂生产过程。

1）AutoCAD。它广泛应用于建筑、工程和制造业等领域。使用 AutoCAD，可以绘制工厂布局、设备和生产线，并进行三维可视化。

2）Siemens PLM Software。Siemens 提供了一系列产品生命周期管理（PLM）软件，包括 NX、Solid Edge 和 Teamcenter 等。这些软件可以帮助设计者进行工厂模型的设计、仿真和数据管理。

3）Autodesk Factory Design Suite。Autodesk Factory Design Suite 是一款专门为工厂设计和仿真打造的软件套件，它集成了多种工具，如 AutoCAD、Revit 和 Inventor 等，以帮助创建和优化工厂模型。

4）Plant Design & Management。Plant Design & Management 是一款用于工厂设计和管理

的软件，它可以帮助完成设备布局、管道设计和三维可视化等设计任务。

5）AVEVA Plant。AVEVA Plant 是 AVEVA 公司开发的一款工厂设计和工程软件。它提供了丰富的工具，用于工厂布局、设备和管道设计、三维可视化和碰撞检测等。

6）Intergraph SmartPlant 3D。Intergraph SmartPlant 3D 是一款用于工厂设计和工程的三维 CAD 软件。它提供了强大的建模和可视化功能，以及丰富的工程数据管理功能。

在选择工厂模型搭建软件时，请根据具体需求和预算来决定，可以尝试下载试用版或参加培训课程，以了解不同软件的功能和操作方式。

任务实施——构建智能工厂模型

全班分为五组，每组至少完成一个问题。

1）你是怎么理解智能工厂、智能车间、智能生产线之间的关系的？

2）智能工厂就是数字化工厂吗？

3）你认为智能工厂需要有哪些架构？

4）一个比较完整的智能车间需要包括哪些要素？

5）请你为一个生产企业智能化工厂设计构建一个模型。

任务评价

根据任务完成情况填写表 5-3。

表 5-3 搭建智能工厂模型任务评价

评价内容及标准	自评分	互评分	教师评分
智能工厂、智能车间、智能生产线之间的关系（10 分）			
智能工厂与数字化工厂的关系（10 分）			
智能工厂的架构（10 分）			
智能车间的要素（10 分）			
为企业智能化工厂设计构建一个模型（60 分）			
总分（100 分）			

思考与练习

一、填空题

1. 智能工厂又称（　　）工厂、无人工厂。

2. 数字化工厂是借助于信息化和（　　）的技术，运用集成、仿真、分析、控制等手段，可为制造工厂生产的全过程提供一种全面管控的整体解决方案。

3. 流程工业也称（　　）工业，指生产连续不断或半连续批量生产的工业过程。

4. 离散工业指生产中物料处于（　　）状态，主要通过物理加工和组装实现产品的一种工业生产方式。

5. 混合工业即（　　）经营，是指由一些产品之间具有某种联系或者毫无联系的工厂发展建立起来的。

二、判断题

1. 数字化工厂是指在计算机的虚拟环境中，对整个生产过程进行仿真、评估及优化，并进一步扩展到整个产品的生命周期的新型生产组织方式。（　　）

2. 数字化工厂借助于信息化和数字化的技术，运用集成、仿真、分析、控制等手段，可为制造工厂生产的全过程提供一种全面管控的整体解决方案。（　　）

3. 智能工厂是在数字化工厂的基础上，利用物联网技术和监控技术加强信息管理服务，提高生产过程可控性、减少生产线人工干预，以及合理计划排程。同时，集初步智能手段和智能系统等新兴技术于一体，构建高效、节能、绿色、环保、舒适的人性化工厂。（　　）

4. 仅有自动化生产线和工业机器人的工厂，还不能称为智能工厂。（　　）

5. 智能工厂不仅生产过程应实现自动化、透明化、可视化、精益化，而且在产品检测、质量检验和分析、生产物流等环节也应当与生产过程实现闭环集成。（　　）

6. 一个工厂通常由多个车间组成，智能车间是智能工厂的基本组成单元。（　　）

7. 智能车间是通过网络及软件管理系统把数控自动化设备实现互联互通，达到感知状态，实时数据分析，从而实现自动决策和精确执行命令的自组织生产的精益管理车间。（　　）

8. 智能车间要实现对生产过程进行有效管控，需要在设备联网的基础上，利用制造执行系统（MES）、先进生产排产（APS）、劳动力管理等软件进行高效的生产排产和合理的人员排班，提高设备利用率（OEE），实现生产过程的追溯，减少在制品库存，应用人机界面（HMI），以及工业平板等移动终端，实现生产过程的无纸化。（　　）

9. 一个车间通常有多条生产线，这些生产线要么生产相似零件或产品，要么有上、下游的装配关系。（　　）

10. 流程工业的生产加工中，连续生产工艺技术过程的连续程度高，不允许有任何间断出现。（　　）

11. 离散制造的产品往往由多个零件经过一系列并不连续的工序的加工装配而成，产品的生产过程通常被分解成多项加工任务，每项任务仅要求企业的一小部分能力和资源。（　　）

12. 混合工业生产线能够适应多品种生产的需要，在基本不改变现有生产手段、生产条件和生产能力的条件下，通过改变生产组织的方法，能够满足用户对产品的多样化需求。（　　）

三、多选题

1. 智能工厂的体系架构可以分为基础设施层、（　　）和工厂管控层五个层级。

A. 智能装备层　B. 智能生产线层　C. 智能车间层　D. 企业的数据层

2. 智能工厂的建设要充分融合（　　）、通信技术和（　　）。

A. 信息技术　B. 先进制造技术　C. 自动化技术　D. 人工智能技术

3. 典型的流程工业有（　　）和造纸等行业。

A. 石油　B. 化工　C. 冶金　D. 电力

4. 典型的离散工业有（　　）等工业的主要生产流程。

A. 机械制造　B. 仪器仪表　C. 冶金　D. 电子

项目 5.2 走进现代制造理念新领域

知识目标：能说出现代制造的基本理念。

技能目标：能将现代制造的基本理念应用到工作实践中。

素养目标：形成创新思维，提升分析问题与解决问题的能力。

任务 5.2.1 构建现代制造基本理念

任务引入

当前，国民经济在追求高质量发展，建立现代化经济体系，实现产业升级和创新发展之际，现代制造业需要树立怎样的新发展理念才能贯彻制造业持续、健康、稳定发展？下面让我们来了解现代制造业的基本理念。

相关知识

最近几十年出现了一些关于制造模式的概念，如精益生产、柔性制造、敏捷制造、集成制造、绿色制造、并行工程、大批量定制、虚拟制造、网络化制造……有人做过不完全统计，有 30 余种。智能制造既然融合了人类智慧与机器智能，其技术当然能够适用于各种制造模式。换言之，智能制造也应该融合各种制造模式的理念。尽管各种模式的理念各有其特点，但未必是制造真正核心的、基本的理念。这里仅介绍核心的、基本的理念。

一、可持续发展

可持续发展理念的要点：环境保护，人的生存，发展。可持续发展显然是一个社会综合问题，它需要政府、教育、科技、工业、法律、社会等各方面的共同努力。对于与人们生活和社会发展紧密相关的制造业，在可持续发展中的作用举足轻重。

1. 绿色制造

绿色制造技术是指在保证产品的功能、质量、成本的前提下，综合考虑环境影响和资源效率的现代制造模式。它使产品从设计、制造、使用到报废的整个产品生命周期中不产生环境污染或环境污染最小化，符合环境保护要求，对生态环境无害或危害极少，节约资源和能源，使资源利用率最高，能源消耗最低。

2. 面向人和社会

制造企业实施绿色制造，不能仅仅着眼于污染、排放、耗能等问题，一个富有社会责任感的企业还应该面向人和社会。

中国案例

华为把公司的业务直接放到可持续发展的视域，用它们的技术大力促进全球的节能减排，到 2025 年，信息与通信技术（ICT）产业平均每连接的碳排放量将降低 80%，ICT 产业带来的全球节能和减排量，将远超其自身的运行能耗和碳排放量，ICT 将成为全球绿化的重要使能技术。华为的技术、产品、解决方案持续追求节能和环保。比如，5G Power 解决方案支持太阳能供电接入，配置华为开发的高效太阳能模块，大大提升了光能转化率，实现节能环保。另外，利用高集成芯片和高效功放以及 5G 节能“关断”技术，使得 5G 设备实现 15%的功耗下降。

同样，华为也关注世界上存在生存障碍的特殊人群，也致力于用它们的技术去改善那些特殊人群的生存条件，不让他们受限于先天因素，让特殊人群不再特殊。例如，华为与欧洲聋哑人协会等组织联合推出的 Story Sign 智能手机应用，已支持英语、法语、德语、意大利语、西班牙语等 10 种语言翻译为手语；通过含有 AI 和 AR 技术的手机系统，聋哑儿童只需要扫描喜爱的绘本，可爱的卡通人物就会跃然于屏幕，用手语将绘本文字活灵活现地翻译出来。华为已帮助了约 3.4 万名听障儿童，让听障儿童也享受到阅读的快乐，用技术进步的力量释放他们的潜能。

二、以客户为中心

1. 顾客主义和商业长期主义

顾客主义和商业长期主义都是企业经营理念中非常重要的概念。

1）顾客主义是指企业将顾客的需求和满意度放在首要位置，以提供优质的产品和服务来赢得顾客的信任和忠诚度。这种理念强调企业应该关注顾客的需求和反馈，不断改善产品和服务，以满足顾客的期望。

2）商业长期主义是指企业在经营过程中注重长期发展和可持续性，追求长期利益最大化。这种理念强调企业应该考虑长期风险和回报，避免盲目追求短期利润而忽略了长期发展的重要性。

这两种经营理念各有优势，但也存在差异。顾客主义更注重企业与顾客之间的互动和关系，而商业长期主义则更注重企业的长期发展和稳定性。在实践中，企业需要平衡这两种理念，以取得最佳的经营效果。

2. 以顾客为中心的产品开发

以客户为中心的制造理念，首先应反映在产品开发上。现代产品开发的理念强调设计-制造-使用一体化考虑，如图 5-43 所示。

图 5-43 设计-制造-使用一体化考虑

不能说传统的产品开发方式中设计者完全没考虑客户的需求，但其考虑是建立在自己的以传统方式（书本、经验、调查研究等）获取的认知基础之上。传统的产品开发模式是串行的，即概念设计、设计（包括初步设计和详细设计）、生产、销售、产品运行和报废；现代产品开发模式是并行的，即设计者在其设计过程中可以及时充分地获取产品生命周期其他环节的现场数据和专家（人或智能工具）知识，其中最重要的是使用现场的数据和使用者（客户）的经验、需求和想法，要做到及时全面地获取相关信息，传统方式完全无能为力。因为获得现场数据需要传感器、物联网，获得的数据需要大数据分析手段，专家给的知识或信息可能是非结构化的数据，需要相应的智能分析手段。为了更好地呈现某些初步设计或想法，可利用虚拟现实（VR）、增强现实（AR）和混合现实（MR）技术，也便于不同环节的专家之间的交流协同等。简单而言，需要“工业 4.0”的方式。可见，设计-制造-使用一体化考虑需要物联网，大数据，智能分析，VR，AR……

三、大规模个性化定制

大规模个性化定制是目前制造业的一个重要趋势，它通过个性化的客户需求驱动生产，实现产品的差异化和个性化，同时保持生产率和成本效益。

大规模个性化定制的优势主要包括成本、质量、柔性和时间等方面的竞争因素。这种模式为企业解决了需求多样化和大规模制造之间的冲突，提供了一种全新的竞争模式。在汽车领域，一些数字化新业态车企已经开始尝试个性化定制，将互联网大数据融入整车制造过程中，做到定制化，在细分市场成为引领者。工业互联网是推动制造业数字化转型的可行路径，通过新一代信息技术和制造业深度融合，推动企业从产品为中心向用户为中心转变，实时感知并满足客户需求，在保证效率的基础上，低成本地满足大规模个性化定制需求。因此，大规模个性化定制是制造业数字化转型的重要路径之一，能够提高企业的竞争力和市场份额。

随着大数据、互联网平台等技术的发展，企业更容易与用户深度交互、广泛征集需求。在生产端，柔性自动化、智能调度排产、传感互联、大数据等技术的成熟应用，使企业在保持规模生产的同时针对客户个性化需求而进行敏捷柔性的生产。图 5-44 展示了大规模生产模式和个性化定制模式的区别。

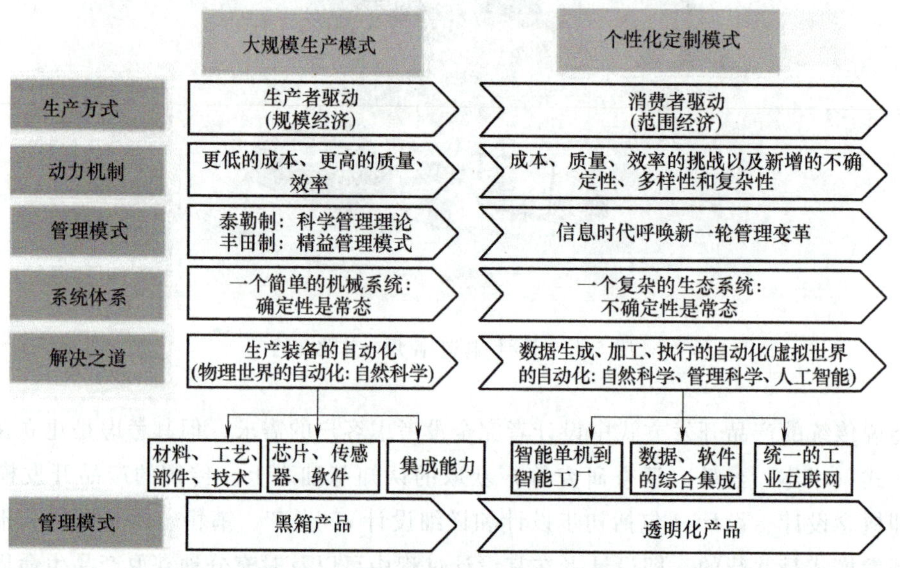

图 5-44　大规模生产模式与个性化定制模式对比

未来，个性化定制将成为常态，尤其在消费类产品行业。当前，服装、家居、家电等领域已开启个性化定制。在时尚行业，早在《2015 中国时尚消费人群调查报告》中就显示，80 后、90 后人群中 90.3%的人对定制消费感兴趣。在家具行业，定制家具制造业增长明显快于传统成品家具制造业。近 3 年 5 家成品家具上市公司的营收增速分别为 9%、8%、25%，而同期 8 家定制家具企业营收增速分别为 27%、26%、32%。随着互联网技术和制造技术的发展成熟，柔性大规模个性化生产线将逐步普及，按需生产、大规模个性化定制将成为常态。

毛衣和西服的定制化生产中，毛衣数控编织机与毛衣设计 CAD/CAM 系统集成之后，通过电子商务直接承接来自客户的定制要求并进行生产。这种模式可实现零库存，因而能大大降低运营成本、提高盈利水平，因为能够快速适应市场需求变化而赢得更多客户，从而提高竞争力。

中国案例

红领（酷特）工商一体化的 C2M 商业生态，建立了个性化西服数据系统，能满足超过百万亿种设计组合。C2M 电商平台是连接消费者个性化需求和制造企业供给的快捷通道。无数消费者和生产者通过该平台进行瞬时的交互连接，构成了无限细分的市场体系，实现客户订单提交、产品设计、生产制造、采购营销、物流配送、售后服务工商一体化的开放性智能商业生态。

红领的C2M，就是让C驱动M完成博弈，取消中间环节，让利消费者和制造商，实现他们之间的互联，创造了互联网工业独特的价值观和新的商业模式。酷特智能是红领旗下互联网交互平台的核心（图5-45），一头是全品类个性化制造的M，一头是个性化碎片化的客户需求。S是红领的能力，红领将M和C之间打通，帮助M转型，让工厂做直销。

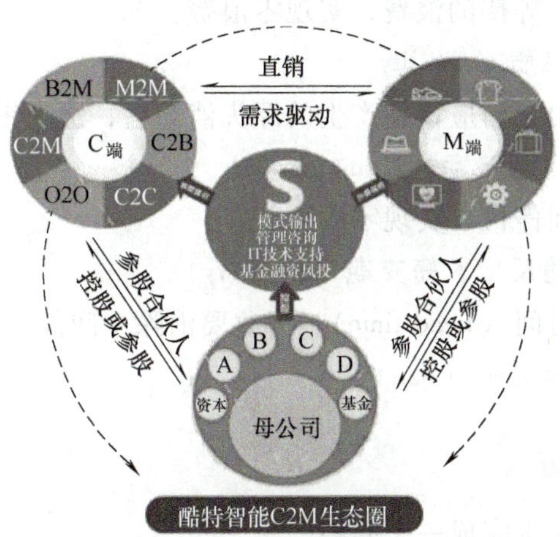

图5-45 红领—酷特智能C2M生态圈

要实施定制生产，需要整个企业大系统的协同，没有数字化、网络化技术的支撑也不可能做到。红领集团的定制化制造系统主要由企业资源计划（ERP）、供应链管理（SCM）、先进计划排程系统（APS）、制造执行系统（MES）等系统及智能设备系统组成。每位员工都是从互联网云端获取数据，按客户要求操作，确保来自全球订单的数据零时差、零失误率准确传递，通过数据和互联网技术实现客户个性化需求与规模化生产制造的无缝对接。

四、精益生产

定制一台海尔洗衣机的全过程

精益生产是通过系统结构、人员组织、运行方式和市场供求等方面的变革，生产系统能很快适应用户需求的不断变化，并将生产过程中一切无用、多余的东西精简，最终达到包括市场供销在内的生产的各方面最好结果的一种生产管理方式。与传统的大生产方式不同，其特色是“多品种”和“小批量”。

精益生产又称精良生产，其中“精”表示精良、精确、精美；“益”表示利益、效益等。精益生产就是及时制造，消除故障，杜绝浪费，向零缺陷、零库存进军。它是美国麻省理工学院在一项名为“国际汽车计划”的研究项目中提出来的。他们在做了大量的调查和对比后，认为日本丰田汽车公司的生产方式是最适用于现代制造企业的一种生产组织管理方式之一，称之为精益生产。精益生产综合了大量生产与单件生产方式的优点，力求在大量生产中实现多品种和高质量产品的低成本生产。

精益生产的支柱与终极目标为“零浪费”，具体表现在以下七个方面。

1.“零”转产工时浪费——多品种混流生产（Products）

将加工工序的品种切换与装配线的转产时间浪费降为“零”或接近“零”。

2. “零”库存——消减库存（Inventory）

将加工与装配相连接并流水化，消除中间库存，变市场预估生产为接单同步生产，将产品库存降为零。

3. “零”浪费——全面成本控制（Cost）

消除多余制造、搬运、等待的浪费，实现零浪费。

4. “零”不良——高品质（Quality）

不良不是在检查位检出，而应该在产生的源头消除它，追求零不良。

5. “零”故障——提高运转率（Maintenance）

消除机械设备因故障而停机，实现零故障。

6. “零”停滞——快速反应、短交期（Delivery）

最大限度地压缩前置时间（Lead time）。为此要消除中间停滞，实现“零”停滞。

7. “零”灾害——安全第一（Safety）

任务实施——主题讨论

全班分为五组，每组至少完成一个问题。

1）现代制造基本理念有哪些？

2）精益生产的支柱与终极目标是什么？

3）大规模生产与个性化定制有何区别？

4）顾客主义和商业长期主义有哪些差异？

任务评价

根据任务完成情况填写表5-4。

表5-4　构建现代制造基本理念任务评价

评价内容及标准	自评分	互评分	教师评分
现代制造基本理念有哪些(20分)			
精益生产的支柱与终极目标是什么(35分)			
大规模生产与个性化定制对比有何区别(35分)			
顾客主义和商业长期主义有哪些差异(10分)			
总分(100分)			

思考与练习

一、判断题

1. 可持续发展的理念之要在于环境保护、人的生存、发展。(　　)

2. 绿色制造技术是指在保证产品的功能、质量、成本的前提下，综合考虑环境影响和资源效率的现代制造模式。(　　)

3. 制造企业实施绿色制造，不能仅仅着眼于污染、排放、耗能等问题。一个富有社会责任感的企业还应该面向人和社会。(　　)

4. 顾客主义是指企业将顾客的需求和满意度放在首要位置，以提供优质的产品和服务来赢得顾客的信任和忠诚度。(　　)

5. 商业长期主义则是指企业在经营过程中注重长期发展和可持续性，追求长期利益最大化。(　　)

6. 以客户为中心的制造理念，首先应反映在产品开发上。现代产品开发的理念强调“设计-制造-使用”一体化考虑。(　　)

7. 大规模个性化定制是目前制造业的一个重要趋势，它通过个性化的客户需求驱动生产，实现产品的差异化和个性化，同时保持生产率和成本效益。(　　)

8. 精益生产是通过系统结构、人员组织、运行方式和市场供求等方面的变革，使生产系统能很快适应用户需求不断变化，并能使生产过程中一切无用、多余的东西被精简，最终达到包括市场供销在内的生产的各方面最好结果的一种生产管理方式。(　　)

9. 精益生产的支柱与终极目标是“零浪费”。(　　)

二、多选题

现代制造的基本理念有（　　）。

A. 可持续发展　　B. 以客户为中心　　C. 精益生产　　D. 新一代智能制造

任务 5.2.2　认识商业智能

任务引入

商业智能就在你的身边，一家货运公司的老板肯定会考虑，如何在保证安全的前提下，进一步提高驾驶员的工作效率。他可以使用商业智能和分析工具，从数据中获得所需要的宝贵信息。那么什么是商业智能？下面来了解一下。

相关知识

一、商业智能的概念

商业智能（Business Intelligence，BI）又称商业智慧或商务智能，利用现代的数据仓库技术、联机分析处理技术、人工智能技术和数据可视化展示技术进行数据分析和呈现，完成从数据到信息的转化，其目标是为决策提供支持。

商业智能的核心是完成数据到信息的转化，为决策提供支撑，如图 5-46 所示。

这里的数据指的是记录、识别和描述事物的符号，具有客观性、具体性、未加工性和粗糙性。当数据量较少时，可以通过简单的报表进行整理和决策。但是，随着数据量的快速扩张，决策者难以在有限的时间内从大量的数据中提炼出关键的信息。信息强调与所解决问题的相关性，是对数据进行收集、整理和分析后的产物，而数据不一定都能用于解决问题。从

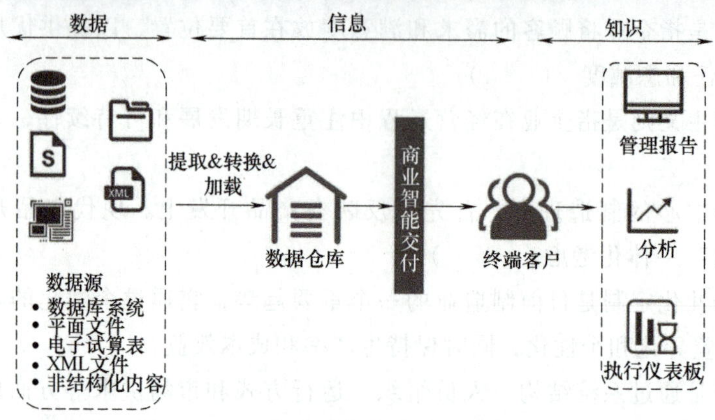

图 5-46　数据到信息的转化

技术的角度，商业智能的执行过程是企业决策人员以企业数据库为基础，通过利用联机分析处理和人工智能技术以及决策相关的专业知识，从数据中提取有价值的信息，然后根据信息做出决策；从应用的角度，商业智能可以协助用户对商业数据进行处理和分析，如客户分类、潜在用户发掘、演化趋势预测等，并依此帮助管理者做出决策；从数据的角度，商业智能将内部事务性数据、供应链上下游数据以及外部竞争数据通过抽取、转换和加载后转移到数据库中，然后通过聚集、切片、分类和人工智能技术等，将数据库中的数据转化为有价值的信息，为决策提供支撑。

二、商业智能的功能与特点

商业智能为企业管理人员提供了新的信息获取渠道，这使他们能够以更直观的方式去了解和掌握数据，进而帮助他们更迅速地做出有效决策。例如，商业智能平台统计的收益信息有利于企业分析营收增长的原因，帮助企业进一步发掘新的销售机会，增加收益率；商业智能通过分析生产数据和销售数据，提高企业对库存的控制能力和生产率；商业智能通过提高企业的业务响应速度，帮助企业快速应对市场变化。下面对商业智能的功能进行具体介绍。

1. 数据整合

在企业中，各个部门因业务的不同，积累的业务数据会有所差异，这导致企业系统内部产生数据“孤岛”，无法对数据充分利用。在此情况下，企业可以通过商业智能将不同部门的数据进行整合并统一管理。数据整合是商业智能实现的基础，主要用来将数据提取、转化并存储到信息仓库中，中间需要将不同来源的数据进行结构转化，使其统一，并消除重复数据。整合的数据一般从日常工作中获取，因此自动高效的数据整合程序有助于商业智能系统的运行。在数据整合功能上，相比操作信息系统，商业智能具有不同的目标。商业智能数据整合的目标是为长期决策提供信息支撑，而操作信息系统是为了处理日常业务。构建完善的数据整合功能是商业智能支撑决策的基础。

2. 数据分析

对于整合的数据要进行组织和管理，并根据相关性进行存放，再根据各种分析需求建立相应的数学模型，进行数据提取和分析，最后将分析结果清晰地展示给决策者。另外，通过对业务分布和发展的数据进行挖掘，可以为企业战略和企业发展等提供重要信息，保障企业的经营效益并帮助企业拓展市场。

3. 辅助决策

企业管理者从数据中发掘商业知识并应对市场变化迅速做出决策的能力是企业保持竞争优势的关键条件。企业的数据不再仅仅来源于内部业务，已经扩展到供应缝的上、下游以及外部的竞争市场。

商业智能通过对企业内外部数据进行搜集、整理和汇总分析，能够为企业提供全面的分析报告，如产品质量评估、销售效果评估、客户满意度评估和市场趋势预测等，使企业管理者掌握行业现状和动态，提高管理者的决策效率和准确率，从而帮助管理者为企业制定有效的生产管理方案和销售策略。

4. 协助管理

随着企业对商业智能功能需求的提高，商业智能逐渐从技术驱动转化为业务驱动。同时，商业智能的结构体系不断与企业管理理念和管理方法相融合，帮助企业提高业务管理能力。商业智能也可以预估和跟踪管理营销人员对产品的期望，提高企业的绩效管理能力以及综合竞争能力。

5. 客户智能

商业智能利用企业的客户数据，优化企业的客户关系，加深企业市场营销人员对业务的理解，帮助员工正确认识影响市场的各种因素。客户智能与客户、服务、销售和市场数据相关，其支撑范围包括定价、促销、客户服务资源分配等。

6. 运作智能

商业智能可以利用企业的财务、运营、生产和人力资源等数据，帮助企业制定预算、投资、成本控制、库存控制和进行人事变动等。

随着市场竞争环境的不断加剧，企业在了解商业智能后，对商业智能的需求不断提高。商业智能要迅速适应市场变化，实时支持决策。同时要能够与企业已有的系统或未来建设的系统无缝集成，减少额外的投资。这些需求促进商业智能不断发展，使商业智能具备以下特点。

1）敏捷性。针对企业的业务变化，如业务战略的更新，商业智能需要及时为方案制定和管理决策提供相应的信息。

2）可扩展性。企业在自身发展过程中，可能会增加新的部门或者子公司，商业智能系统要能够随之进行线性扩展。

3）可靠性。对于应用商业智能的企业，整个商业智能系统是企业运作的核心，商业智能系统需实现全天候运作。

4）开放性。在企业增加新的应用程序、门户网站和安全系统时，商业智能系统要能够开发接口，与之集成。

5）可管理性。IT 人员要能够对商业智能系统进行高效管理，使系统保持有效地运行。

三、商业智能的关键技术

1. 商业智能的系统结构

商业智能集成了数据仓库、联机分析处理和人工智能等技术，将企业的各种数据及时转化成企业决策者所需的信息，并将其进行可视化展示。商业智能的关键是从庞杂的内、外部数据中清理出有用的数据，然后经过抽取、转换和加载，将数据存储到企业的数据仓库中，基于此，采用查询、联机分析处理、人工智能等工具对数据库中的数据进行处理和挖掘，最后将得到的信息以可视化的方式展现给决策者，为决策过程提供支撑。商业智能的系统结构如图 5-47 所示。

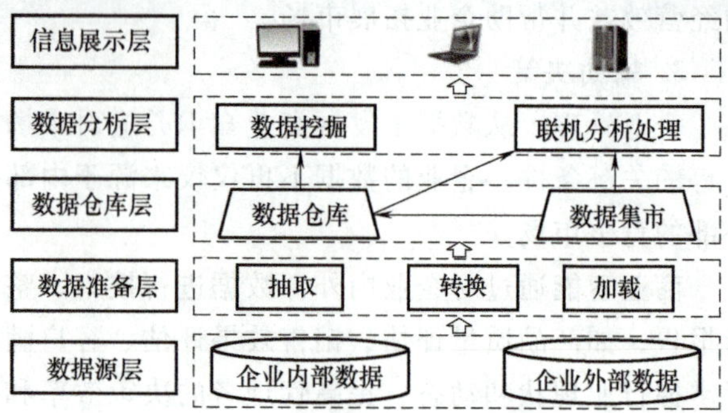

图 5-47　商业智能的系统结构

1）数据源层。商业智能的源数据存储在数据源层，这一层对来自各个渠道的原始数据，不经过任何处理地进行保存，直接展现数据的原始情况。

2）数据准备层。商业智能的原始数据在数据准备层进行清洗和加工。通过抽取、转换和加载工具对无效和问题数据进行处理，确保非结构数据在未来的使用中具有统一的格式。

3）数据仓库层。供商业智能进行分析挖掘的数据存储在数据仓库层。这些数据是经过抽取、转换和加载后的有效数据，是商业智能分析的基础。企业可以在数据仓库中查看格式规范的同构数据。

4）数据分析层。商业智能的核心技术体现在数据分析层。在这一层，商业智能利用联机分析技术和人工智能技术对数据仓库中的数据进行分析和挖掘，提炼出有效的信息。

5）信息展示层。商业智能通过可视化工具如计算机系统界面、网站或手机 APP 等将数据分析的结果清晰直观地展现给企业决策者，为方案制定提供信息基础，为方案选择提供决策依据。信息展示层是商业智能体现实用性的关键。

2. 商业智能系统的关键技术

构建商业智能系统所需的关键技术分为数据集成、数据分析和信息展示三大类。

（1）数据集成　数据集成是对源数据进行提取、整合，清洗和转换，并将其加载到数据仓库进行运营的过程。对于数据集成，可以细分为数据获取和数据仓库两个领域。数据获取方法是对源数据的抽取、转换和加载，也称 ETL。数据抽取分为全量抽取和增量抽取。全量抽取不考虑源数据是否已被抽取过，类似于数据迁移和复制；增量抽取只需抽取源数据新增或被修改过的数据。相比全量抽取，增量抽取在 ETL 中应用更为广泛。在增量抽取中，准确、高效地捕获变化的数据是技术关键。抽取过程需要准确地将业务系统中变化的数据进行周期性的捕获，同时不能给现有业务系统的运行造成较大负荷。

增量抽取中常用的捕获方法有触发器、时间戳、全表比对和日志对比。触发器当源数据表发生插入、修改和删除等变化时会被触动，然后将变化的数据存入一个临时表中。抽取过程只需对临时表进行抽取，抽取过程效率较高，但是在业务表中建立触发器，会对业务系统有所影响。时间戳方法是在源数据表上增加时间戳字段，通过比较系统时间和时间截字段来识别变化的数据，识别过程效率较高。但是有些数据库不支持时间戳字段自动更新，需要手工更新时间戳字段。另外，该方法无法捕获时间戳以前数据的删除操作，因此捕获数据的准确性会受到限制。典型的全表比对方法是通过 MD5 校验码识别变化的数据。首先为源数据表建立一个结构类似的MD5临时表，来记录用源数据表中主键和字段的所有数据计算出的MD5校验码。数据抽取过程可以通过对比MD5校验码，识别数据的新增、删除和修改等操作。该方法对业务系统的侵入性较小，但是MD5校验码比对的方式是全表对比，效率较差。另外，日志对比方法是通过对数据库自身日志进行分析来识别数据的变化，如Oracle的改变数据捕获技术，该技术可以利用日志在源数据表进行插入、更新和删除等操作的同时提取数据，然后将变化的数据存入变化表中用于捕获。

从数据源中抽取的数据不一定完全满足目的库的要求，例如数据格式的不一致、数据输入错误以及数据不完整等，因此有必要对抽取出的数据进行加工转换。转换过程可以在ETL引擎中进行，也可以在抽取过程中利用数据库的自身功能来实现。在ETL引擎中，常用的数据转换组件有数据清洗、数据替换、数据合并、数据拆分等。ETL过程的最后一步一般是将转换和加工后的数据加载到目的库中。加载数据的方法根据数据量决定。当目的库是关系数据库时，通常有两种装载方式：直接SQL语句进行装载和批量装载。ETL是一个极为复杂的过程，在软件市场上有较多开源的ETL工具和商品化的ETL工具，可以帮助企业在构建商业智能系统时实现适合自身数据特点的数据获取功能。

存入数据仓库中的数据一般是不可修改的，这些数据反映企业较长时间内的历史数据内容，即从数据的进入到删除的整个生命周期中，数据仓库的数据是不变的。数据仓库的数据一般保存5~10年。随着时间变化，会有新的数据不断进入，旧的数据不断被删除。根据粒度的不同，可将数据仓库分为企业级数据仓库、数据集市和数据运营店。根据类型的不同，可将数据仓库分为企业数据仓库、挖掘型数据仓库和探索型数据仓库。

（2）数据分析　数据分析是对数据库中的数据进行描述性分析和预测性分析，从而发现其中有价值的信息。描述性分析使用统计工具、联机分析技术等对数据仓库或数据集市中的数据进行聚合和提取，实现数据的多维描述。常用到的描述性统计指标有平均值、标准差、中位数、百位数、同比和环比等。统计方法有主成分分析、因子分析和方差分析等。预测性分析使用人工智能相关技术，如机器学习、深度学习、计算机视觉、知识工程、群体智能等，从数据仓库中大量的、有噪声的、模糊的数据之间发掘出新颖的、有预测性的信息。在数据分析过程中，首先要深入业务，理解数据分析的背景和前提，并明确分析目的，避免分析的盲目性。也可以把分析目的分解为若干个不同的分析要点，针对各个要点制订相应的分析计划。商业智能利用人工智能相关技术有助于为决策者提供隐含在数据中事先不为人知但又有潜在应用价值的信息。

（3）信息展示　数据分析的结果需要用信息展示技术呈现给决策者。报表查询是最早的商业智能信息展示技术，使用者可以利用这些工具查看一些简单的报告。可视化技术是用视觉上更有吸引力的方式去显示信息，以便人们能够更快更准确地理解数据，尤其是对数据挖掘的结果进行展示时，需要各种形象化的图、曲线等来进行可视化展示。常用的数据图包括饼图、柱状图、条形图、折线图、散点图等。也可以对图形进一步美化加工，形成金字塔图、漏斗图等。可视化工具一般要具有清晰、简洁和可定制的界面。同时，可视化的信息能够嵌入到其他应用程序中，这有助于使用者进行跨平台信息共享。另外，数据可视化工具要具有较强的人机交互性，支持使用者进行参数设定等。在企业应用中，直观和完善的可视化技术已经成为不可或缺的工具。

商业智能为决策提供了数据集成、数据分析和信息展示的全套方案。

四、商业智能在智能制造中的应用

企业管理者通过决策来对设施资源进行分配和利用，进而有效地实现经营活动目的。企业向智能制造发展的过程中，管理者的决策方式要从经验决策到科学决策再向智能决策演化。在智能制造中，智能决策的能力是决定企业智能制造水平的关键。商业智能可以通过提供系统高效的决策信息，全方位辅助企业管理者优化决策，提升企业智能决策水平，提高企业经营管理能力，进而推动企业智能制造的建设和发展。

应用案例一： 爱玛电动车与SAP合作构建公司的商业智能系统，其中包含企业经营分析、销售预测与需求管理、供应链管理和生产管理四大功能。商业智能系统可以帮助爱玛电动车实现安全可靠的自助式分析，在云端轻松获取准确的业务洞察，运用自然语言揭示关键因素的影响因素，模拟假设场景，从而帮助公司管理者实现更快更稳健的决策，助力爱玛电动车为客户提供更好的服务，让公司获得源源不断的发展动力。

应用案例二： 西门子通过与埃森哲合作来运营公司的商业智能部门。该部门负责开发西门子的商业智能基础架构，打造新型敏捷的工作方式，基于人工智能开发全新的数据分析服务，利用工业机器人流程自动化创建业务解决方案和服务，助力西门子加快数字化转型。

另外，商业智能可以帮助企业揭示业务流程中存在的缺陷，使企业在市场竞争中处于更有利的地位，如丰田汽车通过商业智能系统分析公司内部数据和外部竞争数据，发现了公司对运货商双倍付费的问题。

商业智能在智能制造中具有以下应用特点。

1）商业智能从智能制造中获得庞大的数据支撑。数字化的智能制造过程通过将种类繁多的工业传感器布置于生产与流通的各个部分，产生大量工业数据，工业传感器是获得多维工业数据的感官。除了设备状态数据，还可以收集工作环境（如温度、湿度）、原材料的良品率、辅料的使用情况等相关数据。因此，商业智能系统可以从产线运行、检测、运输、仓储等过程中获得源源不断的数据流。这些数据可以成为商业智能数据分析的基础。

另外，供应链各个环节之间也会产生大量数据。商业智能系统可以在智能制选中充分利用被打通的供应链数据流。大量的数据也可以进一步优化商业智能中的数据分析算法，比如机器学习提高趋势预测的准确度，使商业智能发挥更高的数据分析能力，为决策者提供更加准确的信息。

2）商业智能在智能制造中具有快速的响应能力。在网络化的智能制造系统中，工业互联网将传感器采集到的工业数据低延迟、低丢包率地传输至云端，实现低延迟工业级信息传输功能。商业智能可以与云端数据相连接，对云端上传的数据进行实时分析。因此，商业智能在智能制造中，可以通过工业互联网实现数据产生后的快速分析利用，敏捷地为决策者提供信息支撑。

3）商业智能在智能制造中可以为管理者提供多样化的决策信息。智能制造能够打通设备、数据采集、企业信息系统、云平台、供应链等不同层的信息壁垒，实现从车间到决策层的纵向互联。在智能制造中，商业智能可以利用不同层次的信息为不同角色的管理者提供相应的决策信息。在车间层次，商业智能利用设备的监测数据可以对设备状态进行趋势预测，帮助车间管理者对设备进行维护，比如根据刀具的磨损数据，预测刀具的状态变化趋势，确定何时准备备用刀具和更换刀具。对于中层管理者，商业智能可以汇总并分析各个车间的生产数据，比如产能、次品率等，帮助管理者对新的制造任务进行合理分配。另外，商业智能通过分析市场数据，帮助高层管理者制订新的战略计划。随着人工智能技术的快速发展，如机器学习、深度学习、知识工程等，商业智能为决策者提供的信息不再单一。商业智能可以利用更具智能化的数据分析能力帮助决策者获得更加全面、直观、深入的信息。

任务实施——主题讨论

全班分为五组，每组至少完成一个问题。

1）你是怎么理解商业智能的？

2）商业智能有哪些功能？

3）商业智能在智能制造中有什么作用？

4）商业智能系统的关键技术有哪些？

伊利乳业

任务评价

根据任务完成情况填写表 5-5。

表 5-5　认识商业智能任务评价

评价内容及标准	自评分	互评分	教师评分
商业智能的概念（20 分）			
商业智能的功能（35 分）			
商业智能在智能制造中的作用（35 分）			
商业智能系统的关键技术（10 分）			
总分（100 分）			

思考与练习

一、填空题

1. 商业智能的核心是完成（　　）到信息的转化，为决策提供支撑。

2. 商业智能的目标是为（　　）提供支持。

3. 商业智能又称商业智慧或商务智能，利用现代的数据仓库技术、联机分析处理技术、（　　）和（　　）展示技术进行数据分析和呈现，完成从数据到信息的转化。

二、判断题

1. 商业智能是利用现代的数据仓库技术、联机分析处理技术、人工智能技术和数据可视化展示技术进行数据分析和呈现，完成从数据到信息的转化，其目标是为决策提供支持。

( )

2. 商业智能的核心是完成数据到信息的转化，为决策提供支撑。( )

3. 商业智能可以通过提供系统高效的决策信息，全方位辅助企业管理者优化决策，提升企业智能决策水平，提高企业经营管理能力，进而推动企业智能制造的建设和发展。( )

三、多选题

1. 商业智能是利用现代的数据（　　）进行数据分析和呈现，完成从数据到信息的转化。

A. 仓库技术　B. 联机分析　C. 人工智能技术　D. 数据可视化展示技术

2. 构建商业智能系统所需的关键技术分为（　　）三大类。

A. 数据集成　B. 数据分析　C. 信息展示　D. 数据可视化技术

任务 5.2.3　构建商业新思维

任务引入

智能制造的出现，将改变传统制造业的生产方式与商业模式。智能制造不仅仅意味着技术与生产过程的转变，同时也意味着管理模式与组织结构的全面调整。对此，制造企业必须为变革做好准备。

相关知识

一、营销方式的转变

1. 智造新模式——客厂模式

以小米科技的成长模式为例。小米的成功之处，在于注重营销和销售以及用户的使用体验。在互联网时代，小米成功地领导了一种互联网营销模式，即通过让用户直接参与产品研发来打造出让用户满意的产品，以此打败了无数实力雄厚的竞争对手。但小米自身并不制造产品，它的产品都是由第三方工厂代工，包括产品设计和产品生产。这也正成为小米最大的问题：过分注重营销方式，而非产品品质。在未来的智能制造体系中，一种产品从研发到生产、再到营销服务都将实现智能化。

智能制造时代客户定制产品的流程：客户通过智能终端或网络平台给企业下订单，平台会自动把客户的个性化定制需求数据传输给智能工厂的云平台。智能工厂根据收到的数据，自动组织产品设计、原材料加工、组装生产的环节，再根据智能客户关系管理系统生成的方案，将定制产品交付给消费者。

在上述过程中，用户和制造工厂可以通过互联网直接沟通，这种体现了制造业与互联网的深度融合，实现了客户和工厂无障碍交互的模式，就是 Customer-to Manufactory（C2M），也就是客厂模式。

在客厂模式中，客户本身已被纳入成为智能制造网络的一环，完全可以直接与智能工厂沟通协商。因此，客户能更轻松地得到专属产品，并享受更低的交易成本。

2. 智造新渠道——互联网

在过去，无数轻制造重营销的企业，在第三次工业革命中发展成称霸互联网经济的巨头，让那些以制造见长的企业望洋兴叹。但随着智能制造时代的到来，这种情况将发生根本性改变，互联网与传统行业的大整合，是我国互联网经济发展的主要方式。我国正处于互联网颠覆传统行业的初级阶段。许多传统行业被迫接受互联网改造，而互联网公司也将技术优势的触角延伸到各个产业链的上、下游。

在互联网普及的今天，在线购物的电子商务模式比实体店的交易更加方便快捷，再配合发达的物流交通体系，网上商城的营销方式可以有效降低成本，加大品牌推广力度，让广大消费者获得更优惠的产品。电子商务的低成本与交易灵活便捷等优势，是传统实体店、制造业企业难以与之抗衡的根本原因。

但在智能制造时代，这种通过削减流通环节来压缩成本的方式将逐渐失去原有的优势。因为智能工厂直接省略了销售及流通环节，消费者可以通过智能手机、个人计算机等智能终端，直接在互联网上向智能工厂的数据平台或信息系统订购个性化的产品，跳过中转平台。

当消费者与智能工厂能方便地直接互动时，平台交易优势与折扣优势都将不复存在，而有自主品牌、注重技术创新的制造工厂，则能更快地在智能制造时代的全新商业模式中找到自己的位置。

3. 大数据平台——亿能云联

当前，互联网企业还掌握着一种有力武器——大数据平台。通过大数据技术对海量客户信息的垄断，互联网企业能够针对目标消费群体实时做出个性化精准营销。这仅仅是大数据平台一个极小的应用。

如前所述，在智能制造体系中，“工业云和大数据”位于智能工厂和智能装备之上，是一个至关重要的领域。无论是大规模的个性化定制、智能工厂的管理经营，还是制造业企业组织结构的变革，都离不开大数据的支持。特别是智能工厂的自主运作，以及产品与智能工业机器人之间的相互交流，尤其需要大数据技术进行支撑。当下的互联网企业拥有大数据技术优势，而制造业企业拥有强大的技术创新能力，双方合作，或许可以实现共赢。

应用案例： 亿云联公司开发的大数据平台亿能云联可以将生产制造各环节的传感器、智能终端和装备接入平台，通过对所收集的数据进行汇总、分析，从而提高智能工厂的智能化程度。如图 5-48 所示，亿能云联对智能工厂的建设改造主要完成了如下四个方面的工作。

1）连接管理层、车间和供应链，实现更高级别的生产控制，提升效率。

2）共享车间设备中的传感器（如摄像头、机器人设备和运动控制设备）的数据，以提供实时诊断和主动维护服务，进而提升流程的可视化水平，增加工厂的正常运行时间和灵活性。

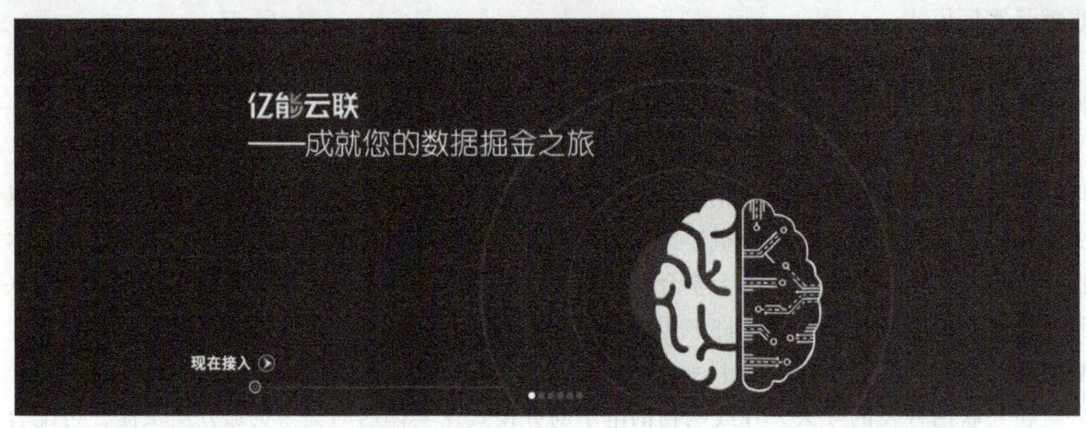

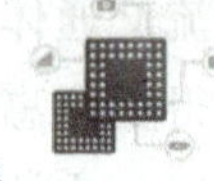

图 5-48　亿能云联平台

3）在车间内部及车间与企业 IT 系统之间实现通信，以更加高效地在工厂资源、员工和供应商间进行协调。

4）实现更出色的环境感知、车间的无缝多区域保护、本机监控控制与数据采集（SCADA）支持以及远程设备管理功能。

亿能云联平台融于智能工厂，会给智能工厂带来以下提升。

1）提高数据共享的及时性和准确性。

2）优化企业库存，减少资金占用，提高企业的工作效率和生产能力。

3）提高作业的计划性、准确性及调控能力。

4）提高财务预算的精确性和管理的科学性，从而压缩成本，实现信息流、物流、资金流、业务流和价值流的有机统一和集成。

二、个性化需求和消费

在智能制造时代，个性化定制将成为市场的主流消费方式，受此影响，产品的生产方式也将发生巨大的变化。

1. 传统生产方式——企业决定产品

在没有互联网的时代，消费者需要到多个百货商场或超市货比三家，然后才能买到满意的物品。而在互联网时代，消费者可以从网上商城搜索出自己感兴趣的商品信息，在家中就能完成购买，移动互联网的普及使得消费者可以在智能手机上轻松完成在线下单与在线支付的流程，只需等着快递人员上门派送。

但是，这仍然不是真正意义上的个性化消费。因为消费者只能在各个品牌厂家推出的成品中进行对比取舍，无论哪个品牌的产品，都是按照某一类消费群体的整体偏好来设计的，也就是说是由企业决定，而不是完全围绕消费者的个性化需求“量身定做”的，所以尽管交易方式十分便利，可供选择的产品种类也十分丰富，但并没有从根本上改变传统的产品生产和销售模式。真正意义上的个性化消费，应该是产品完全围绕消费者个人的喜好进行设计和制造。

互联网经济的发展，催生了“以用户为中心”的互联网思维。但就目前而言，互联网行业的“用户思维”更多的还是强调精准营销，虽然其中包含了个性化消费的因子，但若没有大规模个性化生产技术的支持，产品的“私人定制”只能是业界的美好愿望。

2. 个性化定制方式——消费者决定产品

智能制造将为产品生产模式带来脱胎换骨的变化。“企业决定产品”的传统生产方式，将逐渐被“消费者决定产品”的智能生产模式取代。这对企业与消费者而言，都是一场重大的变革。

未来智能工厂生产的产品，一切由消费者来决定。无论是尺寸、颜色，还是性能参数与零件类型，都可以按照消费者的选择进行搭配。智能制造将虚拟世界与现实世界融为一体，消费者将与智能工厂实现全程无障碍沟通。

从企业的角度说，智能制造将消除企业与消费者之间的各种无形障碍。在互联网技术普及之前，企业最头痛的是无法准确地把握市场动态。一方面，消费者总是抱怨产品的功能与品种不能满足需求，另一方面，企业对消费者的偏好了解有限，难以及时跟进需求变化，广大消费者的需求难以被便捷高效地转化为准确的用户数据。

大数据等互联网技术则突破了这个瓶颈，为企业转型个性化生产与个性化营销打下了良好的基础。未来，企业可以通过大数据实时跟踪采集消费者的消费记录，并借助智能软件分析出每个消费者的需求曲线与消费偏好，在掌握准确的情报后，就可以执行个性化定制模式了。

3. 个性化消费

唯有大幅度提升个性化产品的生产率，有效降低其成本，才能让更多消费者满足个性化消费这种更高级的消费欲望。因此，从消费者的角度说，只有到了智能制造时代，才能实现彻底的个性化消费。

智能制造时代的个性化消费，可能出现以下三种变化。

（1）多样性的个性化需求成为主流　尽管共同消费依然存在，但消费者的个性化需求将日益细化，并逐渐占据主导地位，这就要求企业把发展个性化生产提上日程。例如，德国的汽车制造业正在研制智能汽车生产线，以便在同一条流水线上同时制造不同类型的汽车。

（2）个性化产品的功能走向集成化　消费者越来越喜欢一次性解决所有的问题，个性化定制产品因此不再局限于单一产品，而是一连串相关产品集合而成的个性化套装。例如，互联网时代的房地产商不仅出售房子，还提供全套的个性化装修服务。

（3）商品交易方式的便利化　互联网经济改变了传统的交易方式，让消费者拥有了更多的选择空间，能随时随地进行在线下单及支付。而在智能制造时代，个性化消费的交易方式将变得更加方便。消费者不仅可以直接参与到最初的定制中，还能随时关注产品生产的进展。

由于虚拟世界与现实世界被信息物理系统（CPS）融为一体，智能制造时代的智能工厂成了一个消费者可以参与深度定制的“透明工厂”。在虚拟可视化技术与智能网络的帮助下，企业的数据中心会把整个定制化生产流程呈现在消费者眼前。例如，家电的原材料是否采购到位，颜色涂装是否完成，零部件组装进展如何，什么时候能发货上门，系统都会及时反馈给参与定制的消费者。总之，消费者可以借助产业物联网与企业直接沟通，跟踪个性化生产的全过程。

智能制造的个性化消费模式，对企业的个性化生产提出了极高的要求。从消费者提交订单开始，企业内部的智能化生产体系就要随着消费者订单贯穿始终。在用智能生产线提升制造效率的同时，企业对上游供应商的管控能力以及与消费者的互动沟通能力都需要全面升级。此外，智能工厂的决策方式也不同于网上零售业。企业的组织管理方式也必须围绕着个性化生产与个性化消费做出大幅度的变革。

三、个性化生产

个性化生产是实现个性化定制消费模式的基础。

在企业决定产品的时代，产品附加价值的高低往往比消费者的需求更能影响生产者的决策。虽然个性化定制能最大限度地契合消费者的真实需求，但居高不下的生产成本与较弱的大众普遍消费能力，使得企业不敢轻易将个性化定制作为主要生产方式。

个性化生产的最大阻碍是：无法利用流水生产线实现规模效益。因为在传统工业生产模式中，“柔性”（多样性生产）和生产率是相互矛盾的。传统工业生产线主要用于标准化的单一型号产品的生产。通过专用设备与工艺程序化，实现高效率的大批量生产，形成规模经济效益。但这种生产方式对设备专用性要求高，难以生产多品种的小批量产品。

自动化的柔性生产线则可以解决这一问题，它使用计算机来调控多种专业机床，能够按照事先设定好的程序自动调整生产方式，从而使得多品种的中小批量生产能与大批量标准化生产抗衡。

随着智能制造技术的成熟，工业生产的“柔性”将进一步提高。多品种的个性化定制产品将能在智能生产线上实现大批量生产，彻底解决柔性与生产率的矛盾。大规模个性化生产技术的出现，攻克了束缚个性化消费的最后一个技术瓶颈。

任务实施——主题讨论

中国科技成就

将班级分成五个小组，每组完成一个问题的讨论。

1）小米的商业模式是什么？有什么优缺点？

2）亿能云联商业模式是什么？有什么优缺点？

3）传统生产方式与个性化需求生产有什么不同？个性化生产的缺点是什么？

任务评价

根据任务完成情况填写表 5-6。

表 5-6 构建商业新思维任务评价

评价内容及标准	自评分	互评分	教师评分
简述小米的商业模式（30 分）			
简述亿能云联的商业模式（30 分）			
简述传统生产方式与个性化需求生产的区别（40 分）			
总分（100 分）			

思考与练习

一、填空题

1. 在智能制造时代，（　　　　　）将成为市场的主流消费方式，受此影响，产品的生产方式也将发生巨大的变化。

2. 智能制造将为产品生产模式带来脱胎换骨的变化。“企业决定产品”的传统生产方式，将逐渐被“（　　　　　）”的智能生产模式取代。

二、判断题

1. 智能工厂直接省略了销售及流通环节，消费者可以通过智能手机、个人计算机等智能终端，直接在互联网上向智能工厂的数据平台或信息系统订购个性化的产品，跳过中转平台。（　　）

2. 在智能制造时代，个性化定制将成为市场的主流消费方式，受此影响，产品的生产方式也将发生巨大的变化。（　　）

3. 真正意义上的个性化消费，应该是产品完全围绕消费者个人的喜好设计制造。（　　）

4. 未来智能工厂生产的产品，一切由消费者来决定。无论是尺寸、颜色，还是性能参数与零件类型，都可以按照消费者的选择进行搭配。（　　）

5. 个性化定制能最大限度地契合消费者的真实需求，但居高不下的生产成本与较弱的大众普遍消费能力，使得企业不敢轻易将个性化定制作为主要生产方式。（　　）

6. 个性化生产的最大阻碍是无法利用流水生产线实现规模效益。（　　）

7. 预测型制造体现了制造业追求的最高境界，即在整个制造过程中，坚持以“零故障、零忧患、零意外、零污染”为目标。（　　）

三、多选题

1. 智能制造时代，营销方式的转变有（　　）。

A. 客厂模式　　B. 个性化需求和生产　　C. 预测型制造　　D. 其他

2. 工业制造过程预测的实现方式有（　　）等。

A. 制造流程价值化　　B. 制造流程智能化　　C. 制造流程透明化　　D. 其他

3. 预测性特征，体现在对（　　）的预测和对（　　）的预测两个方面。

A. 工业制造过程　　B. 市场消费　　C. 产品设计　　D. 产品销售

参考文献

[1] 黄宗将，庄建莎，张海波．智能制造概论［M］．北京：航空工业出版社，2020.

[2] 胡峥．智能制造概论［M］．北京：机械工业出版社，2022.

[3] 德州学院，青岛英谷教育科技股份有限公司．智能制造导论［M］．西安：西安电子科技大学出版社，2016.

[4] 李培根，高亮．智能制造概论［M］．北京：清华大学出版社，2021.

[5] 范君艳，樊江玲．智能制造技术概论［M］．武汉：华中科技大学出版社，2019.

[6] 祝林，陈德航．智能制造概论［M］．成都：西南交通大学出版社，2019.

[7] 李晓雪．智能制造导论［M］．北京：机械工业出版社，2019.

[8] 张涛．企业资源计划（ERP）原理与实践［M］．3 版．北京：机械工业出版社，2020.

[9] 崔剑，陈月艳．PLM 集成产品模型及其应用：基于信息化背景［M］．北京：机械工业出版社，2014.

[10] 刘强，丁德宇．智能制造之路：专家智慧实践路线［M］．北京：机械工业出版社，2017.

[11] 杨帅．工业 4.0 与工业互联网：比较、启示与应对策略［J］．当代财经，2015（8）：99-107.

[12] 贾雪琴，罗松，胡云．工业互联网标识及其应用研究［J］．信息通信技术与政策，2019（4）：1-5.

[13] 张学军，唐思熠，肇恒跃，等．3D 打印技术研究现状和关键技术［J］．材料工程，2016，44（2）：122-128.

[14] 赵玉刚，邱东．传感器基础［M］．2 版．北京：北京大学出版社，2013.

[15] 王芳，赵中宁．智能制造基础与应用［M］．北京：机械工业出版社，2018.

[16] 孙长江．试论物联网感知层的信息安全防护策略［J］．通讯世界，2019（2）：1-2.

[17] 王苗．大数据云计算技术在电商营销中的应用研究［J］．电脑与信息技术，2020（4）：48-51.

[18] 张梅．云计算技术下的大数据用户行为引擎设计研究［J］．西安文理学院学报（自然科学版），2016（3）：48-52.